MITTEILUNGEN

der

Geographischen Gesellschaft in Hamburg

Bd. XXXIV.

Im Auftrage des Vorstandes herausgegeben

von

Dr. Arved Schultz.

Mit 8 Karten auf 4 Tafeln.

HAMBURG

L. Friederichsen & Co.

1922

Druck von J. J. Augustin in Glückstadt und Hamburg.

Inhalt.

Tafeln.

Der ursprüngliche Lauf von Alster und Elbe in der Hamburger Stadtmarsch

von

Professor Dr. **Kurt Ferber,** Hamburg.

Mit 2 Karten auf 1 Tafel.

Die Abhandlung gibt im wesentlichen einen am 14. Nov. 1921 im Verein f. hambg. Gesch. gehaltenen Vortrag wieder.

Von den zahlreichen Fleeten, die das heutige Hamburg durchfließen, stammt ein großer Teil aus sehr alter Zeit, und wir können bei manchem nur schwer entscheiden, ob wir es mit einem gegrabenen Kanal oder einem natürlichen Flußlauf zu tun haben. Noch am Anfang des 19. Jahrhunderts hielt man wohl allgemein das Fleet vom Deichtor bis zum Binnenhafen, d. h. den heutigen Zollkanal, für einen natürlichen Arm der Elbe[1]) und das Fleet zwischen Herrlichkeit und Admiralitätsstraße für den natürlichen Arm der Alster.[2]) Der erste, der von dieser Ansicht abwich, war Neddermeyer, der glaubte, „daß die Alster ursprünglich nicht diesen Lauf genommen habe, sondern vom Schliekut hinterm Burstah nach der Mühlenbrücke und von da nach der Deichstraße geflossen sei".[3]) Wie er sich den Lauf der Alster dachte, erkennen wir aus der Skizze auf dem Titelblatt seiner hamburgischen Topographie, die Hamburg um das Jahr 1072 zur Darstellung bringt. Wir sehen hier die Alster westlich der alten Stadt da, wo sich heute Alterwall und Mönkedamm befinden, eine größere Insel bilden und dann in einem nach Westen geöffneten Bogen um die Neueburg herum in die Elbe fließen, die das Bett des heutigen Zollkanals einnimmt. Neddermeyer sieht also im heutigen Nicolaifleet d. h. dem Fleet zwischen Neueburg und Deichstraße einerseits und Ness, Grimm und Catharinenstraße andrerseits das ursprüngliche Bett der Alster. Lappenberg erklärt den Einfluß der Alster in die Elbe, wie er hier dargestellt ist, für richtig.[4]) Heinrich Hübbe[5]) und C. F. Gaedechens[6]) sehen den ursprünglichen Lauf der Alster gleichfalls in diesem Fleete, verlegen aber ihre Mündung weiter abwärts in die Gegend der 2. Vorsetzen, da sie die Elbe südlich des Grasbrooks annehmen. Und dieser Ansicht haben sich auch die neueren Topographen angeschlossen, so daß sich heute bereits auf zahlreichen Plänen und Karten für dieses Fleet der Name „Alster" findet. Daneben sieht sich allerdings Lappenberg

---

[1]) Vgl. (J. L. v. Heß) Hamburg topogr., polit. u. histor. beschrieben. 2. Aufl., I. Teil, Hamburg 1810. S. 131. — Hamburgische Denkwürdigkeiten. Ein topogr.-hist.-pol. Handbuch. Hamburg 1794, S. 7. — J. J. Rambach, Versuch einer phys.-mediz. Beschreibung v. Hamburg. Hbg. 1801, S. 46. — Hamburg und Hamburgs Umgegenden. Ein Handbuch f. Fremde. Hamburg (1835), S. 6. — F. G. Buek, Wegweiser durch Hamburg u. d. uml. Gegend. Hbg. 1836, S. 12. u. a.

[2]) Vgl. Heß a. a. O. S. 135.

[3]) F. H. Neddermeyer, Topographie der Freien und Hansestadt Hamburg. Hbg. 1832, S. 30, Anm. 1.

[4]) Hbg. Rechtsaltertümer I. S. V, Anm. 1.

[5]) Einige Erläuterungen zur histor.-topogr. Ausbildung des Elbstroms. S. 8.

[6]) Zeitschr. d. Ver. f. hbg. Gesch. Bd. IX. S. 202.

gezwungen, zwischen Herrlichkeit und Admiralitätsstraße noch einen zweiten Arm der Alster anzunehmen, da „als die Grenze der städtischen Gerichtsbarkeit im Jahre 1189 die Mitte der Alster bezeichnet" wäre.[1]) Übrigens spricht auch Gaedechens in seiner Topographie von einer „Wetterung, welche von der Mitte der Alster beim Graskeller bis zum spätern Schartor lief", die zur Befestigung der Stadt in einen tiefen Graben umgeschaffen wäre.[2])

Da die Alster bekanntlich schon am Ende des 12. Jahrhunderts aufgestaut wurde und seitdem das Alsterbecken bildet, das die ehemaligen Ufer der Alster in dieser Gegend vollständig unter Wasser gesetzt hat, so ist es bis zur Linie Alter Steinweg-Burstah-Gr. Johannisstraße nicht möglich, den ursprünglichen Lauf der Alster auch nur annähernd richtig festzustellen. Etwas günstiger steht es bei dem untersten Lauf.

Nach Adam von Bremen[3]) gründete zur Zeit des Erzbischofs Adalbert der sächsische Herzog außerhalb der alten Veste Hamburg eine neue Burg und zwar wohl in der Gegend, wo sich bis heute der Straßenname „Neueburg" erhalten hat; wenigstens berichtet Tratziger in seiner Chronik[4]): „Bei dieses Erzbischofs Zeit hat der Herzog zu Sachsen noch ein ander Haus an die Elbe und Elster geleget des Ortes welches itzund die Nieborch genennet." Adam von Bremen erzählt nämlich, wie Adalbert auf dem Süllberge eine feste Burg anlegen ließ zum Schutze der Umwohnenden, wie aber die Burgbewohner bald darauf ihre Pflicht gröblich verletzten und das Land plünderten, so daß diese sich erhoben und den Ort zerstörten, und fährt dann fort: „Ich habe für gewiß erfahren, daß dies zu gunsten des Herzogs geschehen sei, der in gewohnter Weise die glücklichen Unternehmungen der Kirche beneidete. Denn auch der Herzog gründete damals, indem er die alte Veste Hammaburg verließ, eine neue Burg für sich und die Seinen zwischen dem Elbstrome und dem Flusse, welcher Alster genannt wird. So wurden wie die Herzen, auch die Wohnsitze beider getrennt, und der Herzog bewohnte die Neustadt, der Erzbischof aber die Altstadt." Adam erwähnt also nichts davon, daß die beiden Burgen durch die Alster getrennt gewesen wären. Und doch hätte das so nahe gelegen, wo er über die innerliche und äußerliche Trennung des Herzogs und des Erzbischofs spricht. Er sagt nur, die neue Burg habe zwischen Elbe und Alster gelegen (infra Albiam flumen et rivum qui Alstra vocatur).

Wir haben hier den Bericht eines Zeitgenossen, eines Mannes, der am Hofe des Erzbischofs Adalbert lebte und sicherlich mit diesem wiederholt in Hamburg gewesen ist, so daß er die neue Burg und ihre

---

[1]) Hamb. Rechtsaltert. I. S. XII.

[2]) C. F. Gaedechens, Histor. Topographie der Freien und Hansestadt Hamburg. Hbg. 1880, S. 16. Auch Rüdiger (Barbarossas Freibrief f. Hbg. S. 6) spricht von einem „Alsterarm hinter dem Rödingsmarkt."

[3]) Adami Gesta Hammaburgensis ecclesiae pontificum lib. III. cap. 26.

[4]) Tratzigers Chronica der Stadt Hamburg, herausgeg. v. J. M. Lappenberg. S. 28. Vgl. auch P. Lambeck, Orig. Hbg. 1. cap. 61.

Lage wohl gekannt haben muß. Wenn also das ursprüngliche Bett der Alster im heutigen Nicolaifleet gewesen wäre, wie Neddermeyer, Hübbe, Gaedechens u. a. annehmen, so hätte die Lage am andern Ufer der Alster ihm doch viel wichtiger erscheinen müssen als „zwischen Elbe und Alster". Ja, heißt denn das überhaupt zwischen Elbe und Alster, wenn die Alster die Neueburg im Norden, Osten und Süden umfloß? Das wäre doch nur der Fall, wenn wir die Mündung der Alster etwa bei der Zollenbrücke annähmen und das Nicolaifleet nicht als Bett der Alster, sondern als einen Elbarm ansähen. Damit fiele aber das einzige Argument fort, das für den Alsterlauf an dieser Stelle vorgebracht wird, die Krümmung des Fleetes bei der Neuenburg,[1]) die beweisen soll, daß wir es hier mit einem natürlichen Wasserlauf zu tun haben.[2]) Denn in dem noch übrig bleibenden Teile des Fleetes von der ehemaligen Mühlenbrücke bis zur Zollenbrücke ist von einer solchen Krümmung nichts zu spüren.

Auch in dem bekannten Freibrief Adolfs III. von Schauenburg an Wirad von Boizenburg ist von der Alster die Rede. Es heißt dort: „Wirad von Boizenburg hat die Burg Hamburg, welche an der Alster gelegen ist, und das der Burg zunächst liegende Gebiet von uns erhalten .... bis an die Mitte des Alsterflusses."[3]) Diese Worte zwingen uns entschieden, wie ja auch Lappenberg richtig erkannt hat, die Alster im Westen der Neuenburg anzunehmen; denn eine östliche Grenze gegen die erzbischöfliche Altstadt anzugeben wäre völlig überflüssig gewesen, während eine solche im Westen notwendig war und erst recht, wenn hier kein Wasserlauf gewesen wäre. Von diesem Wasserlauf will aber Neddermeyer nichts wissen und führt folgende Gründe dagegen an:[4])

1. „Man würde die alte Mühle nicht bei der Mühlenbrücke, sondern beim Graskeller angelegt haben, da der Alsterstrom, wenn hier sein natürliches Bett gewesen wäre, an dieser Stelle weit eher eine Mühle getrieben haben würde."

2. „Unsere Vorfahren würden nicht den Kanal am Rödingsmarkt zu ihrer Verteidigung gegraben haben, wenn sie den Fluß damals so nahe gehabt hätten."

3. „In die Admiralitätsstraße und Herrlichkeit kommt bei hohen Fluten kein Wasser, wenn die Gegend bei der Börse, Deichstraße und Cremon längst überschwemmt sind."

---

[1]) Vgl. Hübbe, Topogr. Miscellen. Mitt. d. Ver. f. hbg. Gesch. X. S. 113.

[2]) Allgemein gültige Gesetze für den Unterlauf der Nebenflüsse gibt es nicht, selbst nicht da, wo die Gezeiten imstande wären auf die Gestaltung derselben eine Einwirkung auszuüben. Im Gebiet der Niederelbe bemerken wir eine große Mannigfaltigkeit; es gibt dort Flüsse mit fast ganz geradlinigem Unterlauf wie Seve, Schwinge und Oste, andere mit leicht geschlängeltem Lauf, wie Pinnau und Krückau und schließlich solche mit stark geschlängeltem Lauf, wie Stör, Lühe, Este und Wedeler Au. Aber selbst bei der Stör sind die letzten 1000 m ganz geradlinig.

[3]) Hamburg. Urkunden-Buch nr 285: urbem Hamburg juxta Alstriam sitam et terram proximam .... usque ad medium rivi Alstrie.

[4]) Topogr. S. 30, Anm. 1.

Der zweite Grund ist schon dadurch hinfällig, daß nirgends bezeugt ist, daß das Rödingsmarktfleet als Verteidigungsgraben angelegt ist. Ebensowenig vermag Neddermeyer, wie er selbst zugibt, „den Bau eines Kanals zwischen Herrlichkeit und Admiralitätsstraße nachzuweisen.“ Über die Anlage der Niedermühle wissen wir zwar nur wenig. Daß sie aber schon 1072 vorhanden gewesen wäre, wie Neddermeyer mit Gallois[1]) annimmt, ist entschieden ein Irrtum. Die einzige Nachricht über die Mühle findet sich in der Urkunde von 1195, worin Adolf III. von Schauenburg verspricht, der Marienkirche jährlich 6 Wispel Roggen zu entrichten, zur Wiedergutmachung des Schadens, den er der Kirche durch den Bau der Mühle verursacht habe.[2]) Hieraus geht ziemlich klar hervor, daß die Mühle erst von Adolf III. angelegt und daß gleichzeitig das Wasser der Alster gestaut worden ist, wodurch ein Teil des Uferlandes überschwemmt wurde. Diese Stauung war notwendig, weil der Wechsel von Ebbe- und Flutströmung den Betrieb einer Mühle unmöglich gemacht hätte. Wenn aber das Wasser gestaut war, so war nicht mehr das ursprüngliche Bett der Alster am günstigsten für den Betrieb der Mühle, sondern die Stelle, wo das Gefälle am größten war. Das war aber ohne Zweifel bei der alten Börse, deren Umgegend, wie Neddermeyer bestätigt, bei hohen Fluten längst überschwemmt war, ehe das Hochwasser in die Admiralitätsstraße kam. Daraus folgt aber noch lange nicht, daß hier das ursprüngliche Bett der Alster gewesen ist.

Endlich glaubt Neddermeyer seine Annahme durch eine Urkunde aus dem Jahre 1437 beweisen zu können, in der von dem Ilsabeenhause gesagt wird, es läge „an der Alster beim Burstah“.[3]) Da aber das Ilsabeenhaus an der Nordseite des Burstah gelegen hat, so kann unter der Alster im 15. Jahrhundert nur das aufgestaute Alsterbecken zu verstehen sein. Es ist also für die Neddermeyersche Hypothese, daß das Nicolaifleet das ursprüngliche Bett der Alster sei, bisher noch kein ausreichender Beweis erbracht worden. Im Gegenteil, es deutet alles darauf hin, daß wir es hier mit einem künstlichen Wasserlauf zu tun haben, während das ursprüngliche Bett sich nur im Westen der Neuenburg befunden haben kann. Denn wenn die Alster ihren Lauf nicht nur westlich, sondern auch östlich der Neuenburg gehabt hätte, so lag die Neueburg zwischen beiden Armen der Alster, aber nicht, wie Adam von Bremen sagt, zwischen Elbe und Alster.

Es kommt noch hinzu, daß in den beiden Urkunden von 1232, worin Kaiser Friedrich II. das Privileg Adolfs III. bestätigt,[4]) die Neustadt als „nova civitas in Hamburg iuxta Alstriam“ (Neustadt in Hamburg an der Alster), die Altstadt aber nur als „antiqua

---

[1]) Vgl. Gesch. d. Stadt Hamburg I. S. 44.

[2]) Hbg. U. B. nr 311: in recompensationem dampni quod feci ecclesiae in edificatione eiusdem molendini.

[3]) penes Alstriam prope Buerstade, vgl. a. a. O. S. 346.

[4]) Hbg. U. B. nr 498 u. 499.

civitas in Hamburg" (Altstadt in Hamburg) bezeichnet wird. Diese Unterscheidung wäre doch ganz unbegründet und sehr auffallend, wenn die Alster zwischen den beiden Städten hindurchgeflossen wäre und beide „iuxta Alstriam" (an der Alster) gelegen hätten. Haben wir es demnach bei dem Nicolaifleet mit einem späteren, künstlichen Wasserlauf zu tun, so muß das Gebiet der Neuenburg d. h. der heutige Hopfenmarkt zur Zeit des Erzbischofs Adalbert nicht eine Insel, sondern eine Halbinsel gewesen sein, die mit dem Geestrücken des Petrikirchspiels im Zusammenhang stand. Die alte Landstraße über das Alstertal folgte wahrscheinlich dem Straßenzuge Gr. Johannisstraße—Burstah—Alter Steinweg und fällt mit dem ersten Staudamm der Alster zusammen. Es muß auffallen, daß dieser Damm nicht in gerader Richtung auf dem kürzesten Wege von dem einen Geestrande zum andern verläuft, wie der später angelegte zweite Staudamm, der heutige Jungfernstieg, sondern einen Bogen nach Süden beschreibt. Technische Gründe können nicht maßgebend gewesen sein, sonst hätte der Bogen umgekehrt nach Norden anstatt nach Süden verlaufen müssen. Daraus folgt, daß der Staudamm wohl die alte Straße benutzte. Wenn aber diese, anstatt den kürzesten Weg durch die feuchte Niederung des Alstertales zu nehmen, einen großen Bogen machte, so ist der Grund in den Bodenverhältnissen zu suchen, d. h. die Straße blieb so lange wie möglich auf höherem Gelände, um dann mit einer Wendung nach NO auf kürzestem Wege das Tal und den Fluß selbst zu durchqueren. Daraus würde folgen, daß das Gelände der neuen Burg sich über das niedrige Marschland erhob, und ein Blick auf William Lindleys geognostische Karte von Hamburg aus dem Jahre 1843 zeigt uns in der Tat, daß der Fuß der alten Nicolaikirche mit ihrer Umgebung der Neuenburg und dem Gr. Burstah aus dem Überschwemmungsgebiet der Elbe mit 21 Fuß (= 6,02 m) über Null herausragte und daß die alte Nicolaikirche selbst 25 Fuß (=7,165 m) über Null lag. Die Form dieses Geländes macht aber den Eindruck einer alten Wurt, und daß wir es hier wirklich mit einer solchen zu tun haben, lehren verschiedene Ausgrabungen.

Als 1845 die Baugrube für die jetzige Nicolaikirche ausgehoben wurde, stieß man auf eine mächtige Lage von morastiger Beschaffenheit. Die tiefern Schichten lieferten ein so fettes Erdreich, daß Gartenbesitzer und Landwirte sich beeilten es als Düngemittel dem Unternehmer abzukaufen. Man hat angenommen, daß der Platz in alten Zeiten vielleicht für den Abfall eines Schlachthauses gedient habe, oder „daß diese Masse sich abgesetzt hat zu einer Zeit, als eine Kloake (ein sog. Hasenmoor) quer durch diesen Raum lief."[1]) Ich möchte diese Dungmassen vielmehr für die Reste der hier in alten Zeiten betriebenen Viehwirtschaft halten, wie auch Richard Linde in seiner „Niederelbe"[2])

[1]) F. Stöter, Geschichte und Beschreibung des St. Nicolai-Kirchenbaues in Hamburg. Hbg. 1883, S. 37.

[2]) Seite 44.

von den oft meterhohen Massen von Dung spricht, die sich beim Aufgraben alter Wurten zu zeigen pflegen und die beweisen, daß die Viehzucht das Hauptgewerbe der alten Marschbewohner war. Erst 22 Fuß (= 6,31 m) unter dem Straßenpflaster stieß man auf guten Baugrund und in einer Tiefe von 28 Fuß (= 8,03m) auf einen Sandboden, wie er sich im Flußbette der Elbe findet.[1])

Über eine zweite Ausgrabung, die im Jahre 1844 zur Freilegung der Fundamente der alten Nicolaikirche vorgenommen war, finden wir nähere Angaben in C. Mönckebergs Schrift[2]) über diese Kirche, die bekanntlich nordwestlich von der heutigen gestanden hat. Es zeigte sich, daß der Turm, ein Teil der Umfassungsmauern und einige Strebepfeiler auf Pfahlrosten, die innern Pfeiler dagegen auf Schwellrosten ruhten, wie sie ähnlich bei dem gleichfalls auf einer Wurt erbauten Neuwerker Turm gefunden sind. Die Umfassungsmauern des Chores dagegen waren auf flachen Bogen aus Ziegelsteinen erbaut, die von kurzen Pfeilern aus kleinen Granitblöcken getragen wurden, und diese Pfeiler standen ebenso wie zwei von den innern Pfeilern der Kirche ohne Vorbereitung auf dem ursprünglichen Boden. Unter dem einen Pfeiler, dessen Fundament nicht so tief angelegt war, wie das des andern, will man sogar noch die früher daselbst gewachsene Heide ganz unversehrt vorgefunden haben. Wie weit diese letzte Angabe zuverlässig ist, läßt sich heute nicht mehr nachprüfen.

Doch daran ist wohl nicht zu zweifeln, daß sich unter der Wurt als ihr Kern ein fester Boden befunden hat, der aus dem Wasser herausragte und auch schon, ehe die Wurt vorhanden war, der Landstraße als Brücke über das Alstertal diente. Es handelt sich jedenfalls um eine Sandinsel, die sich hier am Ende des Geestrückens durch Flußanschwemmung gebildet hatte. Wie der unter der heutigen Nicolaikirche in 28 Fuß (= 8,03 m) Tiefe gefundene Sand zeigt, fiel diese Insel wahrscheinlich nach Osten hin stark ab. Das wird auch durch 2 Bohrungen bestätigt, die auf dem Grunde der heutigen Nicolaikirche vorgenommen sind. Unter der Taufkapelle stieß man nämlich bereits in einer Tiefe von 2,15 m (= 7 Fuß 6 Zoll) auf Sand,[3]) hinter dem Chor dagegen erst bei 9 m (= 31 Fuß) Tiefe.[4]) Über die Ausdehnung dieser Schwemmlandinsel wissen wir freilich nichts. Es ist zu bedauern, daß keine Berichte über die Privatbauten in der Nähe der Nicolaikirche vorliegen. Durch Erkundigungen bei einigen Eigentümern und Architekten habe ich nur so viel ermitteln können, daß die meisten Häuser auf eingerammten Pfählen stehen. An der Südseite des Hopfenmarktes ist der Untergrund angeblich

---

[1]) F. Stöter, Geschichte und Beschreibung des St. Nicolai-Kirchenbaues in Hamburg. Hbg. 1883, S. 37.

[2]) C. Mönckeberg, Die St. Nicolaikirche in Hamburg. Hbg. 1846, Anhang.

[3]) Diese Bohrung wurde 1876 anläßlich des Baues der Taufkapelle vorgenommen und ergab: zunächst Marschkleie, dann v. 2,15 m—6,59 m Sand, von 6,59—7,74 m Tonmergel und von 7,74—13,47 m Sand.

[4]) Diese 1892 hinter dem Chor vorgenommene Brunnenbohrung ergab bis 9 m Tiefe Marschkleie und dann Sand bis 22,5 m.

ein sumpfiger, weicher Boden. Am Burstah und in der Bohnenstraße besteht der Untergrund dagegen auch aus einer mit Ton untermischten Kleieschicht, die meistens gleichmäßig bis auf die tragfähige Sand- oder Lehmschicht herunterreicht.[1])

Noch weiter östlich, bei der Johannisstraße, befand sich dann nach Heinr. Hübbes Ansicht[2]) die Gegend, wo man 1842 nach dem großen Brande tief unter den Grundmauern der Häuser 6—7 Gehöfte aufgedeckt hat, die auf schwarzer Moorerde etwa 4 ½ m über Null lagen. Erst durch die später aufgeschütteten Straßendämme ist der Marschboden zusammengedrückt worden, so daß jene Gehöfte ursprünglich wohl über der täglichen Fluthöhe gelegen haben. Jedes dieser Gehöfte war auf 3 Seiten von Planken eingeschlossen, gegen Westen durch ein ziemlich gut erhaltenes Zaungeflecht. Innerhalb der Gehöfte hat man Reste gefunden, die vermutlich von ehemaligen Häusern herrühren, und dabei einen Brunnen; auf der andern Seite fand man Kisten mit Lohe und Kuhdünger, große Haufen von Ochsenhörnern und Knochen, außerdem Baumstämme, Krüge und Topfgerät. Gaedechens wollte hierin Gerbergruben erkennen.[3]) Doch scheint mir Hübbes Ansicht, daß es Gehöfte einer Viehzucht treibenden Bevölkerung gewesen seien, weit glaublicher, und ein Zusammenhang mit dem in der Wurt unter der Nicolaikirche gefundenen Dung ist sehr wahrscheinlich. Die Landstraße ist auf dem Marschboden zwischen Geest und Sandinsel möglicherweise durch eine Art Knüppeldamm befestigt gewesen,[4]) wodurch sich der Name „Langebrücken" (longus pons oder longi pontes), der sich in den ältesten Stadterbebüchern für diese Gegend findet, erklären würde.

Wenn nun 2 Pfeiler der alten Nicolaikirche und die Umfassungsmauern des Chores ohne Vorbereitung auf dem ursprünglichen Boden gestanden haben, so beweist das ferner, daß diese Teile vor der Aufschüttung der Wurt errichtet waren und daß sie schon zu der um 1195 erbauten Kapelle des heil. Nicolaus gehört haben müssen, ja daß sie noch älter waren als die Kapelle, die doch auf der Wurt erbaut wurde. Es ist sogar wahrscheinlich, daß diese Fundamente von der im Jahre 1072 zerstörten sog. „Neuen Burg" des sächsischen Herzogs herrühren,[5]) von der Adam von Bremen berichtet. Demnach kann die Wurt nicht vor 1072 d. h. vor Zerstörung dieser Burg errichtet sein. Nun befand sich bis zum großen Brande östlich der Nicolaikirche an der innern Rückseite der Grundstücke der Neuenburg ein sog. Hasenmoor, ein etwa halbkreisförmiger Graben für Abwässer. Da wir es hier mit einer Wurt und nicht mit eingedeichtem

---

[1]) Mitteilung des Architekten G. Radel in Hbg.

[2]) Mitt. d. Ver. f. hbg. Gesch. VIII, S. 197.

[3]) Histor. Topogr. S. 12.

[4]) Vgl. H. W. C. Hübbe, Beiträge zur Gesch. d. Stadt Hamburg u. ihrer Umgegend. Hbg. 1897, S. 6.

[5]) Lappenberg, Die ältesten Schiff- u. Landrechte Hamburgs. Hbg. 1845, S. IV. „Die nach dem Brande der St. Nicolaikirche unter dem Altare entdeckten Gewölbe auf dem höchsten Punkt jener Stadtgegend dürften wohl als Überreste des ehemaligen Schlosses anzusehen sein."

Marschlande zu tun haben, das entwässert werden mußte, so lag bei der Besiedlung dieses Gebietes durch Wirad von Boizenburg kein Grund zur Anlage eines solchen Grabens vor. Er muß also schon vorher vorhanden gewesen sein, was sich auch aus der Form der anliegenden Grundstücke ergibt, und, wie Franz Heynßen mit großem Scharfsinn nachgewiesen hat,[1]) der Rest eines alten Burggrabens gewesen sein. Daraus würde folgen, daß hier auch nach Aufschüttung der Wurt eine Burg gestanden hat, und das kann nur eine Burg der Schauenburger Grafen gewesen sein. Das wird auch bestätigt durch die bekannte Urkunde Adolfs III. aus dem Jahre 1195, worin er das dem Wirad überlassene Gelände als „unsere neue Burg" bezeichnet.[2]) So würde er von den Trümmern der herzoglichen Neuen Burg kaum gesagt haben.

Der Mönch Helmold berichtet in seiner Slavenchronik, daß Heinrich von Badwide bei seinem Abzuge aus Holstein 1138 das Castell Segeberg und die starke Veste Hamburg niederbrennen ließ, die Adolfs II. Mutter zum Schutz gegen die Angriffe der Barbaren aus Mauerwerk hatte errichten lassen.[3]) Das war ohne Zweifel die Burg, die auf den Trümmern der herzoglichen Burg erbaut war,[4]) und gleichzeitig war vermutlich die Wurt aufgeschüttet, die nach der eben erwähnten Zerstörung der Burg öde und verlassen dalag. Das Material für die Wurt, die mit Ton untermischte Kleieschicht, hat man wohl, wie es auch sonst üblich war, der nächsten Nachbarschaft entnommen: dadurch entstanden dann Gruben im Boden, die mit Grundwasser angefüllt und mit einander verbunden einen Teil des heutigen Nicolaifleetes ausmachten und vielleicht auch als zweiter Burggraben gegen Osten gedient haben.

Im Westen der neuen Burg lassen sich schon im 13. Jahrhundert 3 Wasserläufe nachweisen, die sämtlich durch Schleusen von dem Alsterbecken getrennt waren. Der östliche, das sog. Deichstraßenfleet, an der Rückseite der heutigen Deichstraße und des Rödingsmarktes, das man zum Teil auch für einen Arm der Alster hat halten wollen, war ohne Zweifel eine künstliche Anlage, nämlich ein Entwässerungsgraben für das eingedeichte Land und stammt daher aus derselben Zeit wie die Deiche. Das geht schon daraus hervor, daß es

---

[1]) F. Heynßen, Zur Gesch. d. Stadtbaukunst Hbgs. i. Mittelalter. Hbg. 1917, S. 23 ff.

[2]) Hbg. U. B. nr 310. castrum nostrum novum.

[3]) Helmoldi Presbyteri Chronica Slavorum, cap. 56; succendit castrum Sigeberch arcemque firmissimam Hammenburg quam comitis Adolfi mater murato opere construxerat, ut esset firmamentum urbi contra impetus barbarorum.

[4]) Vgl. P. Lambeck, Orig. Hamb. I, 79: Insuper uxor eius (i. e. Adolphi I.) super ruinas castelli, quod a duce Bernhardo ad Alstriam exstructum et proxima paganorum incursione deletum fuerat, firmissimam aedificavit arcem, quae urbi adversus hostiles impetus munimento esset. Gaedechens will hierunter die sog. Alsterburg verstanden wissen und meint, die Neue Burg sei von Adolf I. selbst wieder hergestellt (Histor. Topogr. S. 14), doch gibt er hierfür keine Gründe an.

noch in den Stadterbebüchern des 13. Jahrhunderts wiederholt als „syl" bezeichnet wird. Der mittlere Wasserlauf war das sog. Rödingsmarktfleet, das 1842 zum Teil und 1886—88 ganz zugeschüttet worden ist. Über seinen Ursprung gehen die Meinungen sehr auseinander. Meist hält man es für einen künstlich angelegten Kanal, teilweise sogar für einen Festungsgraben.[1])

Wir sahen nun aber, daß der ursprüngliche Lauf der Alster im Westen des Nicolai-Kirchspiels zu suchen ist, und dafür kommen nur das Admiralitätsstraßenfleet und das Rödingsmarktfleet in Betracht. Denn das Herrengrabenfleet, der sog. Herrengraben, war ein alter Stadtgraben, der am Ende des 15. Jahrhunderts angelegt und durch ein Wehr von der Elbe getrennt war. Da nun das Stadterbebuch um 1264 einen Bauplatz an der Westseite des Rödingsmarktes erwähnt, der „inter rivos aquarum", d. h. zwischen den Wasserbächen lag, so folgt daraus nicht nur, daß diese beiden Fleete, Rödingsmarktfleet und Admiralitätsstraßenfleet, damals bereits vorhanden waren, sondern auch daß beide, da sie als „rivi" (d. i. Bäche oder Flüsse) bezeichnet werden im Gegensatz zu dem „syl" genannten Deichstraßenfleet natürliche Wasserläufe waren, also Alsterarme. Denn als „rivus" wird die Alster auch bei Adam von Bremen[2]) und in dem Freibrief Adolfs III.[3]) bezeichnet. Wir haben hier also nicht nur einen, sondern zwei Alsterarme anzunehmen, und die dazwischen liegende Insel war vermutlich das in dem Freibrief Adolfs III. erwähnte „Alsterwerder".[4])

Haben wir somit den ursprünglichen Lauf der Alster wiedergefunden, so fragt sich, wo wir die Elbe zu suchen haben, da ja die neue Burg zwischen Elbe und Alster gelegen haben soll. Unsere neueren Topographen sind meist der Ansicht Heinr. Hübbes[5]) gefolgt, daß der ganze Brook südlich der alten Stadt im Osten mit dem Hammerbrook zusammenhing, und daß der Wasserlauf des heutigen Oberhafens ursprünglich noch nicht vorhanden war, sondern erst 1258 bei Eindeichung des Hammerbrookes ausgehoben wäre. Dadurch sei das Wasser der Bille in die Alster und die Fleete geleitet worden. Erst in der Mitte des 16. Jahrhunderts habe man den Grandeswärder, eine Insel in der Billemündung, die dem Oberhafen vorgelagert war, durchstochen und so die Verbindung mit der freien Elbe hergestellt, deren Wasser sich nun mit dem Unterlauf der Alster vereinigt habe: seitdem liege Hamburg zum ersten Mal an der Elbe.

Als Beweis führt Hübbe eine Stelle aus einer alten hamburgischen

---

[1]) So auch C. H. F. Walther in d. Festschrift für d. Vers. des Hans. Geschichtsvereins am 23. u. 24. Mai 1899, S. 81 ff.

[2]) III. 56, rivus qui Alstra vocatur.

[3]) Hbg. U. B. nr 285, usque ad medium rivi Alstrie.

[4]) Vielleicht hatte auch der im Stadterbebuche erwähnte „Johannes de Insula", der um 1250 auf dem Rödingsmarkt ein Haus besaß, von dieser Insel seinen Namen.

[5]) Ein. Erläut. S. 26 u. 36 ff. vgl. Melhop, Histor. Topogr. S. 114.

Chronik[1]) an, die besagt, daß im Jahre 1550 der Veddel gegenüber ein Graben durch den Brook zum besten des sog. „Deepes vor dem Eichholz“ gegraben sei. Aus den Stadtrechnungen zu diesem Jahre sehen wir, daß auch die Untertanen in Bill- und Ochsenwärder bei der Herstellung dieses Grabens geholfen haben.[2]) In beiden Fällen handelt es sich aber um einen Graben durch den Brook und nicht durch den Grandeswärder. Darum hielt Gädechens diesen 1550 angelegten Graben für identisch mit dem sog. „Neuen Graben“, der von der Veddel direkt zum Eichholz führte und woraus durch Verbreiterung unsere heutige Norderelbe zwischen großem und kleinem Grasbrook entstanden ist.[3]) Nach Hübbes Ansicht[4]) soll dieser Durchstich des Brookes erst 1604 erfolgt sein, und das will er daraus schließen, daß nach den Stadtrechnungen in diesem Jahre bedeutende Ausbesserungen an den Wallanlagen namentlich an der Südseite der Stadt vorgenommen wären, wozu man, wie er glaubt, die Erde durch Ausgrabungen auf dem Grasbrook gewonnen hätte. Dagegen hat er vollständig übersehen, daß sich bereits in den Stadtrechnungen von 1569 Ausgaben für diesen „Nyen graven“ finden. Auch findet sich dieser Neue Graben, wie Gaedechens richtig erkannt hat, auf der Lorichsschen Elbkarte von 1568, wenn er dort auch nicht ganz richtig gezeichnet ist. Er kann also nicht erst im 17. Jahrhundert angelegt sein, sondern ist ohne Zweifel derselbe, von dem die hamburgische Chronik berichtet und an dem die Bewohner von Bill- und Ochsenwärder mitgearbeitet haben. Von einer Durchstechung des Grandeswärders, wodurch der Oberhafen erst mit der Elbe verbunden sein soll, ist aber weder vorher noch nachher die Rede. Auf der Lorichsschen Karte erscheint auch der Oberhafen nach der Elbe zu offen; wie sehen hier einen Elbarm von der Billemündung bis zum Eichholz und an der linken Seite der Einfahrt ein Stackwerk, das die östliche Ecke des Brookes, das sog. „Fuhlenhorn“, mit einer kleinen Insel verbindet, die Melchior Lorichs „Grandeswärder“ nennt, und von der Hübbe annahm, daß sie sich ursprünglich viel weiter nach Osten erstreckt hätte.

Wenn Hübbe mit seiner Ansicht von der Durchstechung des Grandeswärders Recht hätte, so hätte der heutige Zollkanal vor 1550 den Namen „Bille“ führen müssen. Diese Bezeichnung begegnet uns aber nirgends. In den Kämmereirechnungen des 16. Jahrhunderts führt er die Bezeichnung „flumen“, „fundus fluminis“, „fundus Albis“, „dat deep der Elbe“ und „dat Stadtdeep“; 1527 ist sogar von der „Hohen Brücke an der Elbe“[5]) und 1524 von „der Stadtmauer

[1]) Lappenberg, Hamb. Chroniken, 3. Heft. Hbg. 1861, S. 443. „Umme sunte Laurentii ym sommer wort de grave dorch dat brok gegraven, dar dat water dorch valt vor der Feddelen aver, darumme dat de strom dem depe tom besten komen scholde vor dem Ekholte to Hamborch.“

[2]) K. Koppmann, Kämmereirechn. VII, S. LXXII u. VI, S. 410, 29.

[3]) Hist. Top. S. 117.

[4]) Ein. Erläut. S. 43.

[5]) Hbg. Kämmereirechn. V. 334, 27: quod altus pons apud Albiam est totaliter reformatus.

an der Elbe"[1]) die Rede, so daß jeder Zweifel ausgeschlossen erscheint. Schließlich erwähnt eine alte Wendesche Chronik, daß 1491 „de Elve van der vulenhorne bet vor dat Eykholt" mit Eis bedeckt gewesen sei.[2]) Wir finden also bereits mehrere Jahrzehnte vor dem von Hübbe angenommenen Durchstich des Grandeswärders, der die Elbe erst an die Stadt herangeführt haben soll, die Bezeichnung „Elbe" für diesen Wasserlauf, die sich übrigens auch für die folgenden Jahrhunderte erhalten hat.[3]) Damit fällt auch die Hypothese Hübbes von der Verbindung der Bille mit der Alster. Aber es bleibt noch die Frage offen, ob dieser Wasserlauf, der bereits Ende des 15. Jahrhunderts die Bezeichnung „Elbe" führte, ein ursprünglicher Elbarm oder ein künstlich angelegter Kanal gewesen ist. Über die Eindeichung des Hammerbrooks im Jahre 1258 liegen keine genaueren Nachrichten vor, und die Annahme Hübbes, daß man bei Anlage des Stadtdeiches nicht einem vorhandenen Wasserlaufe folgte, läßt sich nicht beweisen.

Andere Bedenken äußert Wichmann, der aus den Bauresten, die man Anfang der neunziger Jahre bei der Anlage des Freihafens ausgegraben hat, schließen wollte, daß die Gegend beim Kehrwieder und bei St. Annen bereits im 11. Jahrhundert bebaut gewesen wäre und zum erzbischöflichen Hamburg gehört hätte.[4]) Er meint, die durchschneidenden Fleete hätten damals noch nicht vorhanden sein können, und nimmt mit Hübbe einen südlicheren Lauf der Elbe an. Aber abgesehen davon, daß die Baureste sehr wohl aus einer viel späteren Zeit, wo dieser Elbarm sicher vorhanden war, stammen können, erwähnt Wichmann auch Sielleitungen, die zwischen dem Neuen Weg und der Holländischen Reihe gefunden wären und nach Norden entwässerten, die also dort einen Wasserlauf voraussetzen.

Offenbar durch Wichmann beeinflußt kommt Heynßen zu dem Schluß, daß der fragliche Wasserlauf frühestens gegen Ende des 13. Jahrhunderts als Kanal angelegt sei und zwar quer durch die Cremon- und Grimminsel, die er sich fast doppelt so groß nach Süden ausgedehnt dachte.[5]) Aber was sollte der Grund gewesen sein, die beiden jedenfalls mit großen Mühen und Kosten eingedeichten und bebauten Inseln zur Hälfte wieder aufzugeben und einen Kanal hindurchzulegen, der wieder neue Deichbauten erforderte? An einen Deichbruch könnte man allenfalls bei der Cremoninsel denken, aber doch nicht bei beiden Inseln gleichzeitig. Und wenn schon ein solcher Kanal nötig war, „um dem oberhalb und unterhalb der Stadt andrängenden Wasser Ausgang und Gleichgewicht zu verschaffen", warum

---

[1]) Hbg. Kämmereirechn. V 251, 27: apud murum civitatis apud Albiam.

[2]) Lappenberg, Hbg. Chroniken, II. S. 261.

[3]) Vgl. M. Schlüters Tractat von denen Erben in Hamburg. Hbg. 1698, S. 633 u. des Grafen Galeazzo Gualdo Priorato Beschreib. v. Hbg. i. J. 1663 (Zeitschr. d. Ver. f. hbg. Gesch. III, S. 141).

[4]) Vgl. Mitt. d. Ver. f. hamb. Gesch. VI, S. 85 ff. u. Hbg. Nachrichten v. 13. u. 20. Sept. 1893.

[5]) Zur Gesch. d. Stadtbaukunst Hamburgs. S. 4, 6 ff. u. 15 ff.

benutzte man nicht wenigstens die in den Entwässerungsgräben vorhandenen Wasserläufe? Warum legte man ihn so an, daß er die Grundstücke auf der Grimminsel nicht rechtwinklig, sondern schräge durchschnitt und in der Cremoninsel einen ganz unbegründeten Knick machte? Es kommt hinzu, daß die Gegend bei St. Annen und bei der Holländischen Reihe, wo die erwähnten Baureste gefunden sind, südlich von der von Heynßen angenommenen Grimminsel bleiben, also dadurch gar nicht erklärt würden. Es scheint demnach, als ob das Bett des heutigen Zollkanals doch ein ursprünglicher Elbarm gewesen ist und nicht die Hamburger die Elbe erst an die Stadt herangezogen haben.

Was nun die Eindeichung des Gebietes zwischen Elbe und Alster angeht, so läßt uns die Überlieferung hier vollständig im Stiche, und wir sind fast ganz auf Vermutungen angewiesen. Nach Gaedechens[1]) wäre der Brook südlich des Petri-Kirchspieles bis zum Steckelhörnfleet und zur Catharinenkirche bereits im 11. Jahrhundert mit einem Graben umzogen und eingedeicht, das Nicolai-Kirchspiel aber und die Cremon-Insel zur Zeit Adolfs II. von Schauenburg, der Kolonisten aus Holland, Brabant, Friesland und Westfalen in diesen Gebieten angesiedelt hätte. Die neuen Ansiedler hätten sich an den Deichen angebaut, und so wäre eine neue Stadt Hamburg entstanden, die Adolf III. 1189 dem Wirad von Boizenburg zur Besiedelung übergeben hätte. Daß dieser aber eine bereits bestehende und bewohnte Stadt erhalten haben soll, ist ausgeschlossen: Gaedechens hat offenbar den Ausdruck „urbs Hamburg" in dem Freibrief Adolfs III. mißverstanden. Unter „urbs" ist nach damaligem Sprachgebrauch keine Stadt in unserm Sinne zu verstehen, sondern eine Burg, und zwar bedeutet es hier die „Neue Burg", wie auch der Ausdruck „novum castrum" in der andern Urkunde Adolfs III.[2]) beweist. Wenn wirklich die fremden Kolonisten, die Adolf II. ins Land rief, oder sonst eingewanderte Friesen und Holländer Elbmarschen eingedeicht und urbar gemacht haben, so geschah das, um dort Ackerbau zu treiben. Die Marschinseln zwischen Elbe und Alster sind aber viel zu klein, als daß sich eine Eindeichung zu diesem Zwecke überhaupt gelohnt hätte. Denn der Flächeninhalt der Reichenstraßen-, Grimm-, Cremon- und Nicolai-Insel zusammen beträgt nur etwa 90 ha, also weniger als die kleine Insel Neuwerk, die ca. 100 ha eingedeichtes Land umfaßt. Zum mindesten hätte man dieses Gebiet hinter einem Deiche zusammengefaßt und nicht 4 Inseln daraus gemacht. Daß die Grimminsel nicht schon im 11. Jahrhundert eingedeicht sein kann, geht auch aus einer Urkunde des Erzbischofs Adalbero um 1140 hervor, worin derselbe dem Hamburger Domkapitel u. a. den Zehnten des Brookes im Süden von Hamburg bis zur Elbe verleiht für den Fall, daß derselbe einmal bebaut werden sollte.[3])

[1]) Histor. Topogr. S. 13 ff.

[2]) Hbg. U. B. nr 310.

[3]) Vgl. Hgb. U. B. nr 162: decimam quoque paludis, que sita est inter Hammenburg et Albim versus meridiem, si quando coleretur.

In dem Freibrief Adolfs III. wird auch nichts von Deichen erwähnt. Wirad von Boizenburg erhielt die Burg Hamburg an der Alster (urbem Hamburg juxta Alstriam sitam) und das der Burg zunächst liegende Gebiet (terram proximam urbi), um es frei zu bewohnen unter Marktrecht und mit Erbrecht bis an die Mitte der Alster, damit er dort einen geeigneten Hafen anlege; und damit sich dieser Ort besser entwickele, wurden ihm freie Bauplätze nach lübischem Recht bewilligt mit dem angrenzenden Brook und dem Alsterwerder (cum adjacente pallude et Alstrewerdere).[1]) Dabei ist unter „urbs Hamburg juxta Alstriam sita" wohl nicht nur der Rest der gräflichen Neuen Burg zu verstehen, sondern die ganze Wurt. Dann kann aber „terra proxima urbi" nur das anliegende Marschland bedeuten, dasselbe, das die Worte „adjacens palus et Alstrewerder" bezeichnen. Unter der „palus" verstand nun Lappenberg[2]) die Gegend von der Deichstraße bis zur Ostseite des Rödingsmarktes d. h. wohl bis zum Rödingsmarktfleet, während er den „Alsterwärder" an der Westseite des Rödingsmarktes sucht d. h. da, wo auch wir ihn annahmen [3]) Rüdiger[4]) dagegen hält die Gegend zwischen Deichstraße und Rödingsmarkt für den „Alsterwärder" und sucht die „palus" im heutigen Catharinenkirchspiel. Beide sind beschränkt durch die vermeintliche Alster, das heutige Nicolaifleet. Wenn aber dieses, wie wir sahen, damals noch nicht vorhanden war, so steht der Annahme nichts entgegen, daß sich die „adjacens palus" von der Alster bis zur Elbe und bis zur alten Stadt erstreckte und den gesamten Brook, d. h. das spätere Nicolai- und Catharinenkirchspiel zusammen umfaßte. Denn da auch die Cremon- und Grimminsel im 13. Jahrhundert zur „nova civitas" gehörten, so ist nicht anzunehmen, daß sie vor Wirad von Boizenburg eingedeicht und besiedelt worden sind.

Die Eindeichung wurde vermutlich überall erst kurz vor der Bebauung vorgenommen; die Häuser wurden hinter den Deichen erbaut und die Deiche dienten gleichzeitig als Straßen. Eindeichung und Entwässerung sind offenbar auch hier nach einem einheitlichen Plane durchgeführt. Die eingedeichte Marsch wurde von parallelen Gräben durchzogen, die alle in einen Hauptgraben mündeten, der den Fuß des Deiches durchbrach und durch eine selbsttätige Schleuse mit dem nahen Flusse in Verbindung stand. Die durch die Entwässerungsgräben entstandenen schmalen Landstreifen, die unter die Ansiedler verteilt wurden, sind noch heute in den langen, schmalen Grundstücken dieser Gegend deutlich wieder zu erkennen.[5]) Die ehemaligen Hauptabzugsgräben sind zum Teil später verbreitert und noch heute als Fleete erhalten, wie das Deichstraßenfleet und das Catharinenfleet, während

---

1) Hbg. U. B. nr 285.
2) Hbg. Rechtsaltert. I, Seite IX.
3) Vgl. oben S. 11.
4) Barbarossas Freibrief für Hamburg v. 7. Mai 1189. Hbg. 1889, S. 6.
5) Vgl. Ein. Erläut. S. 26 und Otto Auhagen, Zur Kenntnis der Marschwirtschaft. Berl. 1896, S. 80.

wir bei der Grimminsel vielleicht in dem Gröningerstraßenfleet den Hauptabzugsgraben zu erkennen haben. Sie münden sämtlich in die Elbe; auch das ist bemerkenswert. Außerdem hat man zur Gewinnung der für die Deiche erforderlichen Erde jedenfalls im Marschboden parallel zu den geplanten Deichen Gräben ausgehoben, aus denen auch wieder Fleete entstanden sind, so weit man die Deiche nicht an den Ufern bereits vorhandener Wasserläufe errichtete. Man pflegte die Deiche in der Weise zu bauen, daß die außerhalb derselben verbleibenden Flächen, das sog. Außendeichsland, zur spätern Unterhaltung des Deiches genügendes Erdmaterial liefern konnten.[1]) Auf diesem Außendeichsland wurden später dann auch Häuser und Speicher errichtet.

Aus dem Stadterbebuche ergibt sich, daß um die Mitte des 13. Jahrhunderts bei der Neuenburg und Deichstraße sowie auch an andern Fleeten solche am Wasser liegenden Plätze bereits bebaut waren und daß die Gebäude meist bis ans Wasser reichten. Frei blieb fast nur das Ufer bei der alten Börse bis zur Zollenbrücke. Hier stand auch der alte Krahn und die Wage; hier wurde einst der Zoll erhoben, wie der Name Zollenbrücke zeigt; daher dürfte die Annahme, daß sich hier der älteste Hafen Hamburgs befunden hat, wohl richtig sein. Eine Überlieferung darüber gibt es zwar nicht; aber auch die Nähe der Nicolaikirche, die 1195 auf Bitten der hier wohnenden Kaufleute zu Ehren des heil. Nicolaus wegen des großen Schiffsverkehrs errichtet wurde,[2]) spricht dafür. Nach dem Wortlaut des Freibriefes fand Wirad den Hafen nicht vor, sondern sollte ihn erst selber schaffen.[3]) Das ist der Zweck, weswegen Adolf III. ihm die Neue Burg verleiht, und Kaufleute sind es, die er in erster Linie ansiedelt. Darum ist es nicht wahrscheinlich, daß schon vorher ein Hafen oder eine Ansiedlung von Kaufleuten in dieser Gegend bestanden hat. Und doch hat man angenommen, daß die Reichenstraße (platea divitum) schon lange vorher der Sitz der Kaufleute gewesen sei, ja daß hier schon in karolingischer Zeit eine Handelsniederlassung, ein „suburbium", bestanden habe. Das Reichenstraßenfleet soll der Wasserweg für die Kaufmannsgüter gewesen sein; doch ist es nicht klar, ob dasselbe überhaupt mit der Alster oder mit der Elbe in Verbindung gestanden hat. Vermutlich war es ursprünglich ein Stadtgraben. Daß sich aber südlich davon schon so früh Kaufleute niedergelassen hätten, ist nicht anzunehmen. Denn der Grund und Boden in der Reichenstraße ist zweifellos Marschboden und hätte durch einen Deich geschützt werden müssen. Aber in der Zeit der Karolinger waren Deiche an der Elbe kaum bekannt. Es kommt dazu, daß nach den Stadterbebüchern die Reichenstraße

---

[1]) Ein. Erläut, S. 19.

[2]) Hbg. U. B. nr 310: propter navium affluentiam in honore St. Nicolai.

[3]) Hbg. U. B. nr 285: ut ibidem ab eo suisque cohabitatoribus quos illic adduxerit aptus satis portus hominibus de multis circumquaque locis venientibus efficiatur.

Ferber, Der ursprüngliche Lauf von Alster und Elbe.

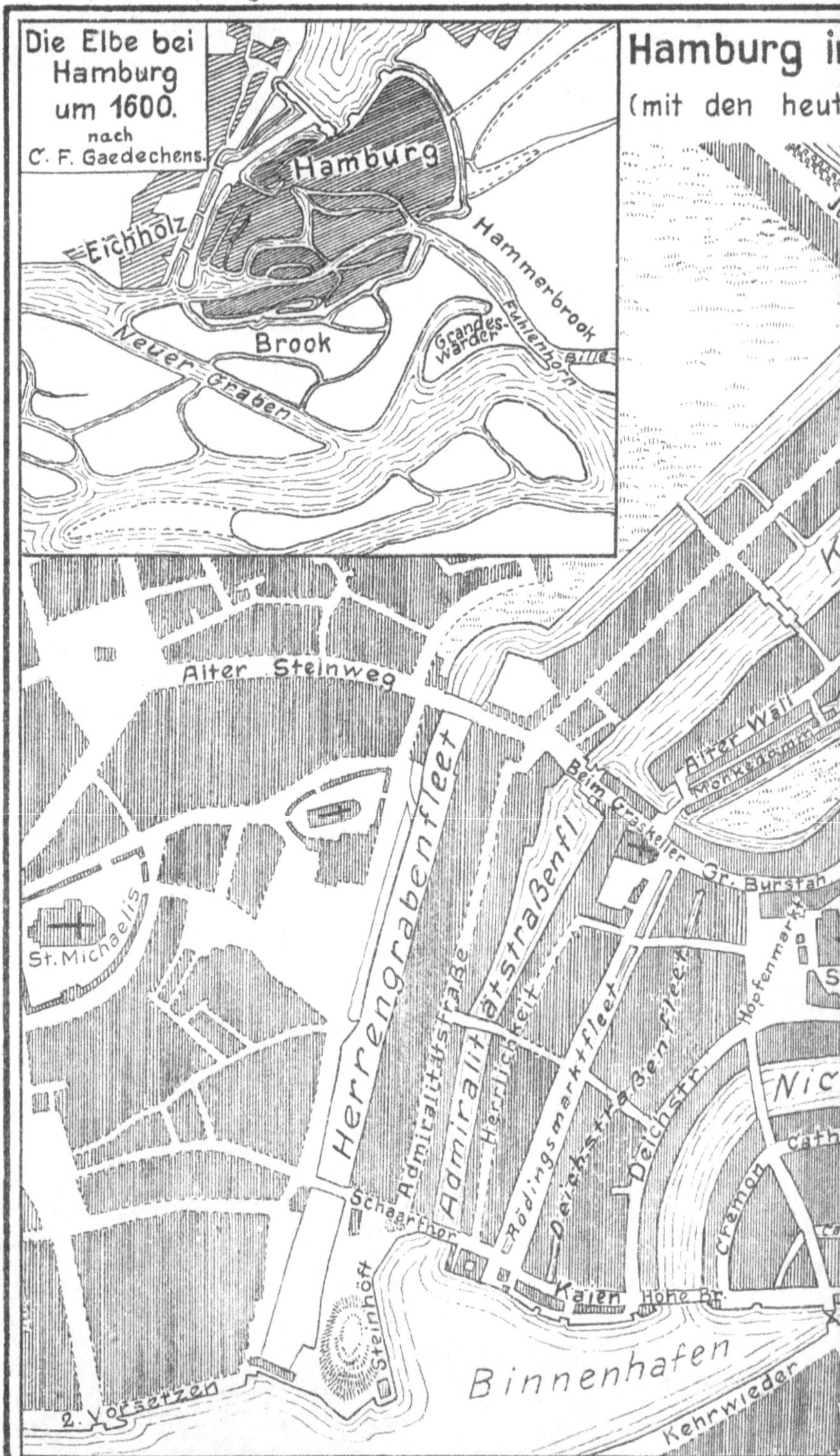

Verlag: L. Friederichsen & Co., Hamburg.

Druck von Carl Griese, Hamburg

um 1274 noch zum Catharinenkirchspiel gehörte, was auf einen engen Zusammenhang mit der Grimminsel deutet.

Beim Bau des Afrikahauses in der Reichenstraße wurde im Baugrund schwarzer Schlick vorgefunden, der mit Sand und Kuhhörnern durchmischt war.[1]) Das deutet allerdings eher auf Viehwirtschaft als auf eine Handelsniederlassung, und das ist neben der Baugrube der heutigen Nicolaikirche und den irrtümlich als Gerbergruben bezeichneten Gehöften an der Johannisstraße bereits die dritte Stelle, wo sich derartige Reste gefunden haben. Es scheint demnach, als ob der ganze Brook zwischen Alster und Elbe bis zu Wirads Zeiten ausschließlich der Viehzucht gedient hat. Ob dieses Gebiet von Prielen oder sonstigen Wasserläufen durchzogen war, wie die heutigen Außendeichsländer vor unsern Elb- und Wesermarschen, läßt sich natürlich nicht mehr feststellen. Es wäre wohl denkbar, daß es nicht der Fall gewesen ist und daß in dem ganzen Brook nur der Graben oder die Wasserlöcher vorhanden waren, die man einst zur Aufschüttung der Wurt ausgehoben hatte. Daß Wirad diesen Platz zwischen der neuen und alten Stadt, wo sich vielleicht nur ein einziges tiefes Wasserloch befand, das weder mit der Alster noch mit der Elbe eine Verbindung hatte, zum Hafen ausersehen haben soll, erscheint vielleicht auf den ersten Blick als eine etwas kühne Hypothese. Aber wir dürfen nicht vergessen, daß wir es hier mit Marschland zu tun haben und daß im Zeitalter der großen Deichbauten die Anlage von neuen Wasserstraßen nichts gar so Ungeheuerliches mehr sein konnte. Wenn Wirad das Marschland zwischen Elbe und Alster besiedeln wollte, so mußte er doch Deiche bauen und die nötige Erde dazu aus dem Vorlande entnehmen. Da wäre es nicht weiter wunderbar, wenn er für den ersten Teil seiner Siedelung von der Wurt aus einen Deich, der etwa parallel zur Alster verlief, bis an die Elbe geführt und davor einen Graben ausgehoben hätte, der das Wasserloch bei der Neuenburg mit der Elbe verband. Möglich ist natürlich auch, daß ein vorhandener Priel zu dieser Richtung des Deiches nötigte.

Daß dieser Deich der älteste gewesen ist, dürfen wir daraus schließen, daß er noch in der zweiten Hälfte des 13. Jahrhunderts und später schlechtweg als „der Deich" (agger) bezeichnet wird, woraus auch der heutige Name „Deichstraße" entstanden ist. Die weitere Eindeichung, wodurch die Grimm- und Cremoninsel entstanden, wird wohl sehr bald darnach erfolgt sein; denn kaum 50 Jahre später ist alles Land bis zur Elbe eingedeicht und fast vollständig bebaut, ja sogar mit einer Stadtmauer umgeben. Und gerade dadurch, daß die Besiedelung der einzelnen Teile so schnell aufeinanderfolgte, ist es wohl auch zu erklären, daß sich keine Überlieferung über die Reihenfolge der Besiedlung erhalten hat. Ich halte es auch nicht für unmöglich, daß der ganze Plan für die Besiedelung der neuen Stadt Hamburg von Wirad selbst entworfen ist. Denn der Hafen, der ja der Hauptzweck der ganzen Siedlung war, lag darnach im Zentrum der neuen

[1]) Mitteil. des Architekten Hermann Geißler in Hbg.

und alten Stadt und war durch die Stadtmauern gegen feindliche Überfälle geschützt. Eine günstigere Lage war kaum denkbar. Die Wiradsche Siedelung gruppierte sich um den Hafen, wie andere Siedelungen sich um den Marktplatz gruppierten. Um dieselbe Zeit ist auch das Alsterbecken aufgestaut, und durch die Anlage der Niedermühle wurde ein Abfluß des Alsterwassers in den Hafen geschaffen. Ob man damit eine Durchspülung des Hafens ermöglichen wollte, steht nicht fest, wäre aber möglich. Erst von da an war das Nicolaikirchspiel eine Insel. Durch die Aufstauung des Alsterbeckens lag nun auch das alte Hamburg an der Alster und hatte außer dem Hafen einen Zugang zur Elbe erhalten. Dieser neue Wasserlauf ist aber nicht, wie Hübbe meint,[1]) gleichbedeutend mit dem in den alten Burspraken erwähnten „Deep". Unter dem „Deep" verstand man nur den Elbarm vom Deichtor bis zum Binnenhafen. Ein „Alsterdeep" kennen auch die Burspraken nicht. Der Name „Alster" scheint sich überhaupt nur für das Alsterbecken, von dem um die Mitte des 13. Jahrhunderts durch Anlage des Reesendamms (des heutigen Jungfernstiegs), die „kleine Alster" abgetrennt wurde, und für den Oberlauf erhalten zu haben, während die andern Wasserläufe als „Fleete" oder „Elbkanäle" bezeichnet wurden. Wie lange der Wiradsche Hafen zwischen Mühlen- und Zollenbrücke bestanden hat, läßt sich nicht feststellen. Im Jahre 1352 wird zuerst der „neue Krahn" an den Kajen erwähnt, und in der Bursprake von 1360 finden wir den Hafen an der „schor" oder „schar" d. h. am heutigen Steinhöft. Der „Niederbaum", der den „Niederhafen", gegen den offenen Strom abschloß, wird bereits 1352 erwähnt;[2]) daraus ergibt sich, daß damals auch schon der „Oberhafen" mit dem „Oberbaum" vorhanden gewesen sein muß, der sich beim Winsertor (d. i. beim heutigen Meßberg) befand, da wo die Elbe an die Stadtmauer herankam. Man darf wohl annehmen, daß die Verlegung des Hafens sich ganz allmählich durch immer weitere Ausdehnung nach der Elbe zu vollzogen hat, bis er den ganzen heutigen Binnenhafen einnahm. Schließlich wird man die ältesten Teile des Hafens ganz aufgegeben haben teils wegen mangelhafter Tiefe, teils auch vielleicht wegen der vielen Brücken über dem Nicolaifleet. Daß diese Brücken allein die Veranlassung für die Verlegung des Hafens gewesen sind,[3]) ist wenig wahrscheinlich, weil diese schon sehr bald, nachdem die Besiedelung begonnen hatte, erbaut sein müssen. Man hat sie offenbar so gebaut, daß die Schiffe darunter hindurch fahren konnten, wie dies bei der „Hohen Brücke" ja schon der Name andeutet.

Das Reichenstraßenfleet mag ebenso wie das ehemalige Gerberstraßenfleet sehr früh als Stadtgraben ausgegraben sein, aber es liegt kein Grund vor, anzunehmen, daß diese Gräben mit der Elbe oder der Alster in Verbindung gestanden hätten. Eine Handelsniederlassung

---

[1]) Ein. Erläut. S. 11 u. 36.

[2]) Hbg. Kämmereirechn. I, S. 28: ad reparacionem des nederen bomes.

[3]) Vgl. W. Melhop, Histor. Topogr. d. Freien u. Hansestadt Hamburg von 1880—1895. Hbg. 1895. S. 114.

in karolingischer Zeit, das sog. „suburbium", kann demnach wohl nur an der Alster gelegen haben, d. h. auf der späteren Insel des Nicolaikirchspiels, wo Peter Lambeck sie vermutete.[1]) Auch Lappenberg nahm sie dort bereits an, nur daß er sie durch die Alster von der eigentlichen Stadt getrennt sein ließ. Wenn aber die Alster, wie wir sahen, westlich davon floß, so lag das „suburbium" unmittelbar am Fuße der Burg, und diese Annahme steht durchaus nicht in Widerspruch zu dem Berichte über den Einfall der Normannen, der sich in Rimberts „Vita Ansgarii" findet.[2])

---

[1]) Orig. Hamb. cap. 21. Per suburbium vero, cujus S. Rembertus meminit eum urbis tractum significari credo, quem nunc Parochia S. Nicolai occupat. ibid. cap. 61. novum (castellum), quod St. Anscharii temporibus suburbium vocatum fuisse supra docui.

[2]) cap. 14: contigit ex improviso piratas advenientes Hamburgensem civitatem navigio circumdedisse ...... dominus vero episcopus ibi positus cum his, qui aderant in urbe ipsa, vel in suburbio manentibus primo quidem audito adventu eorum locum ipsum continere voluit ..... sed impellentibus paganis et civitate iam obsessa cum eis resisti non posse conspexit ...... evasit ...... denique hostes arrepta civitate et omnibus, quae in ea vel in vico proximo erant, spoliatis ..... noctem ipsam cum sequenti die et nocte ibi consederunt. Sicque succensis omnibus ac direptis egressi sunt.

Landschaftskunde von Kreta

von

Dr. **Dietrich Taubert,** Hamburg.

Mit 4 Karten auf 1 Tafel.

Inhalt.

Einleitung.

„Eines Tages wird Kreta „entdeckt“ sein. Einstweilen liegt es da, nur dem Archäologen und dem Minister des Auswärtigen bekannt. Für beide ist es von großem Interesse. Dem einen ist die Insel ein lähmender Alpdruck, dem anderen ein zweites Troja“. In demselben Jahre (1913), in dem ein Engländer (Battye) diese Zeilen schrieb, wurde Kreta dem griechischen Königreich eingegliedert, so daß Minister sich nicht mehr mit Kreta zu befassen brauchen. Es gibt keine „kretische Frage“ mehr. So ist Kreta allein das Gelobte Land der Archäologen. Wollte man nun die archäologische Literatur über Kreta mit der geographischen vergleichen, so würde dieser Vergleich durchaus zu ungunsten der letzteren ausfallen. Es ist beschämend, daß die fünftgrößte Insel im Mittelmeer, deren schneebedeckte Gipfel auf mehrere der wichtigsten Schiffahrtsstraßen herabsehen, in geographischer Hinsicht so wenig bekannt ist, wie Albanien.

Ein ausführlicher Nachweis der älteren Literatur, von den Reisetagebüchern der Kreuzfahrer an, findet sich bei Raulin. Das erste brauchbare Werk verfaßte im Anfang des XIX. Jahrhunderts Sieber, ein Österreicher, der 1817 die Insel bereiste. Sieber war in erster Linie Arzt und Botaniker und so nehmen Krankengeschichten und botanische Notizen einen breiten Raum in seiner Darstellung ein. Seine Landschaftsschilderungen sind anschaulich. Öfters vergleicht er kretische Landschaften mit solchen, die er aus eigener Anschauung kennt, auch fühlt er sich beim Anblick einer Landschaft an ihm bekannte Gemälde erinnert. So mahnt ihn eine Mondscheinfahrt an der Sudabucht mit den schneebedeckten Weißen Bergen im Hintergrunde an eine heroische Landschaft von Poussin oder Claude Lorrain. Geologe und Botaniker war Raulin, der 1845 sieben Monate die Insel bereiste. Ihm verdankt man die geologische Kartierung Kretas. Raulins Schilderung ist zwar trocken und entbehrt der Anschaulichkeit, bringt aber sehr viele Einzelheiten. Wenn Chalikiopoulos von seiner Arbeit bemerkt, daß von einer genetischen Verknüpfung der Tatsachen nach dem damaligen Stande der Wissenschaft wenig zu finden sei, so ist dies vom Standpunkte der Landschaftsbeschreibung aus kein Fehler. Die zweibändige „Description physique de l'île de Crète“ erschien erst 1869. Vier Jahre vorher hatte der spätere englische Admiral Spratt, der von 1851 Leiter der englischen Küstenaufnahme gewesen war, die Ergebnisse seiner mehrjährigen Bereisungen Kretas veröffentlicht. Spratts Hauptaugenmerk galt der Archäologie, aber in besonderen Kapiteln werden auch Geologie und Hydrographie behandelt. Bekannt ist seine Hypothese über säkulare Strandverschiebungen. 1892 veröffentlichte eine Deutsche unter dem Namen Elpis Melena „Erlebnisse und Beobachtungen eines mehr als 20jährigen Aufenthaltes auf Kreta.“ Elpis Melena war begeisterte Kretophilin. Zeitgeschichtliche Nachrichten, Adressen, Proklamationen nehmen einen großen Teil ihres Werkes ein. Was landschaftskundlich brauchbar erscheint, ist gewöhnlich aus den Werken ihrer Vorgänger zusammengetragen.

Das Jahr 1897, in dem die Mächte ihre Hand auf Kreta legten, brachte eine Fülle von Eintagsliteratur, namentlich in französischen geographischen Zeitschriften. Es sind größtenteils trockene Aneinanderreihungen von Tatsachen, die meistens auf keiner persönlichen Kenntuis der Insel beruhen. Die beste dieser Arbeiten ist die von Fabrizius, dem man die Auffindung des Stadtrechtes von Gortyn verdankt. Es ist nur zu bedauern, daß Fabrizius von Haus aus eben Archäologe war. 1901 bereiste Chalikiopoulos die Halbinsel Sitia und widmete ihr eine Monographie, die bereits Ansätze zu einer landschaftskundlichen Darstellung aufweist. Chalikiopoulos, ein aus Kairo gebürtiger Grieche, war im vollen Besitz deutscher Bildung und hat mit seiner Arbeit über Sitia in Berlin promoviert. Seine geologische und Isohypsen-Karte ist als eine wesentliche Verbesserung der Raulinschen Karte anzusehen. 1913 veröffentlichte Trevor-Battye unter dem Titel „Camping in Crete“ farbenprächtige, allerdings mehr feuilletonartige Schilderungen seiner Fahrten auf Kreta. Ein Anhang bringt Bemerkungen über das Tier- und Pflanzenleben Kretas. Zum Schluß sei auf die Artikel hingewiesen, die ein deutscher Gelehrter, Michael Deffner, in der athenischen Halbmonatsschrift Ἐθνικὴ Ζωή von April 1921 an erscheinen läßt. Deffner, der seit 1871 in Athen tätig ist und Bibliothekar des Königs war, wurde 1918 von der venizelistischen Regierung nach Kreta verbannt. Er benutzte seine unfreiwillige Muße zu archäologischen Entdeckungen, verstand aber daneben in seine Reiseerlebnisse geographische Betrachtungen einzuflechten.

Allgemeines.

Die Insel Kreta liegt zwischen 23° und 27° ö. L. und 36° und 34° n.Br. Kap Lithinos an Kretas Südküste ist der südlichste Punkt Europas. Die größte Länge, von Kap Busa bis Kap Sidhero, beträgt 255 km, die Küstenausdehnung 888 km. Die Breite wechselt von 52 km in der Mitte zwischen Kap Stavros und Kap Lithinos bis 12 km in der Landenge von Hierapetros. Die Landenge von Rethymno ist 18 km breit. Die durchschnittliche Breite Kretas beträgt 32,6 km. Mit 8618 qkm Flächeninhalt ist Kreta die fünfgrößte Insel im Mittelmeer. Sowohl im Süden wie im Norden sinkt der Meeresboden bereits nahe der Küste zu Tiefen von über 1000 m hinab. Ein Schelf ist kaum vorhanden.

Oberflächenformen, Küsten und Inseln.

Kreta gliedert sich in drei Teile, einen breiten in der Mitte, der durch Landengen von 2 schmalen an beiden Seiten getrennt wird. Denkt man sich den Meeresspiegel um 600 bis 700 Meter gehoben, so würde Kreta sich als eine Gruppe von 4 Inseln darstellen. Diese 4 Inseln entsprächen den höchsten Erhebungen. Es wären dies der Kettengebirgstafelstock der „Weißen Berge“ mit einem Teil des westlichen Berglandes, der Tafelstock des Ida, das Kettengebirgsland von Lasithi und die Osthalbinsel. Ein Blick auf die Karte zeigt, daß eine einheitlich erscheinende Gebirgskette die Insel in ihrer ganzen Längenausdehnung durchzieht. Von der höchsten Erhebung, dem Psiloritis, dem Ida des Altertums, läßt sich die ganze Insel übersehen. Der Blick schweift vom Taygetos bei Sparta bis zu den Küsten Kleinasiens und nach Norden weit in die Inselwelt des Archipels hinein. Die niedrige Küste Nordafrikas ist nicht sichtbar. Im westlichen Bergland erhebt sich der Apopigari zu 1388 m Höhe, im Kettengebirgstafelstock der Weißen Berge der Hagios Theodoros zu 2375 m, im Tafelstock des Ida der gleichnamige Gipfel zu 2498 m, im Kettengebirgsland von Lasithi der Afendi Christos zu 2155 m und in der Osthalbinsel der Afendi Kavusi zu 1472 m.

So macht Kreta im allgemeinen den Eindruck eines Hochgebirgslandes. Größere Tiefebenen fehlen fast vollkommen. Die einzige wirkliche Tiefebene ist die 35 km lange und 6 km breite Talebene von Messara. Die im Nordosten derselben anschließende Talebene Pediada ist mit 350 m Höhe schon nicht mehr als Tiefebene zu bezeichnen. Den Weißen Bergen sind einige Küstenebenen vorgelagert: die Ebenen von Khania und Halikianu. Unbedeutende Strandebenen finden sich an mehreren Stellen der Nordküste. Größere Gebiete, die eine Höhe von 500 m nicht überschreiten, sind, abgesehen von der Messara, nur an der Nordküste vorhanden. Tafelebenen bestimmen den Charakter des Hochgebirges. Die einzelnen Tafelstöcke der Weißen Berge liegen 600 bis 700 m hoch. Von hochgelegenen Beckenebenen verdienen die Poljen von Lasithi (900 m) und Homalos (1040 m) Erwähnung.

Nicht sehr deutlich tritt auf den Karten der Tafelcharakter der Insel hervor, auf den Chalikiopoulos hinweist. Die Ursache dürfte in dem schlechten Kartenmaterial liegen.

Demnach könnte man Kreta ein Kettengebirgsland mit Tafelstöcken nennen.

Aus der vorhandenen Literatur läßt sich nur wenig Material über die Grundformen der Erhebungen gewinnen. Im allgemeinen erheben sich die Gipfel nur wenig über die Ketten. Aus den Landstufen ragen Zeugenberge hervor. Für die Form der Gehänge ist die Gesteinszusammensetzung von Bedeutung. Sanft geneigt sind die Hänge der kristallinen Schiefer. Der Plattenkalk zeigt entweder konkave Steilabfälle oder die sogenannten „Walfischrücken“, während der massige Kalkstein gradlinige Steilabfälle aufweist (Chalikiopoulos). Für die Hohlformen sind die Karsterscheinungen charakteristisch: Zirkustäler,

Karrenfelder, Dolinen, Poljen. Im Südwesten der Insel finden sich bis zu 1000 m steilabfallende Kerbschluchten vor.

Bei der langgestreckten Form der Insel beherrscht die Küste das Landschaftsbild. Die Nordküste ist reich gegliedert und buchtenreich. Die Südküste hat mit Ausnahme eines Knicks bei Kap Lithinos einen gradlinigen Verlauf.

Der Typus der Küste wird durch die die Insel der Länge nach durchziehenden Kettengebirgszüge bestimmt. Unterhalb der Küste sinkt das Meer sofort zu großen Tiefen ab, so daß die Küste überall Tiefseeküste ist. Je nachdem das Gebirge an die Küste herantritt, oder sich von ihr entfernt, lassen sich zwei Grundformen unterscheiden: Kliffsteilküsten und Flachküsten. Ihre Vereinigung ergibt eine Gruppenform, die man als Flachstrand-Steilküste bezeichnen kann. Die Form der Flachküste überwiegt an der Nordküste, im Süden bespült das Meer überall die Steilküste.

Der Küstensaum ist verschieden entwickelt. An der Küste der Weißen Berge brandet das Meer gegen eine 700 m steilabfallende Tafelwand. Bisweilen dringt das Meerwasser in Höhlungen des Kalksteins ein, um dann als Salzquelle ans Tageslicht zu treten. Meeresschwinden, Meermühlen, überhaupt alle Erscheinungen der Karstküste, lassen sich in Kreta beobachten (Sieber, Spratt, Raulin, Battye). Nur in seltenen Fällen gelingt es bei der schnell absinkenden Tiefseeküste den Flüssen und Bächen sich einen Geröllkegel ins Meer hinauszubauen, häufiger dringt das Meer bei Hochfluten in die Mündungen ein und sperrt sie durch Strandwälle. Neben Strandtümpeln finden sich Ansätze von Dünen, die am Fuß der Steilküste von Sfakia eine Höhe von 20 m erreichen, vor. Der Dünenstreif der nördlichen Flachküste ist bisweilen breit entwickelt. Über Grundformen der Dünen liegen keine Beobachtungen vor. Durch die Schichttafelküsten haben sich die Flußläufe breite Einschnitte gerissen. Marschküsten umgeben das Südende der Sudabucht und Stellen der Bucht von Khania.

Von der Ausbildung eines besonderen Küstengebietes kann bei der Schmalheit der Insel nicht die Rede sein. Ein mittelbarer Einfluß des Meeres findet sich auf der ganzen Insel vor.

Erwähnt wurde schon die Sprattsche Hypothese einer säkularen Strandverschiebung, einer negativen im Westen und einer positiven im Osten. Es sei an dieser Stelle auf die darauf bezüglichen Bemerkungen von Chalikiopoulos (Sitia, S. 84/85) hingewiesen, die in der geographischen Literatur noch keine Beachtung gefunden haben.

Inseln beleben die kretische Küstenlandschaft. An zahllosen Riffen und Schären bricht sich das Meer. Fast alle Inseln und Inselchen sind vegetationslos. Der Reisende, der durch die Schlucht von Nibros nach der Ortschaft Skakia heruntersteigt, erblickt plötzlich zwischen steilen Schluchtwänden die blau schimmernde Meeresfläche, auf der sich die Inselgruppe Gavdos abzeichnet. Gavdos ist die bedeutendste Insel in Kretas nächster Umgebung. Die dreieckige Insel besteht aus einer Kalktafel mit einer 324 m hohen Erhebung im Süden, und einer Neogenstufe im Norden. Baumwuchs ist nur durch einige Feigen-

und Johannisbrotbäume vertreten. Quellen sind nicht vorhanden, so daß die Bewohner der vier Dörfer auf Zisternen angewiesen sind. Gavdos dient den Sfakioten, die seit alten Zeiten mit ihren Herden im Winter dorthin übersetzen, als Weidegebiet. Die nördliche davorgelegene Insel Gavdopulo ist eine kahle unbewohnte Neogentafel.

Gesteine und Böden.

Das Grundgestein der Insel bilden kristalline Schiefer, die von Platten- und massigem Kalkstein diskordant überlagert werden. Die Kalke nehmen den größten Teil der Landschaft ein, während die Schiefer häufig an den Hängen heraustreten. Ein zusammenhängendes Schiefergebiet erstreckt sich über den äußersten Westen der Insel. Das Gebiet unter 600 m Höhe bedecken vielfach neogene Konglomerate, aus denen Kalkkegel und Schieferrücken hervorragen. Eruptivgesteine fehlen fast völlig.

Die kristallinen (Trias-) Schiefer, vorwiegend Talkschiefer und Quarzite, stellen überall die unterste Schicht dar. Die Schiefer von Sitia beschreibt Chal. als dunkelblaue Phyllite, rote Tonglimmerschiefer, die mit hellen und dunklen Glimmer-, Quarzit-, Chlorit- und Serizitschiefern regellos wechsellagern. Bei der Verwitterung zerbröckelt der Schiefer in unregelmäßige Bruchstücke, die leicht verwittern. Quellen sind im Schiefergebiet häufig. Wo auch im Sommer eine frischgrüne Vegetation den Boden bedeckt, kann man mit Sicherheit darauf schließen, daß dort Schiefer vorhanden ist.

Der Plattenkalkstein ist nach Chal. oft mehr oder weniger kristallinisch, von grünlich oder bläulich grauer Farbe, auch dünne, rote Bänke kommen mitten in den anderen vor. Meist ist er von einem dichten Kalkspatgeäder durchzogen. Die 20 cm dicken Schichten sind sehr ausgeprägt. Bei der Verwitterung zerfällt er zuerst in größere Platten. Seine Hänge weisen glatte Flächen auf. Es fehlt an Vertiefungen, so daß die Vegetation nur schwer von dem Plattenkalk Besitz ergreifen kann.

Den größten Teil der Insel nimmt ein massiger, wenig geschichteter Kalkstein ein. Man findet hellgrauen, dolomitischen und schwarzen, glattbrechenden Kalk. Bei der Verwitterung spaltet er netzartig in zahllose Risse, die ihn auch als Trümmerkalkstein bezeichnen lassen. (Chal.) Blockmeere bedecken die ebenen Flächen, Schutthalden die Gehänge, an deren Fuß Brekzien mit verschiedenartigem Bindemittel auftreten. Der schwarze Kalkstein ist der Dolinenbildung günstiger als der graue dolomitische. Rote Verwitterungserde sammelt sich nur spärlich in den Dolinen.

Bestimmten dunkle Schiefer und Kalke den einförmigen Charakter der höheren Gebirge, so finden sich unter 600 m Höhe regellos wechsellagernde neogene Konglomerate. Das Neogen ist häufig größeren Erhebungen vorgelagert. In Sitia beobachtete Chal. gelbweißen, massigen Kalkstein, lockeren gelben Mergel, Schiefergeröll mit sandigem, Kalkgeröll mit kalkigem Zement. Schuttbildung ist in dem an Hohlformen reichen Boden selten.

Kalk- und Schiefergebiete bilden wenig mächtige Verwitterungsböden. Die mit Roterde gefüllten Dolinen sind treffend mit entzündeten Augen verglichen worden. Der Neogenboden ist sehr fruchtbar und bei reichlicher Bewässerung ist auf ihm ein lohnender Anbau möglich. Verbesserung des Bodens durch Düngung ist bis in die Gegenwart unbekannt, da der Mist aus Mangel an Streu diesen Zwecken verloren geht. Bei Battye lesen wir über den Boden des Nida-Polje: „der Boden des grasreichen Teiles scheint von beträchtlicher Tiefe zu sein und hat eine schöne, rötlich-gelbe Farbe — ein sandiger Kies, bedeckt von einer aus Wurzeln und vermoderter Vegetation gebildeten, lehmigen Kruste“. Der Boden der Schwemmlandebene von Khania besteht nach Sieber aus einem tiefgründigen, fetten, eisenschüssigen Lehm. Über den Boden der Hauptebene, der Messara, liegen keine Beobachtungen vor. Bezeichnend ist, daß der Lehmboden der Schwemmlandebenen seit Jahrtausenden die reichsten Ernten bringt, ohne je gedüngt zu werden. Die Messara gilt als Kornkammer Kretas. In den fünf Monaten des Sommers haben die nicht künstlich bewässerten Böden ihre Ruhezeit, im Herbst werden sie durch Regengüsse weich und verlieren durch die Beackerung ihre Spalten und Risse. Wenn im Mai die Ernte eingebracht ist, nimmt der Boden bald wieder ein wüstenhaftes Aussehen an.

Klima.

Über das Klima Kretas ist man sehr mangelhaft unterrichtet, da es noch heutigentags keine dauernde Beobachtungsstation auf Kreta gibt. Kürzere Beobachtungsreihen werden von Sieber und Raulin mitgeteilt. Auf Grund von Beobachtungen der englischen und französischen Konsulate in Khania gibt Hann einiges Material in der Meteorologischen Zeitschrift 1886 und 1895. Über die Verteilung des Luftdruckes und der Winde im Laufe des Jahres schreibt er (Hdb. d. Klimatologie): „In den Wintermonaten liegen über dem westlichen und östlichen Hauptbecken des Mittelmeeres Barometerminima; für Griechenland kommen dabei namentlich die Minima über dem Jonischen und Levantinischen Meere in Betracht. Im Norden von Griechenland liegt hoher Luftdruck. Die Isobaren verlaufen über der Balkanhalbinsel von S. E. nach NW., so daß S. und SE. Winde im Mittel vorherrschen müssen. Dabei ziehen noch zahlreiche Barometerminima dem Mittelmeer entlang von Westen nach Osten, und wahrscheinlich auch viele über das Ägäische Meer gegen den Pontus hinauf. Die Minima bringen häufige Windwechsel und Wechsel zwischen trübem, warmem Regenwetter und heiterem Wetter bei kalten nördlichen Winden. Es ist dies die Winterregenzeit der südlichen Balkanhalbinsel und der griechischen Meere. Schon von Mai an wandert das Hauptminimum des Luftdruckes nach Südosten und im Juni verlaufen die Isobaren fast geradlinig in nordsüdlicher Richtung; im Westen liegt der höhere, im Osten der niedrige Druck. Das gibt konstante nördliche Winde, und da das Druckgefälle ein einheitliches über dem ganzen südlichen Osteuropa ist, sind Störungen selten und fehlen meist ganz. Diese Druckverteilung hält sich bis in den September hinein, worauf im Oktober wieder bei Hochdruck im Nordosten und Entwicklung der Depressionsgebiete über den verschiedenen Mittelmeerbecken die Isobaren über der Balkanhalbinsel die Richtung SE/NW annehmen und Tendenz zu südlichem Winde eintritt. Das Winterregime stellt sich wieder ein."

Über die passatähnlich konstanten Nordwinde des Sommers, die von den alten Griechen Etesien (Jahreszeitenwinde) genannt wurden, ist eine ausreichende Literatur vorhanden, gering dagegen ist unsere Kenntnis von den lokalen Winden Kretas. Der Ida entsendet in jeder Jahreszeit, namentlich aber im Winter, boraartige Nordwinde. Der Anbruch und das anhaltende Wehen dieser Winde wird durch das Erscheinen einer nach unten scharf begrenzten Schicht weißer, wollig aussehender Wolken bezeichnet, welche die Gipfel des Idagebirges verhüllen (Partsch). Battye gibt uns eine Schilderung dieses Windes, der das Schiff des Apostels Paulus weit südwestwärts verschlug: „Bö auf Bö schlug von den Bergen wie ein Hammer auf die See". Neben diesen Fallwinden sollen Föhnwinde auftreten, deren Natur wenig bekannt ist. Falls nicht allgemeine Luftströmungen übermächtig herrschen, wechseln Land- und Seewinde, Berg- und Talwinde mit großer Stetigkeit.

Als wesentlichstes Merkmal des Mittelmeerklimas bezeichnet Philippson die ungleichmäßige Verteilung der Niederschläge im Jahreslaufe. Der Schnee fällt auf den höchsten Erhebungen Kretas Mitte November und senkt sich bis in den Februar auf 800 m herunter. Das tiefer gelegene Gebiet erhält wohl gelegentliche Schneefälle, jedoch schmilzt der Schnee in einigen Tagen wieder. Ende März zieht sich die Schneelinie höher hinauf. Im Mai werden die scharfen Grate sichtbar. Am 27. Juni bemerkte Battye von Mylopotamos aus noch Firnflecke am Idagipfel. 314 mm, 50% der Niederschläge, fallen in Khania in den Monaten November und Dezember, woraus sich ihre wolkenbruchartige Heftigkeit ergibt. Durch die lange sommerliche Trockenzeit, die 7 Monate mit nur 70 mm Regen umfaßt, nähert sich das Klima von Khania dem der afrikanischen Nordküste. Das Altertum wollte den Namen Kreta mit seinem Klima in Verbindung bringen: Κρήτη παρὰ τὸ εὖ κεκρᾶσθαι τὸν περὶ τὴν νῆσον ἀέρα („Kreta — wegen der angenehmen Mischung der Luft über der Insel). In der Fußstufe sinkt das Thermometer nie unter $+ 6{,}2^0$. Theob. Fischer legt die Jahresisotherme von 19^0 an die Nordküste, die von 20^0 durch den südlichen Teil der Insel. Die Januarisotherme von 12^0 schneidet Kreta, während es im Juli zwischen den Isothermen von 26^0 und 28^0 liegt. Zusammenfassend seien die Werte von Khania, über dessen Klima allein Beobachtungen vorliegen, gegeben:

Temperatur des Januar ...	10,8°
„ „ Juli	25,7°
„ „ Jahres ...	18°
Differenz Juli-Januar	14,9°
Relative Feuchtigkeit	68%
Regenmenge	634mm
Regentage	71,8

Betrachtungen über das Klima einzelner Teillandschaften finden sich nur bei Chal. Nach ihm besitzt das Klima des Berglandes von West-Sitia den Vorzug geringer täglicher und jährlicher Schwankungen der Boden- und Luftwärme, dazu reichliche Niederschläge auf allen Seiten und wenig Schnee. Ähnlich, aber durch den Einfluß des Meeres noch gemäßigter und viel milder, ist das Seeklima des Hügel- und Stufenlandes von Mittel-Sitia. Im schroffen Gegensatz hierzu steht das Klima des Tafelstockes von Ost-Sitia mit starken täglichen und jährlichen Temperaturextremen, geringen Niederschlägen, Schneefällen und sehr heftigen Stürmen.

Eine Schilderung der einzelnen Jahreszeiten gibt Sieber: „Der Januar ist warm und heiter, wahres Frühlingswetter. Der Februar mit vielen Nordstürmen; der März ganz in der Rolle unseres Aprils veränderlich, kalt und stürmisch; der April nimmt an Wärme sichtlich zu, ist regnerisch; der May reift die Staaten, der Juny trocknet aus; der July und August bringen die Pflanzen der heißen Zone zur Ausbildung und töten jene der kälteren. Im September fallen die ersten Regen; im Oktober kommen die ersten Blüthen wieder zum Vorschein, der November begrünt sich und der Dezember setzt die günstige Vegetation fort."

Wasserverhältnisse.

Im Landschaftsbilde Kretas spielt das Wasser eine besondere Rolle, wenn im Winter und Frühjahr die Regen- und Schmelzfluten herniedergehen. Dann strömt das Wasser oft flächenhaft über Tafeln und Stufen herab. In den Dolinen und Poljen bilden sich Seen. Wildbäche schäumen in ihren Schluchten und in den Ebenen dringen die Flüsse weit und breit über ihre Ufer hinaus. Mit dem Aufhören der Regenzeit versiegt aber der Wasserreichtum. Das Wasser sickert ein und der Karstboden liegt trocken und aufgerissen da. Sommerregen gehören zu großen Seltenheiten auf Kreta.

Die Wasserführung hängt von der Gesteinsbeschaffenheit ab. Der durchlässige Kalk saugt das Wasser auf. Quellen sind im Kalkgebiet selten. Schieferboden ist wasserundurchlässig und läßt das Wasser, das hier in zahlreichen kleinen Quellen zutage tritt, oberflächlich abfließen. Das Neogen besitzt eine verschiedenartige Wasserdurchlässigkeit. Riesenquellen (neugriechisch: Kephalovrysis) finden sich meistens an der Kalk-Schiefergrenze. Häufig sind Gehängequellen und Gipfelquellen. Süßwasserquellen finden sich auch auf dem Meeresboden, so bei Kap Pavlos, 1 ½ km von der Südküste (Raulin, Battye).

Der Kalkboden saugt nicht nur das flächenhaft und zerstreut fließende Wasser auf, er nimmt es auch in geschlossenen Strömen auf. Es sind dies die sog. Katavothren, die schon von Aristoteles beschrieben wurden. Durch solche Saugschlünde wird das Lasithi-Polje, das im Herbst und Frühjahr zum See wird, entwässert. Für den Peloponnes beschreibt Philippson zwei Grundformen der Katavothren: Schlürflöcher und Torkathavothren. Für Kreta fehlen nähere Angaben. Das verschluckte Wasser tritt als Riesenquelle, meistens nahe der Küste, wieder zutage. Die süßen Meeresbodenquellen werden ebenfalls durch Katavothrenwasser gespeist. Salzhaltigen Riesenquellen entspringen die sog. „Halmyroi", die sogleich imstande sind, Mühlen zu treiben und nach kurzem Lauf in das Meer stürzen. Nach Battye nimmt ihr Salzgehalt im Laufe des Sommers zu. Kreta hat drei solcher „Halmyroi", die alle an größeren Ausbuchtungen der Nordküste und jedesmal an der Westseite derselben liegen.

Die Flüsse Kretas sind Trockenflüsse, die nur im Winter fließen. Es lassen sich zwei Grundformen, Gebirgs- und Küstenflüsse, unterscheiden. Zu letzteren gehören die eben beschriebenen „Halmyroi". Die Gebirgsflüsse führen in ihren Oberläufen dauernd Wasser, das aber das Meer nicht erreicht. Nur der Platanias im Westen der Insel fließt das ganze Jahr und bildet somit eine Ausnahme, denn selbst der Hieropotamos, der den westlichen Teil der Messara entwässert, liegt im Sommer trocken da. Die Mündungen der Wasserläufe sind meistens durch Barren verbaut. Das Gefälle ist nicht so stark, wie man annehmen sollte, da kein ununterbrochener Längskamm die Insel durchzieht. Zur Südküste stürzen Bäche und Flüsse in der Regenzeit in bisweilen beträchtlichen Kaskaden ab. Über die Farbe des Wassers liegen keine Beobachtungen vor. Man darf annehmen, daß das Wasser im Winter eine trübe gelbrötliche Färbung annimmt. Dann wälzen die Wasser mächtige Blöcke mit sich fort. Die schmalen Kerbschluchten der Weißen Berge zeigen in 10 m Höhe noch Gesteinsschliff. An Seen gibt es nur einen unbedeutenden, den See von Kurnas (23 m ü. M.), an der Kalkneogengrenze nahe der Bucht von Halmyros. Battye hörte von den Anwohnern des Sees, daß dieser mit großer Regelmäßigkeit alle 5 Jahre über seine Ufer träte und das Meer erreichte. Nach Battyes Berechnungen handelt es sich hierbei um ein Steigen von 5 m. Brackwasserpfannen umsäumen stellenweise die Buchten der Nordküste. Dolinen und Becken füllen sich gelegentlich mit rasch versickerndem Wasser. Sümpfe treten als marschige Niederungssümpfe an der Bucht von Khania auf.

Pflanzendecke.

Pflanzengeographisch läßt sich Kreta in den mediterranen Winterregen-Hartlaub-Gehölz-Gürtel einordnen. Klimatische Faktoren, der Wechsel niederschlagsreicher Winter und heißer, windtrockener Sommer, bedingen die Eigenart der kretischen Flora. In der oben

S. 30, angeführten Schilderung des kretischen Klimas fährt Sieber fort: „Die Ruhezeit der Pflanzen ist in Kreta doppelt: die Sommergewächse ruhen im Winter und gehören der heißeren Zone zu, die krautartigen, einjährigen und andere nordeuropäische Gewächse vegetieren und blühen in den sog. Wintermonaten, reifen im May ab und ruhen im Juny, July und August, bis die Herbstregen die Samen und Wurzeln wieder befeuchten und zum Keimen bringen. Daher ist kein Monat im Jahr, wo nicht grüne, blühende und samentragende Gewächse zugleich vorkämen. Die Blütenzeit aller vorhandenen Gewächse ist für jeden Monat im Jahre gleich verteilt, daher ein immerwährender Garten auf Kreta, den kein Nordsturm und kein Scirocco seiner Zierden zu berauben vermag. — Den zweiten Gegensatz bilden die Alpen (Sieber bezeichnet die kretischen Hochgebirge als Alpen) mit dem flachen Lande. Der Alpenschnee beginnt zu schmelzen und es entwickelt sich in demselben Monat die Alpenflora, in dem die Blüthenzeit der gleichartigen Thalgewächse sich soeben beendigt hat. Jetzt rückt der Schnee allmählich gegen die Gipfel zurück und veranlaßt selbst in der Alpengegend eigene Perioden (?); denn man findet auf Kanten und sonnigen, tiefen Lehnen des Gebirges im Juny, was man in den Gruben und Kesselvertiefungen, Mulden und dgl. noch im Oktober und November finden kann. Treten aber dagegen die Herbstregen ein, so locken sie die erstorbenen Keime der krautartigen Gewächse, welche im Winter hindurch bis in den Juny geblüht hatten, wieder hervor.“

Neben den durch das Klima verursachten Unterschieden bewirkt die Bodenbeschaffenheit örtliche Verschiedenheiten. Auf dem Schiefergebiet, zumal auf Talkschiefer, entlocken zahlreiche Quellen dem Boden einen üppigen Pflanzenwuchs, der das ganze Jahr einen frischgrünen Schimmer behält, wenn auf Kalkboden längst jede Vegetation verdorrt ist. Wohlriechende Halbsträucher, Kraut- und Zwiebelgewächse überziehen überall den nackten Gesteinsboden. Auf Kalkboden ist die Pflanzendecke spärlich, nur die Aleppokiefer vermag auf ihm zu gedeihen. Neogenboden ist an und für sich fruchtbar. Eine dichte Pflanzendecke bildet sich jedoch nur bei reichlicher Befeuchtung.

Immergrüne Hartlaubgehölze nehmen die unterste Stufe ein. Von einem sommergrünen Höhenwald im eigentlichen Sinne kann nicht die Rede sein, wenn auch Sieber mit 16 immergrünen, 10 sommergrünen Baumarten rechnet. Oberhalb des Waldgürtels erscheint Krummholz- und Mattenvegetation.

Gelegentlich eines im Mai von Khania aus in die Weißen Berge unternommenen Ausfluges, schildert Battye die Veränderungen in der Vegetation. In rund 600 m Höhe blühte das Tausend-Güldenkraut (Erythraea) und man sah die ersten Zypressen. In etwa 800 m Höhe wurden die Kompositen Crepis rubra und Tragopogon porrifolium bemerkt. In 1000 m Höhe blühten weiße Alpenveilchen und ein gelber Asphodelus (A. fistulosus), in 1200 m Höhe fand sich Seidelbast (Daphne sericea) und Knabenkraut (Ophrys pyramidalis). In 1800 m Höhe blühten gelbe Krokus zwischen Haufen schmelzenden Schnees.

Ganz ohne Vegetation sind selbst die höchsten Erhebungen nicht. Auf dem im Juni schneefreien Idagipfel, dessen Gehänge noch schmelzende Firnmassen umgaben, fand Battye ein Vergißmeinnicht (Myosotis idaea), Steinfrucht (Alyssum idaeum) und einen Zwergstrauch (Prunus prostrata). In 1560 m Höhe bemerkte Sieber erstorbene Zypressenstämme, während die Zypresse gegenwärtig nur bis 800 m hinaufsteigt.

Der Hartlaubgehölzgürtel gliedert sich in drei Pflanzenvereine:

Hartlaubwald,
Hartlaubbusch,
Hartlaub-Felsentriften.

Der Hartlaubwald besteht aus Steineichen, Kelch-(Wallon-) Eichen, Pinien, Aleppokiefern, Ahorn; in höheren Gebieten sind Zypressen häufig. Eigentliche Waldungen sind selten; es hängt dies mit den Eingriffen der Menschen zusammen. An den Wasserläufen tritt ein eigener Ortsverein auf. Die mit Blöcken und Geröll erfüllten, im Sommer trockenen Flußbetten umsäumt der Oleander, Lorbeer, Keuschlammbaum, Erdbeerbaum und die Cistrose. Das charakteristische Auftreten der Platanen an Flüssen hat manchem Wasserlauf die Bezeichnung Platanenfluß (Platanias) gegeben. Im Verein mit anderen einzelwachsenden Bäumen, wie dem wilden Birnbaum, treten Platanenbauminseln, namentlich an Quellen auf. Eine charakteristische Zierde der Küste bildet die Dattelpalme, die auf Kreta steril ist. In bevorzugten Gegenden finden sich ganze Palmenhaine. Die steilen Gehänge der Kalktafelstöcke überzieht ein weitständiges Netz von Aleppokiefern. Langsam wachsende Kermeseichen schließen sich am Fuß des Ida zu Wäldern zusammen. Als Ortsverein ist im westlichen Teil der Insel die höchst eigenartige Vegetation anzusehen, die die bisweilen 1000 m steil abfallenden cañonartigen Kerbschluchten bekleidet.

Während eigentlicher Wald nur in geringer Ausdehnung vorhanden ist, nimmt Hartlaubbusch, die sogenannte Macchia, große Teile der Insel ein. Die Macchien sind verschieden je nach der Bodenbeschaffenheit und den klimatischen Bedingungen. Auf Schiefer- und Neogenmergeln erreicht immergrünes Dickicht bisweilen dreifache Manneshöhe. Einen eigenen Ortsverein bildet die Vegetation der Südküste auf den schmalen Neogenstufen, und am Fuß der Steilhänge. Geschützt vor den Nordwinden vermag sich hier unter den fast senkrecht einfallenden Sonnenstrahlen eine wahrhaft tropische Pflanzenfülle zu entfalten. Sonnigen Felsboden bedecken lichtere Macchien, die allmählich in die Hartlaubfelsentriften übergehen, für die durch Partsch und Philippson die Bezeichnung Phrygana in die geographische Literatur eingeführt ist. Die Phrygana bestehen aus dornreichen, weitständigen Zwergsträuchern, ausgezeichnet durch graue Farbe und den aromatischen Geruch, der an den Kleidern des Wanderers haften bleibt. Die Phrygana verleihen den häufigen Stürmen ausgesetzten Tafelflächen geradezu den Charakter einer Steppe. Als

Krautsteppe bezeichnet Chal. die einförmige Hochfläche des Tafelstockes im Osten der Landschaft Sitia. Als Asphodelossteppen erscheinen die unbebauten und unbewässerten Teile der Schwemmlandebenen und des Neogengebietes. Als Gras- und Krautsteppen sind die sogenannten Matten anzusehen, die ergrünen, wenn im Sommer die Schneedecke geschwunden ist.

Fremdlingsformen in der Landschaft sind die abenteuerlichen Gestalten der Agave und Opuntie, die Felshalden überziehen und häufig als Wegeeinfassung dienen. Sie gedeihen nur im Meeresniveau. Ein Charakterbaum der Kulturlandschaft ist der Ölbaum, dessen weitständige Baumreihen mit nie abfallendem silberfarbenen Laub die Gehänge beleben. Dieser volkswirtschaftlich für Kreta außerordentlich wichtige Baum gedeiht noch in 800 m Höhe. 900 m Höhe erreichen Birnbaum, Maulbeerbaum, Johannisbrotbaum. Letzterer ist äußerst genügsam. Seine Frucht, die Karubbe, wird viel ausgeführt, dient auch als Viehfutter. 900 m Höhe erreicht ebenfalls noch der Weinstock. Kretas Weinbau ist seit alten Zeiten berühmt und Sieber zählt 60 Rebenarten auf. Orange, Baumwolle, Dattelpalme gehen bis 300 m Höhe hinauf. Die Quitte, Pirus Cydonia, dankt ihren botanischen Namen einer kretischen Stadt, dem heutigen Khania. Die Kastanie findet sich hauptsächlich im äußersten Westen der Insel, wo sie in den Tälern der Enneachoria ganze Wälder bildet. Der Anbau von Getreide ist bis 1100 m Höhe möglich, neben Roggen und Weizen wird hauptsächlich Gerste gebaut. Die Aussaat erfolgt im Oktober nach den ersten Regengüssen, die Ernte im Juni. Mais gedeiht auf Rieseläckern. Oasen bilden in der Umgebung der Dörfer bewässerte Gärten, in denen neben Fruchtbäumen, Bohnen, Erbsen und Gemüse gezogen werden.

Landschaftstypen.

Nach Oberflächenformen, Aufbau, Bewässerung, Böden und Pflanzendecke lassen sich folgende zusammengehörige, gesonderte Landschaftstypen aufstellen (s. Karte 4, Tafel 2):

1. Kultur-Gehölz-Schwemmlandebenen,
2. Neogenes Kultur-Hügel- und Stufenland,
3. Schieferrücken-Bergland mit frischgrünen Macchien,
4. Kalksteingehänge mit dünngesäten Aleppokiefern,
5. Phrygana-Kalk-Tafelstöcke,
6. Kultur-Poljen im Karstgebirge,
7. Sommergrüne Gebirgsmatten verschiedener Oberflächenformen,
8. Karst-Gebirgswüsten.

1. Kultur-Gehölz-Schwemmlandebenen.

Der Boden der sich nur wenig über dem Meeresspiegel erhebenden Schwemmlandebenen besteht aus einem tiefgründigen, fetten Lehm. Durch künstliche Bewässerung sind die Schwemmlandebenen in einen Garten der Fruchtbarkeit verwandelt, wo jene fehlt, dehnen sich sommerdürre Gras- und Asphodelossteppen und üppige Macchien. Infolge der günstigen klimatischen Verhältnisse können auf demselben Raume im Laufe eines Jahres mehrere Pflanzenarten gesät und geerntet werden. Bezeichnend ist die Vereinigung von Saatfeld, Wein- und Gemüsegarten, mit der Baumkultur. Die Baumkulturen verleihen den Schwemmlandebenen einen Gehölzcharakter. Einer Beschreibung der Schwemmlandebene von Khania sei folgende Schilderung entnommen: „Dieser herrliche Naturgarten, der sich mehrere Stunden längs der sfakiotischen Berge erstreckt, prangt mit 1000 jährigen Olivenbäumen, bald ist es eine Gruppe ernst sich erhebender Zypressen, bald das stolze Haupt einer Palme, bald das satte Laub der mit goldenen Früchten beladenen Orangenbäume, das die Monotomie des kahlen silberfarbenen Ölblattes wohltuend unterbricht. Überall wuchert der Weinstock, überall umwinden zierliche Guirlanden, verschiedene Staudengewächse die undurchdringliche Hecke der bläulichen Aloe, hinter welcher grüne Saaten treiben, während Orchideen, Cistrosen, Myrten, Salbei und Thymiansträucher den Boden bedecken und dem Wanderer durch laue Lüfte den balsamischen Duft ihrer hervorsprossenden Blüten entgegensenden.“ (Elpis Melena). Wo die Schwemmlandebenen an die Küste herantreten, haben sich bisweilen marschige Niederungssümpfe und Brackwasserpfannen gebildet, im allgemeinen herrschen blendendweiße Sandstrände vor, denen hochwipflige Dattelpalmen einen besonderen Schmuck verleihen. Seit Jahrtausenden sind diese Ebenen durch die Hand des Menschen umgestaltet worden. Die Wasserläufe sind Berieselungszwecken dienstbar gemacht. Am Rande der Ebenen lagen im Altertum und liegen die gegenwärtig an Zahl stark verringerten städtischen Mittelpunkte. Die Verkehrsmöglichkeit ist die denkbar günstigste. Zu den in der Schilderung von Elpis Melena genannten Kulturen tritt noch der Anbau von Baumwolle, Mais und Tabak. Zitronenpflanzungen dienen der Cedratgewinnung. Hauptausfuhrartikel sind Wein und Öl.

2. Neogenes Kultur-Hügel- und Stufenland.

Dem Anbau dient gleichfalls das neogene Hügel- und Stufenland. Der Boden dieses Landschaftstyps besteht aus hellgelben Mergeln und Konglomeraten. Entsprechend der Verteilung des Neogens, das meistens am Saume größerer Erhebungen auftritt, ist die Zertalung sehr stark. Das Neogen erscheint in Gestalt langgezogener Tafelberge, Einzelkegel und Stufen (Chal.). Aus den Gehängeschluchten der dunkelfarbigen Kalksteingebirge entwickeln sich steilwandig in die hellen Konglomerate eingeschnittene Trockenflußbetten, deren Geröllmassen eine grell blühende Oleandervegetation z. T. verhüllt. Auf den Hügeln und Stufen ziehen sich, durch Feldmauern und Agavenhecken getrennt, Getreidefelder hin. Die weißleuchtenden Gebäude in Rieselhainen versteckter Ortschaften gewähren den von der Monotomie der Anbauflächen ermüdeten Augen einen Ruhepunkt. Wenn im Mai die Ernte eingebracht ist, nimmt der Boden unter der intensiven Sonnenbestrahlung und der austrocknenden Wirkung der sturmartig wehenden Etesien ein wüstenhaftes Aussehen an. Es bilden sich tiefe Spalten und Risse, jegliche Spur von Stoppeln, Kräutern und Gräsern schwindet. Vertrocknet und verstaubt sind die wenigen Hartlaubbüsche. Oasenhaft leuchten die frischen Farben der Weinpflanzungen und bewässerten Fruchtgärten. Talsohlen, Küstenstufen, aber auch weite Strecken kulturfähigen Bodens bedecken undurchdringliche Macchien. Im September beginnen sich Wolken um die höheren Gebirge zu sammeln. Mächtige Regenschauer rauschen hernieder, Schichtfluten erweichen den zerborstenen Boden. Die Natur erwacht aus ihrem Sommerschlaf. Die Bewohner gehen daran, die Äcker zur Bestellung vorzubereiten. Die neogenen Mergel und Konglomerate bieten einen sehr fruchtbaren Ackerboden dar. Quellen sind wenig zahlreich, jedoch liegt der Grundwasserspiegel hoch (Chal.). An den Gehängen ziehen sich Öl- und Johannisbrotbäume hinauf, während auf den ebenen Flächen Getreide und Wein gebaut wird. Der Kultur dienen in der Regel nur die ausgedehnteren Neogengebiete. Das Neogen schiebt sich aber auch in Form schmaler Sohlenleisten in Kalkgebirgstälern aufwärts und bedeckt schmale Strandstufen. Auf letzteren nehmen die Macchien, zumal im Schutz von Berglehnen, ein tropisches Aussehen an. Als Oleander-Riesenwuchs-Macchia sei diese Form bezeichnet. Die Siedelungen liegen auf den größeren Neogengebieten sehr dicht an einander. Der Verkehr findet bei der großen Taldichte und mäßigen Höhe der Erhebungen keine Schwierigkeiten, er bevorzugt die Neogensohlentäler, wie ein Blick auf die Kiepertsche Karte zeigt. Die Hauptprodukte sind Cerealien, Öl, Wein und Südfrüchte. Pflanzungen von Maulbeerbäumen dienen der Zucht von Seidenraupen.

3. Schieferrücken-Bergland mit frischgrünen Macchien.

Die verschiedenfarbigen, im allgemeinen dunklen kristallinen Schiefer bilden schmale Kämme mit sanften, glatten Gehängen. Die Taldichte ist sehr groß (Chal.). Häufig treten die Schiefer am Saume größerer Kalktafelstöcke auf. Den zahlreichen Quellen verdankt dieser Typ sein dauernd frisches Grün, wenn auf benachbarten Kalksteingebieten längst jede Vegetation unter dem Gluthauch des Sommers erstorben ist. Die Wasserläufe begleiten üppige Uferwälder aus Platanen, Oleander und Myrten. Undurchdringliche hochwüchsige Macchien bedecken die Bergrücken. Die große Zahl der Quellen ist von außerordentlichem Einfluß auf die Anlage von Siedelungen. Die flachen Gehänge bieten günstige Bedingungen für künstliche Bewässerung und Baumkultur, außerdem erleichtern sie die Verkehrsmöglichkeit zwischen den Dörfern. Die Siedelungsdichte auf Schiefer übertrifft noch die der Neogengebiete Die Nähe der in ihrem weiteren Verlauf an Wasserführung abnehmenden Quellbäche bewirkt eine Zusammenziehung der Bevölkerung zu ungunsten der übrigen, namentlich der Kalkgebiete; bezeichnend für das Auftreten des Schiefers ist seine geringe Ausdehnung.

4. Kalksteingehänge mit dünngesäten Aleppokiefern.

Die Tafelstöcke der dunkelgrauen Kalkgebirge zeichnen sich durch die Steilheit ihrer Gehänge aus. Die oft senkrechten Steilabhänge werden bisweilen durch Stufen unterbrochen. Mächtige Schutthalden bedecken den Fuß der Gehänge. Quellen fehlen bei der durchlässigen Natur des Kalksteins fast gänzlich. Die Pflanzendecke ist spärlich. Netzartig haften dünngesäte Aleppokiefern in Spalten, in denen das Auge keine Spur von Verwitterungserde entdecken kann. Anbau ist nur möglich auf Stufen und durch Terrassierung gewonnenen Streifen, in die das Regenwasser die rötliche Verwitterungserde hineinschwemmt. Raum für Siedelungen bieten die Stufen, die obendrein Schutz vor dem Winde gewähren, der hemmungslos über die baumlosen Tafelstöcke hinwegfegt. Den Verkehr behindern die Steilhänge außerordentlich; Saumtierpfade vermitteln die Verbindung von Tafel zu Tafel.

5. Phrygana-Kalk-Tafelstöcke.

Arm an Hohlformen ist die glatte Oberfläche der Plattenkalkstein-Tafeln, sehr reich an solchen dagegen die der Tafeln aus massigem Kalkstein. Chal. beschreibt einen Tafelstock in Sitia: „Das Gestein ist gleichfalls hier sehr wechselnd. Im nördlichen Teil herrscht der dunkelblaue Zellenkalk vor, mit seinen zahlreichen kleinen Dolinen und reichlicher rostroter Verwitterungserde. Ein weißer, dichter Kalkstein zeigt glatte, fast gerundete Steilhänge und tiefe zirkusförmige Dolinen. Die größte Verbreitung hat der hellgraue, mehr oder weniger rissige, aber nicht zellige Kalkstein mit seinen flachtellerförmigen, braunerdigen Vertiefungen und Talmulden, zwischen denen unregelmäßige Felspyramiden und Felszacken aufragen, die trotz ihrer Formverschiedenheit durch ihre Menge ermüdende Gleichförmigkeit und geringe Höhe das Auge verwirren und keine Orientierung in dem Felsenlabyrinthe gestatten. Selbst die höchsten Gipfel ragen kaum über ihre Umgebung empor und gewähren nur die beschränkteste Aussicht. Kein Baum noch Strauch, die willkommene Lebenszeichen bilden würden, mildert die Kahlheit der Felswüste, auf der nur die weitständigen, graubraunen, stachligen Stauden- und Zwiebelgewächse gedeihen.“ Innerhalb dieser Phrygana tritt die Kulturvegetation oasenhaft auf, und beschränkt sich auf Dolinen und sonstige Vertiefungen. Die Siedelungen meiden die den Winden ausgesetzten Tafelflächen, so daß dieser Landschaftstyp an Siedelungen außerordentlich arm ist. Aus diesen Gründen haben die Tafelstöcke, die sonst häufig den Verkehr begünstigen und bevölkerungsverdichtend wirken, in Kreta keine Rolle als Kulturzentren gespielt.

6. Kultur-Poljen im Karstgebirge.

Eine große Hohlform des Kalksteins, das Polje, hat in Höhen, die während der Wintermonate von Schnee bedeckt werden, einen eigenartigen Landschaftstyp entstehen lassen. Inmitten kahler

Karstwüsten liegt ein Schwemmlandbecken eingesenkt, dessen ganz ebener Boden sich scharf von der Kalksteinumrandung absetzt. Der tiefgründige, gelbe Lehmboden wird von zahlreichen kanalisierten Wasserläufen durchzogen, die in eine große Katavothre münden. Die Bewässerungsgräben dienen der Befeuchtung von Weizen- und Gerstenfeldern. Neben Gemüseanbau ist die Rebenkultur noch möglich. Die Ortschaften liegen am Fuß der Kalksteingehänge im Schutz von Maulbeer- und Birnbäumen. Die Produkte dieses Landschaftstypes tragen z. T. Mittelgürtelcharakter. Während des Winters sind die Bewohner völlig von der Außenwelt abgeschlossen.

7. Sommergrüne Gebirgsmatten verschiedener Oberflächenformen.

Wenn in den höheren Gebirgen im April die Schneedecke verschwunden ist, bedecken sich die Gehänge, Tafeln und Becken dieser Gebiete mit einer Gras- und Krautvegetation, deren frisches Grün scharf absticht von der vertrockneten und verstaubten Hartlaubflora der tiefer gelegenen Gebiete. Diese Matten werden im Sommer von zahlreichen Herden, die bei ungünstiger Witterung in Höhlen getrieben werden, belebt. Höhlen mit abenteuerlichen Tropfsteingebilden sind auffallende Formbestandteile. Dauernde Siedelungen sind im Gebiete dieser Gebirgsmatten nicht vorhanden. Die Ausdehnung der Mattenregion ließ sich auf der Karte nicht räumlich begrenzen, da das Material dazu nicht ausreichte.

8. Karst-Gebirgs-Wüsten.

Mangel an Material verbietet, in den Kalkgebirgen nach Höhenstufen gesonderte Landschaftstypen zu unterscheiden. Man könnte annehmen, daß an das Gebiet der subtropischen Hartlaubgehölze sich ein sommergrüner Höhenwald anschlösse. Ein solcher ist nicht vorhanden. Weite Strecken der grauen Felshalden und Blockmeere sind kahl und entbehren jeglicher Pflanzendecke. Der Wachholder (Juniperus oxycedrus) und die Berberitze (Berberis cretica) scheinen eine verhältnismäßig große Verbreitung zu besitzen. Die Baumgrenze liegt nach Battye in 2000 m Höhe. Das Gemeinsame der verschiedenen Erscheinungsformen der Höhengürtel ist neben den Karstmerkmalen das Wüstenhafte. Dieser Typ ist im Mittelmeergebiet außerordentlich verbreitet. In dem Abschnitt „Geologische Landschaftstypen“ (Mittelmeergebiet) schreibt Philippson: „Diese mächtigen zur Bildung jäher Abstürze, gewaltiger Bergklötze, zackiger Kämme neigenden Massenkalke, kahl, steinig, dürr und hellfarbig, geben den meisten Kettengebirgen des Mittelmeeres ihre eigentümliche wilde Schönheit. Indem sie das Wasser versinken lassen und wenig Ackerkrume bilden, bringen sie unter dem dortigen Klima verkarstete Gebirgswüsten hervor, wie wir sie in Nordeuropa in solchem Maße nicht kennen.“

Erdkräfte und Formenbildung in der kretischen Landschaft.

Mancherlei Anzeichen verraten, daß die kretische Landschaft einst ein ganz anderes Aussehen hatte. Vorzeitformen sind deutlich erkennbar in Küstenstufen. Vorzeitformen sind die der Pluvialzeit entstammenden Trockenflußbetten. Die in derselben Zeit entstandenen sommergrünen Laubwälder des Höhengürtels sind in historischer Zeit verschwunden. Die Abspülung, die diesen Vorgang beschleunigt hat, hat auch das jungtertiäre Gebiet umgewandelt. Die Hügel und Stufen des Neogen sind Zerstörungsformen. Bisweilen, namentlich am Fuß der südlichen Kliffsteilküste, kommt es zur Bildung von Ausgleichsformen, wenn Verschüttung, Ausbildung eines Steinpflasters und Bildung einer Pflanzendecke die angreifenden Kräfte lahmlegt. Gegenwartskräfte hätten an der von Chal. bestrittenen rezenten Strandverschiebung gearbeitet. Fremdlingsformen sind die von den Vulkaninseln des Archipels angeschwemmten Tuffe, die den Strand der Nordküste umsäumen. Ein Fremdling ist der Wüstenstaub, den die Khamsinwinde mitbringen.

Die Landschaften Kretas und ihr Bau.

Die Insel wird in ihrer ganzen Längenausdehnung von verkarsteten Kalksteinhochgebirgen mit mosaikartig eingestreutem Schieferbergland durchzogen, die sich aus einem zu der buchtenreichen Nordküste abgedachten, bisweilen ausgedehnten neogenen Hügel- und Stufenland erheben, während nach Süden die Gebirge unmittelbar zur hafenlosen Küste abstürzen. Niedrige von Neogen erfüllte Einsenkungen, die den Verlauf der Längsketten bisweilen unterbrechen, lassen drei abgeschlossene Landschaften erkennen.

Eine Landschaft für sich ist das Gebiet von der Westküste bis zum Ostabfall des Ida-Tafelstockes. Der Gedanke, den letzteren als gesonderte Landschaft zu betrachten, liegt nahe, da der Ida sich westlich der Landenge von Rethymno deutlich von den Weißen Bergen absetzt, allein die Linienführung der Längsketten erscheint nicht gestört und das Neogen reicht nirgends von Küste zu Küste. Eine eigene Landschaft ist der breite, von Neogen und Schwemmland erfüllte Mittelteil, der durch die Verbindung seines südlichen Abschlusses des Kophinos-Kettengebirges mit dem Kettengebirgsland von Lasithi auf eine Sonderbehandlung mit diesem hinweist. Demnach lassen sich zwei Landschaften unterscheiden: ein westlicher und ein östlicher Kettengebirgswall, zu dem als dritte Landschaft das Gebiet der Osthalbinsel tritt. Nach dem verschiedenartigen Auftreten der Landschaftstypen lassen sich diese drei Landschaften in Teillandschaften zergliedern. Die Anordnung dieser Teillandschaften ist bei der Aufeinanderfolge von Kalkgebirgs-Tafelstöcken und neogenerfüllten Senken als kettenförmig zu bezeichnen.

Der westliche Kettengebirgswall.

Der westliche Kettengebirgswall setzt sich aus fünf Teillandschaften zusammen. Es sind dies: das westliche Bergland, das Küstenland von

Khania, der Kettengebirgstafelstock der Weißen Berge, die Landenge von Rethymno, der Tafelstock des Ida.

Im äußersten Westen Kretas liegt ein mäßig zerschnittenes Bergland, das im nördlichen Teil (Kisamos) aus einer mit Südfruchtkulturen bedeckten Neogenstufe besteht, während den südlichen Teil (Selinos) ein zusammenhängendes Schiefer-Bergland einnimmt. Einzelne Schieferrücken sowie der die Mitte dieser Teillandschaft durchziehende Gebirgskamm erheben sich zu größeren in den Typ der Gebirgswüsten übergehenden Höhen. In den zahlreichen Nebentälern des anmutigen Tales der Enneachoria bildet die Edelkastanie ganze Wälder. Vegetationsarme Kalktafelrücken durchziehen die Halbinseln Busa und Spatha. Letztere wird von Battye als Rhodopus-Halbinsel bezeichnet. Nahe dem Kloster Gonia erwähnt dieser ein bei Kiepert nicht verzeichnetes Dorf Kolymbari, das seine Entstehung einer dort vorhandenen Zufallsform, dem Eisen, verdankte. Da sich der Abbau aber nicht lohnte, wurde das Dorf bald wieder verlassen.

Unter der Bezeichnung Küstenland von Khania sei der Abschnitt nördlich des Tafelstockes der Weißen Berge und westlich der Landenge von Rethymno zusammengefaßt. Mosaikartig fügen sich in dieser Teillandschaft Schwemmlandebenen, neogenes Hügel- und Stufenland, Schieferbergland, und Kalktafelrücken mit dürftiger Phrygana-Vegetation aneinander. Intensiver Bodenkultur dienen die Ebenen von Khania und Halikianu, die durch einen Neogenrücken von der Schwemmlandebene an der Mündung des Platanias getrennt sind. Der Platanias, der Iardanos des Homer (Od. III, 292) verdankt seinen das ganze Jahr nie versiegenden Wasserreichtum seinem Ursprung in den Schiefern des westlichen Berglandes. Elpis Melena war beim Besuch des Platanias-Tales erfreut über das Glitzern der Schneeberge im fernen Hintergrunde, das zarte Grün des jungen Platanenlaubes, das urwaldartige Emporwinden der verschiedenartigen Lianen und 100jährigen Weinreben und das leise Dahinrauschen des smaragdgrün erscheinenden Wassers. Den Bächen, die von den Schiefergehängen des mit Asphodelossteppen bedeckten Kalktafelrückens von Malaxa herabkommen, dankt die Ebene von Khania ihre Berieselung. Der Malaxa-Tafelrücken trennt diese Ebene von dem tief zerschluchteten Neogenbecken von Apokorono. Asphodelossteppen überziehen große Teile der mit einer Neogenschicht überdeckten Tafel der Halbinsel Akrotiri, an deren Nordküste Kalksteingehänge mit dünngesäten Aleppokiefern heraustreten. Von Khania aus ist die Halbinsel, deren Name τὸ ἀκρωτήριον, das Vorgebirge, bedeutet, leicht zu erreichen, und so finden sich über dieselbe Nachrichten bei allen Reisenden vor. Die Halbinsel ist außerordentlich wasserarm und der Getreideanbau ist spärlich. In trockenen Sommern gerät das Vieh in die Gefahr des Verdurstens. Die Bewohner beschäftigen sich mit besonderer Vorliebe mit dem Vogelfang. Die der Nordküste vorgelagerte Halbinsel bildet die Sudabucht, einen 15 km langen, abgeschlossenen Buchthafen. Der Ostwind bricht sich am Kap Dhrapano. Durch das in der Mitte des südlichen Ufers hervorspringende Kap Kalami, das zwei niedrige

Inselklippen, die Sudainseln, verlängern, wird die Bucht in zwei Hälften zerlegt. Der innere Teil hat die Form einer Ellipse und ist 22 qkm groß. 1885 und 1897 haben bis 50 Kriegsschiffe hier gelegen, ohne sich gegenseitig zu behindern. Gegenwärtig liegt dort, als Zeuge des Weltkrieges, ein torpedierter, halb versunkener Passagierdampfer von 27000 t (Deffner).

„Weiße Berge" (Aspro Vuna) heißt seit dem Altertum ein schwachzertaltes, buckliges Kalktafelland mit aufgesetzten Gebirgsstöcken, dessen 8 Monate des Jahres mit Schnee bedeckte Kämme und Gipfel sich beherrschend über dem westlichen Teil der Insel erheben. Gegen die übrige Insel ist diese Teillandschaft fast völlig abgeschlossen. Von NW. gelangt man über Therisso, das Tal von Hagia Irina und den Paß von Xyloskala (1227 m), von NO. durch den in Kretas Geschichte denkwürdigen Paß von Askyfu (800 m) hinein. Im Süden erlauben vom Meere her die Küstenausgänge verschiedener Kerbschluchten einen Zugang. In verzahntem Gefüge greifen vom Meere aus Phrygana, Matten und Gebirgswüsten in einander über. Dem östlichen Teil der Südküste ist eine Neogenstufe mit Oleander-Riesenwuchs-Macchien vorgelagert. Der Oleander (σφάκος) hat der ganzen Landschaft (Sfakia) den Namen gegeben. Einheitlich ist diese Teillandschaft in ihrer geologischen Zusammensetzung, den düstergrauen Kalken. Ein größeres Schwemmland-Polje, das von Homalos, ist vorhanden. Battye schildert den Eindruck, den er hatte, als er nach stundenlangem anstrengendem Ritt durch ödes Karstgelände von der Höhe auf das tischebene, damals (Anfang Mai) noch mit Wassertümpeln bedeckte Polje herabsah. Baumwuchs ist spärlich an den Rändern vorhanden. Im Sommer kommen die Bewohner des Dorfes Lakkos herauf, um etwas Hafer dort anzubauen. Dauernde Siedelungen sind in dem Polje nicht vorhanden. Eine besondere Form der Kalksteingehänge stellen die Kerbschluchten dar, die in dieser Teillandschaft besser als anderswo in Kreta ausgeprägt sind. Viele 100 m tief eingeschnitten, trennen sie cañonartig die einzelnen Tafelstöcke. Nicht mit Unrecht hat man sie mit den Barancos der Kanarischen Inseln verglichen. Eine anschauliche Beschreibung der Schlucht von Hagia Rumelia gibt Sieber. Seine Schilderung ist gleichzeitig ein Beispiel einer ästhetischen Landschaftsbeschreibung aus der Epoche unserer klassischen schönen Literatur: „Hier betrat ich ein aufgelockertes Flußbett von zwei Wänden eingeklemmt. Bäumchen von Dianthus arboreus, mit den schönsten Blüthensträußern dicht bedeckt, hingen von den Steinfelsen, wie die israelitischen Leuchter herab, und das Feuer ihrer Blumen brannte entzündet an dem Strahl der leuchtenden Sonne. Ich stolperte über Zypressenstämme, welche vom Strom herabgerissen und in dem Gestein mit ihren Ästen verschüttet waren; reißend muß hier der angeschwollene Strom seyn, denn er hatte sich sogar, was ich noch bei keinem Gießbach und Flusse in Kreta wahrgenommen hatte, einen Molo in das Meer hineingebaut. Ich sah nun die Bäume vom Hagia Rumelia, aber die Wohnhäuser nicht. Platanen, Eichen, Zypressen und wilde Feigen beschatteten die glücklichen

Wohnungen der Liebe und Eintracht. Patriarchalisch schien dieser Aufenthalt, eine edle Einfachheit und Erhabenheit herrschte in der malerischen Gruppierung dieser grotesken Gebirgslandschaft, die zertrümmerten Leukaori rechts und links der schroffe Berecynthus mit den 1000jährigen Zypressenwäldern. Dieser Übergang von Form zu Form, diese Mischung von Verhältnissen und Contrasten, Verschmelzungen von Licht und Schatten, von Tönen und Farben, erfüllten mich mit einem eigenen Gefühl und mit einem eigenen Gefühl, das ich noch nie in Kreta gehabt, betrat ich dieses heilige Thal ..... An die Alpen-Gegenden Süddeutschlands gewöhnt, besonders aber von dem imposanten Anblick der unübertrefflichen Kalkgebirge noch ganz eingenommen, verschwand dennoch alles Vorhergehende aus dem Gedächtnis gegen das, was ich nun sah. Die Schlucht stets voll Wasser, daß man kaum an der Felswand vorbeyklettern und so eng, daß man mit der anderen Hand gegenüber sich anhalten konnte, stieg nahe an 500 Toisen (ca. 1000 m) senkrecht in die Höhe. Wahre Finsternis herrschte in dem Thale, welche noch von der Schwärze der pappelhohen Zypressen und hartlaubigen Eichen vermehrt wurde. Herabhängende Felsenmassen, welche jeden Augenblick herabzufallen und die Schlucht völlig zu schließen drohen, machen den Weg abschreckend und furchtbar. Keine der von mir in Salzburg und Tyrol besuchten Alpengegenden bietet so etwas Schreckliches dar, als die Schlucht von Hagia Rumelia."

Auf dem Raum der Landenge von Rethymno, zwischen Ostabfall der Weißen Berge und Westfuß des Ida, verengt sich die Insel auf 18 km. Über zwei schmalen, durch einen Kalktafelrücken getrennten Schwemmlandstreifen an der Nordküste erhebt sich eine mit Kulturen bedeckte Neogenstufe. Neogen bedeckt vielfach den Boden von Längstälern der Kalkgebirgsketten, die in der Kette des Krioneriti an der Südküste den Charakter von Gebirgswüsten annehmen. Einen freundlichen Anblick gewährt das Tal von Hagios Vasilis, das zwischen dem Siderota und dem Kedros, einem dem Ida im Süden vorgelagerten Einzelberg, eingesenkt ist. Battye beschreibt das enge Tal, in dem der Bach hurtig zwischen grellblühenden Oleandern dahineilt, während am Fuß der steilen Gehänge Ölbäume und Getreideflecke abwechseln. Über einem ausgedehnteren Schiefer-Berglande am Westfuß des Ida erhebt sich der Kegel des Vrysinas. Das im N. von den Schiefern des Kulukuna umklammerte Neogenbecken von Mylopotamos sei noch mit zu dieser Teillandschaft gerechnet, da es mit der Ida-Landschaft in keinem Zusammenhang steht. Von seinen Bewohnern wird das Becken von Mylopotamos wegen seiner Unfruchtbarkeit wenig geschätzt. Über die Zusammensetzung des Neogen liegen keine Beobachtungen vor.

Der Ida, dessen moderner Name Psiloritis der „kahle Berg" bedeutet, ist ein nach allen Seiten steil abfallender Kalktafelstock, um dessen im westlichen Teil sich erhebenden 2498 m hohen doppelkegligen Gipfel sich schalenförmig Karstwüsten, sommergrüne Matten und Phrygana hinziehen, während die Gehänge mit dünngesäten Aleppokiefern und Kermeseichen bestanden sind. Das 1700 m hohe Nida-Polje hat den alten Namen des Berges bewahrt. Battye gibt eine anschauliche Schilderung des Polje. Weltabgeschiedene Lage, strahlender Himmel, der Klang von Schafglocken, Vogelsang, Blumen, blaue Schmetterlinge lassen ein arkadisches Idyll vor uns erstehen. Der Ida-Gipfel ist Anfang Juni schneefrei, während die Süd- und Westseite des Abhanges noch Schnee tragen. Einzelne Firnflecke überdauern den Sommer. Bei Sonnenuntergang ruft der Schatten des Berges eine dem Brockengespenst ähnliche Erscheinung hervor, wie dies von Spratt beobachtet wurde.

Der östliche Kettengebirgswall.

Der östliche Kettengebirgswall setzt sich aus zwei Teillandschaften, dem Stufenland von Kandia und dem Kettengebirgsland von Lasithi, zusammen.

Als Stufenland von Kandia sei die Teillandschaft bezeichnet, die zwischen Ida-Tafelstock und Kettengebirgsland von Lasithi eingesenkt ist. Den Nordteil nimmt ein mit Weizenfeldern bedecktes neogenes Stufenland ein, aus dem sich als Restformen einige Schieferrücken und Kalkkegel, wie der sagenberühmte Jukta, erheben. Zwischen diesem Stufenland und den vegetationsarmen Kalksteingehängen des Kophinos-Kettengebirges an der Südküste dehnt sich die größte Schwemmlandebene Kretas, die 35 km lange Talebene der Messara, die durch den Hieropotamos und den Anapodhari entwässert wird, aus. Die Talwasserscheide erreicht eine Höhe von 290 m. Die nordöstliche Verlängerung der Messara bildet die 350 m hoch gelegene Schwemmlandebene Pediada, deren nördlicher Teil infolge der hemmungslos einfallenden Etesien jeglichen Baumwuchses entblößt ist.

Das Kettengebirgsland von Lasithi, das sich nach Osten bis zur Landenge von Hierapetros erstreckt, ist ein einheitliches Kalkgebiet, in dem sich um ein intensiver Bodenkultur dienendes Schwemmland-Polje schalenförmig Karstwüsten, sommergrüne Matten und Gebirgsketten mit spärlicher Aleppokiefer-Vegetation herumlegen. Oasenhaft sind in die Karstwildnis einige Schieferrücken mit frischgrünen Macchien eingestreut. Eine solche Oase beschreibt Sieber: „Ein Kranz von waldigen und begrünten Hügeln umschlang das Thal bis an den Meerbusen von Cretza (Mirabellobucht). Eine Menge der schönsten Pflanzen wucherte an den Felspartien, an moosigen Quellen und von Bäumen geschützt, in schönster Blüthe. Die dicken fleischigen Stengel der Thapsia und Ferula kamen wie Spargelgeschosse aus allen Steinen hervor, an beiden Seiten des Weges hing der Granatapfelbaum von den Mauern mit einer Last scharlach-rother Blüten herunter und überall sah man fröhliche Dörfchen und weiß-glänzende Landhäuser. Als die Venetianer dies Tal erblickten, konnten sie wohl um den Namen nicht verlegen seyn, denn das erste, was sie sagen mußten, war: Mira bello (bewundere das Schöne!).“ Der Kern dieser

Teillandschaft ist das 8—10 km lange und 4—5 km breite Becken des 900 m hohen Poljes, in das drei Pässe Einlaß gewähren. Im Altertum führte es den bezeichnenden Namen Omphalion.

Die Osthalbinsel.

Den Raum der Osthalbinsel nehmen drei Teillandschaften ein: das Bergland von West-Sitia, das Hügelland und Stufenland von Mittel-Sitia und der Tafelstock von Ost-Sitia, zu denen noch die Landenge von Hierapetros gerechnet sei.

Über der 18 km breiten, mit Asphodelossteppen und fieberschwangeren Küstensümpfen bedeckten Neogen-Landenge von Hierapetros erhebt sich unvermittelt eine mit dürftigen Aleppokiefern bestandene Kalkstein-Kammauer. Ein schmales Kerbtal und eine ungangbare Klamm gewähren Einlaß in ein mannigfach gegliedertes Kalkgebirgsland mit Phrygana, sommergrünen Matten und Karstwüsten, denen an der Nordküste ein Schieferbergland vorgelagert ist. Der Südküste legt sich eine Neogenstufe vor. Neogen erfüllt den fruchtbaren mittleren Talgraben, der sich zu beiden Seiten der Mündung des Stomios verbreitert. Den Osten der Landschaft nimmt ein einheitlich erscheinender Tafelstock ein, auf dessen baumlosen, mit Phrygana und Asphodelossteppen bedeckten Flächen nur einige größere Dolinen Anbau- und Siedelungsmöglichkeit gewähren.

Tierwelt.

Über die Tierwelt Kretas genügen ein paar Worte. Dem Auge bemerklich wird hauptsächlich die Tierwelt der Luft, nachdem die Wildziegen in der Gegenwart nahezu ausgerottet sind und nur in seltenen Fällen von Reisenden erblickt werden. Große Raubvögel, wie der Gypaëtus barbatus, ziehen über den Karstflächen ihre Kreise. Massenhaft auftretende Raben haben auf windumwehten Tafelstöcken gelegenen Dörfern ihren Namen — Korakies — gegeben. Sobald die Frühlingslüfte wehen, ertönt allnächtlich der melancholische Ruf einer kleinen Eule aus den dichtbelaubten Apfelsinenpflanzungen der Schwemmlandebenen. Phrygana und Macchien werden von kleineren Vertretern der Vogelwelt bewohnt. Wie alle Südeuropäer sind die Kreter eifrige Vertilger der die Insel berührenden Zugvögel. Von Stand- und Zugvögeln, die auf den Markt kommen, erwähnt Elpis Melena Rebhühner, Schnepfen, Bekassinen, Turteltauben, blaue und gelbe Häher. Im Gestrüpp der Macchien und Phrygana verscheucht der Fuß des Wanderers mitunter kleinere Schlangen. Skorpione sind auf dem neogenen Kulturland häufig. Im Becken von Mylopotamos hatte Battye unter der Moskitoplage zu leiden.

Wechselformen und Ergänzungsformen.

Das Aussehen der Landschaft in den einzelnen Jahreszeiten ist schon in der Charakteristik der Landschaftstypen zum Ausdruck gekommen. Von den jahreszeitlichen Veränderungen sind die Wechselformen abhängig. Sieber unterscheidet drei Jahreszeiten: „eine feuchte, welche im Januar, Februar, März und April herrscht, während welcher sich alles entfaltet, begrünt und die krautartigen Gewächse vegetieren und blühen, der Lein, das Getreide, die Hülsenfrüchte und Gartenblumen gedeihen, eine trockene, welche etwa den May, Juny, July und August enthält, und die angenehme Herbstzeit, welche die letzten Monate im Jahr einnimmt.“ Mit Ausnahme der künstlich bewässerten Gebiete finden sich Wechselformen auf der ganzen Insel vor. Der Wechsel von niederschlagsreichen Wintern und windtrockenen Sommern ist auf ihre Ausbildung von entscheidendem Einfluß. Die Karstgebirgswüsten und Gebirgsmatten sind von Oktober bis April mit Schnee bedeckt. Unter den Regengüssen und Schichtfluten der feuchten Jahreszeit ergrünen die Phrygana der Kalktafelstöcke und die Asphodelossteppen der Neogen-Hügel. Die Bewohner haben sich seit alten Zeiten den jahreszeitlichen Veränderungen in den sogenannten Metochien angepaßt. In den im Frühjahr schon recht heißen Schwemmlandebenen und dem neogenen Hügel- und Stufenland ist es möglich, schon zeitig im Jahr die Feldfrüchte zu ernten. Dann wird auf den Stufen der Kalksteingehänge und in den Dolinen der Tafelstöcke die Witterung gerade geeignet für Aussaat und Ernte. Um sich die langen Wege zu sparen, legt man weiter oben ein zweites Dorf an, das dann bezogen wird, wenn unten im Tal die Landwirtschaft erledigt ist. Chal. unterscheidet neben Sommerdörfern, die den Tieflandsbewohnern den Weinbau ermöglichen, Winterdörfer in mäßiger Höhe, die den Bewohnern der Höhendörfer die Ölkultur erlauben. Diese Metochien enthalten den Begriff der Ergänzungsformen. An Ergänzungsformen ist Kreta sonst nicht reich. Es finden sich zwar auf dem Raume einer Landschaft Gebiete, in denen Früchte der Subtropen reifen, neben solchen, die nur als sommerliche Höhenweiden dienen, aber die Produkte der verschiedenen Landschaftstypen sind einseitig und ergänzen sich nicht. Die Schwemmlandebenen, das Neogenland, die Schiefer-Oasen liefern Wein und Öl, deren Ausfuhr neben der der Südfrüchte einiges Geld auf die Insel bringt; das notwendige Brotgetreide wird auf dem Boden der übrigen Landschaftstypen nur in ungenügendem Maße erzeugt. Nutzholz und Brennmaterial, letzteres hauptsächlich in Form von Holzkohle, wird in den Macchien und auf den Gehängen mit Aleppokiefern in nicht ausreichender Menge gewonnen. Die Viehzucht vollends auf den Phrygana und Matten nimmt ganze Teillandschaften in Anspruch und kann doch nur eine geringe Anzahl von Menschen ernähren. Dem Verkehr ist das verzahnte Gefüge der Landschaftstypen außerordentlich hinderlich.

Vorzugsgebiete und Kümmergebiete.

Vorzugsgebiete sind die Schwemmlandebenen und das Neogen. Vermittels künstlicher Bewässerung kann jede Art von Feldbau und Baumkultur getrieben werden. Die Erzeugung von Cerealien genügt dem Bedarf der Bewohner. Der Überschuß an Wein und Öl, die

Ausfuhr von Südfrüchten gewähren ihnen die Möglichkeit, im Austausch dafür sich andere notwendige Produkte zu verschaffen. Das Gebiet der kristallinen Schiefer ist ein neutrales Gebiet. Trotzdem drängen sich auf Schieferboden verhältnismäßig die meisten Siedelungen zusammen. Die Gründe dafür sind mehrfach angegeben.

Die Teillandschaften, in denen die übrigen Landschaftstypen überwiegen, sind Kümmergebiete. Sie sind zwar gesünder wie die ersteren, gewähren aber mit ihren schlechten Böden, Wassermangel, schlechten Verkehrs- und Siedelungsverhältnissen ihren Bewohnern nicht das, was sie zum Lebensunterhalt brauchen, oder womit sie sich diesen verschaffen können. Vermittels der Metochienwirtschaft lassen sich diese Kümmergebiete ausnutzen. Aus ihnen erhalten die Vorzugsgebiete Ergänzungsprodukte: Wolle, Holzkohle, Honig.

Das auf der Landschaftskarte (Karte 4, Tafel 2) hervortretende Vorherrschen von Kümmergebieten macht Kreta in Verbindung mit seiner Insellage zu einem Rückzugsgebiet. Ein ideales Rückzugsgebiet ist die Teillandschaft der Weißen Berge, hinter deren Kammmauern die Sfakioten Jahrhunderte hindurch ein Sonderdasein führen konnten. Ähnliche Rückzugsgebiete sind das Lasithi-Polje und die Osthalbinsel.

Der Mensch in der kretischen Landschaft.

Die ersten bekannten Funde aus Kreta entstammen der frühneolithischen Zeit. In den ältesten Gräbern finden sich sowohl Langschädel der mediterranen Rasse, wie Kurzschädel der armenoiden Rasse vor. Auf der von Fimmen entworfenen Karte der neolithischen und frühminoischen Fundorte fällt auf, daß diese sich auf den Teil Kretas beschränken, der östlich des Ida-Tafelstockes liegt. Die meisten neolithischen Siedelungen liegen auf der Osthalbinsel, mit Vorliebe auf der Ost- und Nordküste derselben. Ganz Kreta war, als der erste Neolithiker seinen Fuß auf den Boden der Insel setzte, eine Waldwildnis. Immergrüne Wälder bedeckten die Schwemmlandebenen, das Neogengebiet, das Schieferrücken-Bergland, die Gehänge und Flächen der Kalkgebirgsstöcke. Höher hinauf zogen sich sommergrüne Laub- und Zypressenwälder, die sich in der Pluvialzeit auf den an Verwitterungserde armen Kalkgebirgen festgesetzt und das Trockenerwerden des Klimas überdauert hatten. Die Eigenart dieser heute verschwundenen mitteleuropäischen Höhenwälder und ihr Gegensatz zu der Mediterranflora der Küstenstufe ist schon von Theophrast erkannt worden (Bretzl). Zahlreiche Wildpfade durchzogen die Waldungen. Die Baumgrenze war die Heimat von Wildziegen, des Steinbocks und der Bezoarziege. Es ist anzunehmen, daß die ersten Bewohner Sitias Jäger und Sammler gewesen sind. Im Winter bot die Küste reichlich Nahrung, im Sommer mögen die Horden sich in die gesünderen Höhenwälder zurückgezogen haben. Schon früh sind die kretischen Neolithiker im Besitz von Fremdlingswaren. Die ersten Siedler in Sitia benutzten als Material für ihre Werkzeuge Obsidian, der von Melos eingeführt wurde.

Unter den Funden vom Jahre 3000 v. Chr. an tauchen Gegenstände aus Bronze auf. Es ist unbekannt, ob Einwanderungsstörungen mit der Einfuhr dieser Fremdlingswaren verbunden gewesen sind. Es hat jedoch den Anschein, als ob die mediterran-armenoide Mischrasse, deren neolithische Vorfahren von Kretas Boden Besitz ergriffen hatten, die Rasse war, die eine sekundär angepaßte Fremdlingskultur entwickelte, deren Verlauf einen durchaus harmonischen Eindruck macht. Nach Ausweis der Gräber muß sich um das Jahr 2000 v. Chr. eine mächtige Aristokratie entwickelt haben, über der sich in der mittleren minoischen Epoche ein mächtiges Königstum erhob. Die Grundlage der minoischen Kultur bildete der Ackerbau. Die Baumkultur spielte bei einem Volke, das in heiligen Bäumen seine Götter verehrte, eine große Rolle (Evans). So werden die Schwemmlandebenen in dieser Zeit ihren Gehölzcharakter erhalten haben. Auf bildlichen Darstellungen fehlen kriegerische Szenen fast völlig. Die Städte waren nicht ummauert. Der durch Kriege nicht verminderten Bevölkerung mögen die Vorzugsgebiete nicht mehr genügt haben. So drang man in die sommergrünen Waldlandschaften der Kalktafelstöcke und des Hochgebirges vor. Durch Rodung gewonnenes Kulturland konnte in den Sommermonaten durch Metochienwirtschaft und Viehzucht ausgenutzt werden. In den städtischen Mittelpunkten der Vorzugsgebiete, die neben Adelssitzen die Form minoischer Siedelungen darstellen (Dörfer in unserem Sinne hat es nicht gegeben), blühte ein Exportgewerbe, das seine Rohstoffe von außen her einführen mußte. Kupfer kam aus Zypern, Silber und Zinn aus Spanien, Gold und Elfenbein aus dem Hinterlande Ägyptens. In kretischen Gräbern ist Liparit von den Äolischen Inseln und Ostsee-Bernstein gefunden. Als Hauptindustrie ist die Keramik anzusehen. Über die Verkehrsverhältnisse der minoischen Zeit ist man wenig unterrichtet. Saumtieren, nicht Wagen, sind die Breitenverhältnisse der städtischen Straßen und Tore angemessen. Von der Einführung des Pferdes zeugt ein Siegelabdruck aus Knossos mit der Darstellung eines Pferdetransportschiffes. Minoische Hafenplätze sind äußerst zahlreich innerhalb der Grenzen minoischen Kulturbereichs, sogar auf heute wasserlosen Inseln (Pseira).

Das minoische Kreta war vermöge seiner natürlichen Vorzüge in seiner Insellage ein Festungsgebiet, dadurch befähigt, einen politischen und wirtschaftlichen Einfluß auf die Ägäis auszuüben. Auf kleinem Raum boten Ergänzungsformen alles, was die Bewohner zum Unterhalt brauchten. Schwemmlandebenen und Neogenland lieferten Getreide, Wein und Öl. In den Städten blühte eine für den Export arbeitende Industrie, deren Rohmaterialien für Öl, Wein und Fertigfabrikate beschafft wurden. Die sommergrünen Waldlandschaften lieferten Material zum Schiffs- und Häuserbau, Erzeugnisse der Jagd-, Sammeltätigkeit und Metochienwirtschaft. Die Küste war der Sitz einer seefahrenden Bevölkerung. Durch die Beschränkung der Ergänzungsformen auf einen kleinen Raum, durch das verzahnte Gefüge der Teillandschaften war Kreta zur Kleinstaaterei bestimmt. Zur Blütezeit der minoischen Kultur darf man jedoch nach der Ansicht von K a r o einen in der Hauptstadt Knossos zentralisierten kretischen Einheitsstaat annehmen.

Um das Jahr 1400 v. Chr. hatte die minoische Kultur äußerlich ihre höchste Blüte erreicht, innerlich enthielt sie schon die Keime der Zersetzung. Der Träger des Staatsgedankens, der Adel, mußte entarten, da im Innern kriegerische Verwicklungen nicht mehr vorkamen. Manche Anzeichen deuten auf eine allmählich eingetretene Dekadenz. Die Stilformen des Palast-Stiles zeigen ein deutliches Sinken der alten Kunstübung. Entsittlichend wirkte wohl die freie Stellung, die die Frauen im öffentlichen Leben einnahmen. Mädchen beteiligten sich an den Stierhetzen, deren Darstellung auf Gemmen häufig entgegentritt. Ein Blitzlicht auf die eingetretene Entartung wirkt ein von A r i s t o t e l e s (Pol. II. 7. 5) dem Minos zugeschriebenes Gesetz, das, um einer Übervölkerung zu steuern, die Männerliebe empfahl. Diese Entartungserscheinungen mögen eine Folge der Siedelung in Großstädten sein, denn als solche sind Knossos und Phaistos ohne Zweifel anzusehen. Das minoische Kreta hatte seine wirtschaftliche Selbständigkeit verloren.

Eine Katastrophe mußte eintreten, wenn die Flotte des Minos das Meer nicht mehr beherrschte. Im Laufe der minoischen Kulturentwicklung waren auf dem griechischen Festlande gefährliche Nachbaren erwachsen. Dort hatte sich über einer der minoischen verwandten Urbevölkerung ein indogermanisches Herrenvolk festgesetzt, das sich die minoische Kultur zu eigen gemacht hatte. Plötzlich und jäh brach das Verderben über die Insel herein. Die stolzen Herrensitze Knossos, Phaistos, Hagia Triada, Mochlos und viele andere gingen in Flammen auf (um 1400). Die Träger der neuen, nach ihrem Hauptfundort Mykene benannten Kultur, die Achäer, nahmen die Stelle des minoischen Adels ein. Sie behielten die ihnen längs vertraute materielle Kultur ihrer Untertanen. Eine Fremdlingsform ist das Megaron der jüngeren Paläste, dessen Bauweise einem nördlichen Klima entspricht, während der Pfeilersaal der älteren Paläste dem Klima Kretas angemessen war. Die vollkommene Unterwerfung des minoischen Kretas gelang den neuen Herren auf Kosten ihrer eigenen Volkskraft. Sie vermochten die alte Seegeltung, auf der Kretas Bedeutung als Festungsgebiet beruhte, nicht aufrecht zu erhalten. Die Zeit der Achäerherrschaft war eine Übergangszeit.

Um 1250 wurde der Achäerherrschaft durch die Einwanderung der Dorer ein Ende gemacht. Die kulturell niedriger stehenden Dorer, die das Eisen mitbrachten, wußten mit der minoisch-mykenischen Kultur nichts anzufangen. Seit dieser Zeit liegen die Ruinen von Knossos von Menschenhand unberührt bis heute. Ein mykenisiertes, minoisches Restvolk, die Eteokreter, zog sich in die schwer zugängliche Osthalbinsel zurück. In den ungünstigen Verhältnissen des Rückzugsgebietes ging die alte Kultur zugrunde. Die Eteokreter haben schließlich die materielle Kultur der Dorer angenommen, wie Vasenscherben des geometrischen Stiles aus Praisos beweisen. Im 6. vorchristlichen Jahrhundert ist ihr Volkstum erloschen, ohne Spuren zu hinterlassen.

Taubert, Kreta.

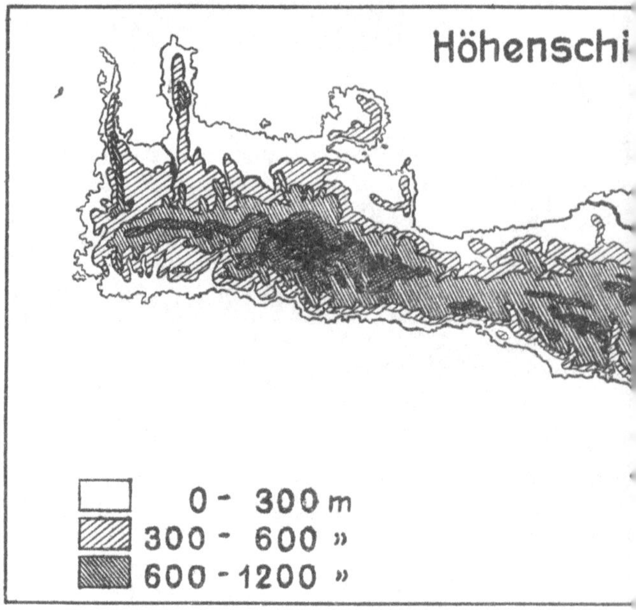

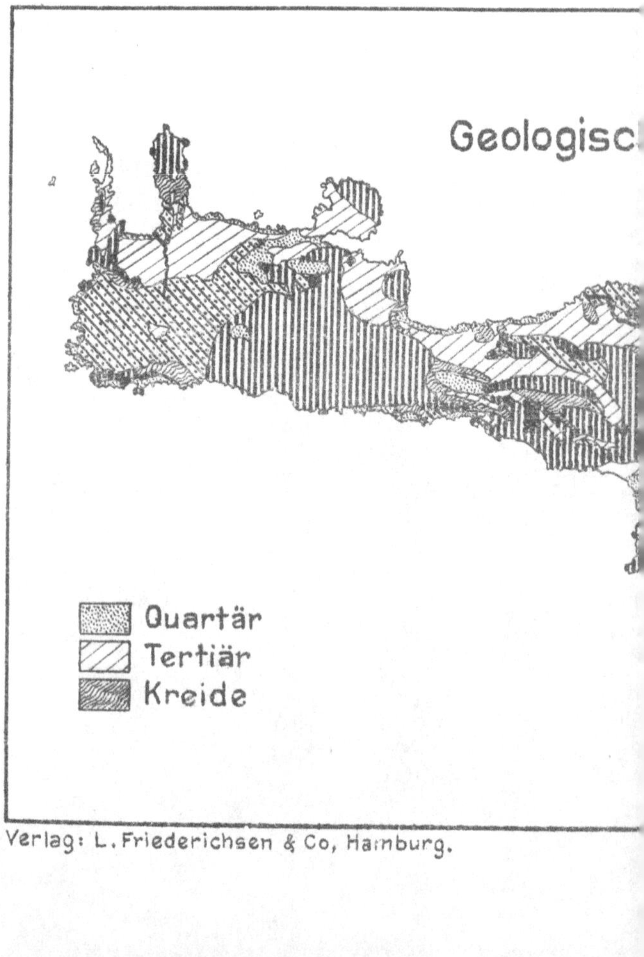

Verlag: L. Friederichsen & Co, Hamburg.

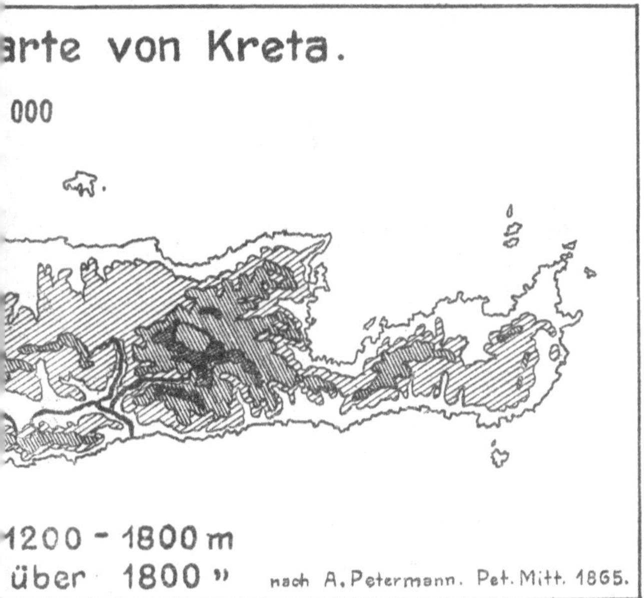
arte von Kreta.
000
1200 - 1800 m
über 1800 "
nach A. Petermann. Pet. Mitt. 1865.

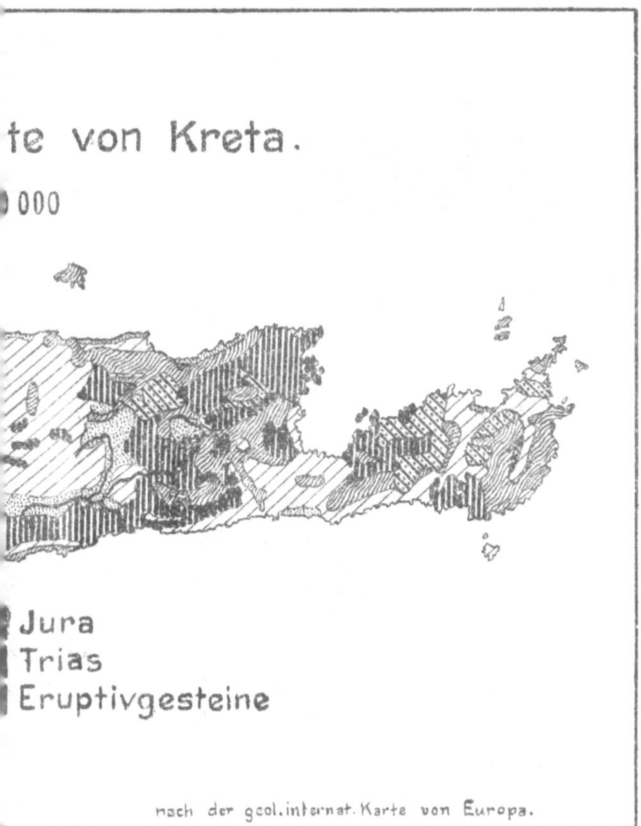
te von Kreta.
000
Jura
Trias
Eruptivgesteine
nach der geol. internat. Karte von Europa.

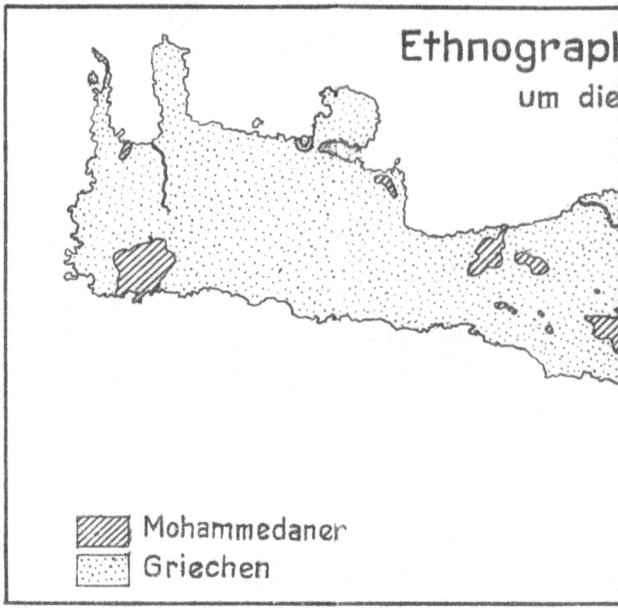

Ethnograph
um die
Mohammedaner
Griechen

Die Lands
b
1
a
d
c
d
Landschaftstypen:
Kultur-Gehölz-Schwemmlandebener
Neogenes Kultur-Hügel-u.Stufenla
Schieferrücken-Bergland mit frisc
grünen Macchien.
Kultur-Poljer
Teillandschaften: Westl.Kettengebirgswall: a
der Weißen Berge. d Landenge von Rethymno. e
Östl. Kettengebirgswall: f Stufenland von Kand
Osthalbinsel: h Landenge von Hierapetros. i B
l Tafelstock von Ost-Sitia.
Landschaf

Karte von Kreta.

s 19. Jahrh.

000

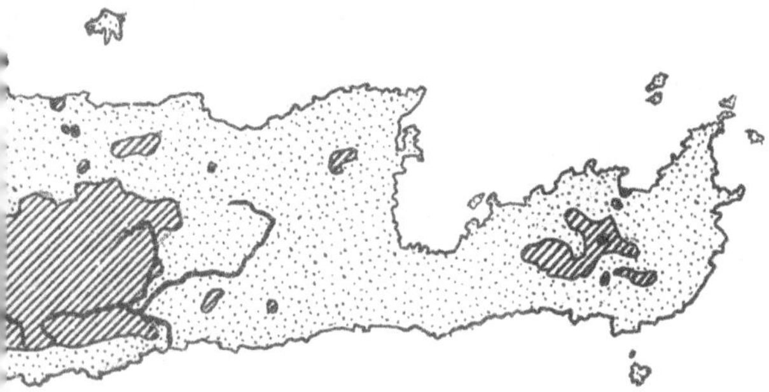

Araberkolonie

Ruinen

nach A. Petermann. Pet. Mitt. 1866.

Kretas.

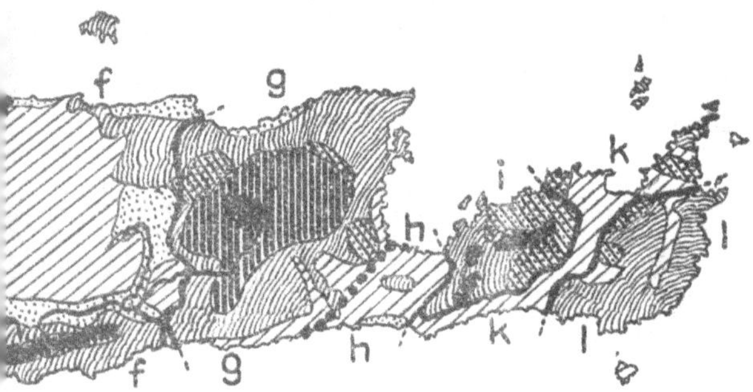

ılksteingehänge m. dünngesäten Aleppo-
efern u. Phrygana-Kalk-Tafelstöcke
ɔmmergrüne Gebirgsmatten verschiedener
ɔerflächenformen u. Karst-Gebirgswüsten
tgebirge

and. b Küstenland von Khania. c Kettengebirgstafelstock
es Ida.
gebirgsland von Lasithi.
West-Sitia. k Hügel- u. Stufenland von Mittel-Sitia.

—— Teillandschaftsgrenzen

Druck von Carl Griese, Hamburg.

Dorische Siedelungen nahmen das ganze übrige Gebiet Kretas ein. Der Blick der Dorer war nicht auf die See gerichtet. Von ihren hochgelegenen Akropolen aus beherrschten sie das Kulturland in den Neogen-Sohlentälern und Schwemmlandebenen. Neben Ackerbau und Viehzucht war Niederhaltung der unterworfenen Bevölkerung die Beschäftigung dieses kriegerischen Herrenvolkes. In Kreta hat das kulturfeindliche spezifische Dorertum seine eigenartigste Ausgestaltung erhalten. Im Gegensatz zu dem minoischen Kult, der ein einheitliches Band um die ganze Bevölkerung schlang, hatten die dorischen Kantone ihre individuellen Kulte. Alle kleine Stadtrepubliken waren Brennpunkte mannigfacher Kulturäußerungen, jedoch der Horizont des Bürgers endigte mit den sein Tal begrenzenden Bergketten. In den zwecklosen Kämpfen, die die einzelnen Kantone mit einander führten, konnte keine große Jdee aufkommen. Das dorische Kreta, dessen Bewohner den übrigen Hellenen als Halbbarbaren galten, verlor die Fühlung mit der aufstrebenden griechischen Kultur. In den steten Fehden sank die Moral. Die Knabenliebe wurde ein legales Institut. Die junge Mannschaft der Kantone suchte im Reisläufertum ihren Erwerb außerhalb der Insel. Berüchtigt war die kretische Mentalität, für die es, außer dem bekannten Wort des Apostel Paulus, zahlreiche Belege gibt. Zu einer politischen Einheit hatten es die Gemeinden des dorischen Kreta nicht gebracht. Die einflußreichsten Stadtgemeinden Knossos, Gortyn, Kydonia lagen sämtlich in den Vorzugsgebieten. Knossos war allein zu schwach, um eine Vormachtstellung einzunehmen, im Bunde mit Gortyn konnte es eine gewisse Abhängigkeit der übrigen Kantone erzwingen. Trennten sich beide, so herrschte Anarchie auf der ganzen Insel und Kydonia bestimmte durch seinen Beitritt das politische Übergewicht von Knossos oder Gortyn.

Die Insel, deren gräzisierte Bewohner es nicht verstanden, aus ihrer Insel ein Ausfallsgebiet zu machen, mußte in die Hand derjenigen Macht fallen, die die tatsächliche Herrin in Hellas geworden war. Kretas Unterwerfung bildete den Schlußstein zum Gebäude der römischen Herrschaft in Griechenland. Im Jahre 68 v. Chr. landete Qu. Cäcilius Metellus mit 3 Legionen bei Kydonia. Zunächst wurde das Vorzugsgebiet des Westens erobert, dann das der Mitte. In den Rückzugsgebieten setzte sich der Kampf noch drei Jahre fort. Unter dem sicher noch unvermischt indogermanischen Kriegerstand der Dorer hatten diese Kämpfe gewaltig aufgeräumt. Die Folge war, daß das vorindogermanische Element mehr an die Oberfläche drang. In den friedlichen Zeiten der Römerherrschaft vollzog sich eine bemerkenswerte Verschiebung der Siedelungsverhältnisse, wie dies Fabrizius nachgewiesen hat. Die zerstörten Akropolen wurden nicht wieder aufgebaut. Man siedelte im Tal inmitten der Felder. Von Augustus mit der Kyrenaika zu einer Provinz vereinigt, führte Kreta durch die folgenden Jahrhunderte hindurch ein bescheidenes Sonderdasein. Einen gewissen Ruf erlangte es nur wegen seiner klimatischen Vorzüge, wegen derer es in der Kaiserzeit häufig von Kranken und Touristen aufgesucht wurde.

In der ersten byzantinischen Epoche wird die Insel ihr heutiges Aussehen erhalten haben. Die tatsächlichen Herren waren die Archonten, Großgrundbesitzer, die die Wälder niederschlagen ließen. Schweifende Ziegenherden sorgten dafür, daß kein neuer Wald aufkam. Die Wirkung der Abspülung, die nur unbedeutend gewesen war, solange Wald die Berge schützte, setzte in verstärktem Maße ein. Winterregen wälzten ungeheure Wassermassen herab. Geschiebe und Kalkkrusten blieben zurück. In dieser Zeit sind die Schratten- und Karrenfelder der Karstgebirgswüsten, die Matten und Phrygana der Kalktafelstöcke entstanden, während auf den Schieferrücken und Neogenhügeln sich die Macchien festsetzten. Der sommergrüne Höhenwald verschwand völlig. Wie der Wald, so schrumpfte auch das Kulturland zusammen. Die Katavothren verstopften sich. Gegen Ende der ersten byzantinischen Epoche bot Kreta ein Bild hoffnungslosen Niederganges. Die Binnenstädte der Römerzeit lagen sämtlich in Trümmern. In ihren ehemaligen Hafenplätzen wohnten furchtsame Ackerbauer, ständig bedroht durch Einfälle der Sarazenen und Normannen. In den Rückzugsgebieten dagegen entwickelte sich ein eigenartiges Volkstum, dessen Typus am reinsten in den Bewohnern der Weißen Berge, den Sfakioten, ausgeprägt ist. Während der Zeit der Unterdrückung durch fremdstämmige Eroberer wurden aus der ganzen Insel die kräftigsten Jünglinge und die schönsten Mädchen hinter die Kammauer der Weißen Berge gesandt. Die Lebensweise eines Volkes von Jägern und Wanderhirten, das rauhe Höhenklima trugen dazu bei, eine Auslese der physisch Widerstandsfähigsten zu halten. Die Sfakioten blieben unberührt von der ersten mohammedanischen Invasion des Jahres 823. Spanische Mauren landeten in der Sudabucht und eroberten auf den Pfaden der römischen Legionäre von West nach Ost vordringend die Insel. Ihre Hauptniederlassung war Rhab el Kandak, das heutige Kandia, das sie auf den Trümmern von Herakleion, das selber der Hafenort von Knossos, gewesen war, erbauten. Die „Sarazenen“ waren kühne Piraten, die, um Bauholz für ihre Galeeren zu gewinnen, die Zypressen des Ida niederhauen ließen. Als Piratenstützpunkt bildete Kreta eine ständige Gefahr für das unter der makedonischen Dynastie kirchlich und national gefestigte byzantinische Reich, dem 962 die Rückeroberung gelang. In der zweiten byzantinischen Epoche nahm die Verwüstung der Landschaft ihren Fortgang. Kandia, Rethymno, Hierapetros und Khania, sämtlich befestigte Hafenstädte in Vorzugsgebieten, waren die einzigen Städte, die die Venetianer bei ihrer Besitzergreifung im Jahre 1204 vorfanden. Von ihnen aus begannen die Venetianer die Vorzugsgebiete durch Kastelle zu sichern. Es gelang ihnen jedoch nicht, der Bewohner der Rückzugsgebiete dauernd Herr zu werden. Über den Paß von Askyfu sind sie so wenig vorgedrungen wie vorher die Sarazenen. Die unbotmäßigen Bewohner des Lasithi-Polje wurden mit Gewalt vertrieben. Über ein Jahrhundert hat das Polje wüst gelegen. Wenig geeignet war die westeuropäische Lehnsverfassung, die die Venetianer einführten. An ihr ist ihre Herrschaft letzten Endes zugrunde gegangen. Im 15. Jahrhundert wurde die Landwirtschaft, die, bisher in alter Weise betrieben, ständig ertragsärmer wurde, durch den plantagenmäßigen Anbau von Kolonialprodukten ersetzt, eine Maßnahme, die das Landschaftsbild entscheidend umgestaltete. Der Niedergang der Mutterstadt zog auch den Verlust des „Königreiches Kandia“ mit sich.

1645 landete eine türkische Expeditionsarmee in der Bucht von Khania, eben da, wo 1897 Oberst Vassos mit seinen Freiwilligen landete. Die türkische Eroberung nahm denselben Verlauf, wie die der Römer und Sarazenen. 1669 fiel die Hauptstadt Kandia nach heldenmütiger 20jähriger Verteidigung. Das osmanische Reich befand sich zurzeit der Eroberung Kretas schon im Niedergange. Die Unterwerfung war das Werk des Großvezirs Achmed Köprülü, eines begabten Albaners, der dadurch den Eindruck der Niederlage von St. Gotthard an der Raab verwischen wollte. Eine neue Kultur vermochten die Türken anstelle der venetianischen Fremdlingskultur nicht zu setzen. Die 200000 Mann der Expeditionsarmee ließen sich in den Vorzugsgebieten nieder. Ein Bild der Siedelungsverhältnisse gibt Karte 3, Tafel 2. Die Volkszahl der Osmanen, die als Miliz in den Städten saßen, ging dauernd zurück, dagegen erfuhr das islamische Element eine erhebliche Stärkung durch den Übertritt einer großen Anzahl Griechen. Die Mohammedaner der Messara dürften griechische Renegaten gewesen sein. Am Ende des 18. Jahrhunderts war Griechisch die Umgangssprache der Mohammedaner. Das Landschaftsbild erfuhr eine tiefgreifende Umgestaltung dadurch, daß die Kultur der Weinrebe durch die Kultur des Ölbaumes ersetzt wurde.

Angreifende Elemente entwickelten sich in den Rückzugsgebieten. Nachdem 1770 zum ersten Male fremde Eroberer ihren Fuß in die Weißen Berge gesetzt hatten, ging von diesem Festungsgebiet im Jahre 1821 die Unabhängigkeitsbewegung gleichzeitig mit der auf dem Festlande aus. 1829 war Kreta frei bis auf die drei festen Hafenstädte. Der Spruch der großen Mächte bestimmte, daß Kreta bei der Pforte bleiben sollte. Die Albaner des Ägypters Mehmet Ali führten die Unterwerfung aus. Nun ist Kreta bis zur Jahrhundertwende nicht zur Ruhe gekommen. Alle Aufstände zeigten denselben Verlauf, von dem Fabrizius ein Schema entworfen hat: Die Sfakioten stiegen von ihren Pässen hernieder und verheerten die Türkendörfer in den Schwemmlandebenen und dem Neogengebiet. Die Mohammedaner flüchteten hinter die Mauern der Hafenstädte, in denen es zu Christenmetzeleien kam. Scharenweise flüchteten diese in das Königreich, während Insurgenten und türkische Truppen sich in zwecklosen Scharmützeln begegneten. Das Schlußwort sprachen dann die Schiffskanonen der Mächte, die beide Parteien zu Konzessionen veranlaßten, oder türkische Truppen folgten den Sfakioten in ihre Heimat und hielten dort ein Strafgericht ab. Von der Mitte des 19. Jahrhunderts an befanden sich die Mohammedaner in der Defensive. Das Kampfmittel der Aufständischen, das Umhauen der Ölbäume, — von 1896 bis 1898 sind 1200000 Ölbäume niedergeschlagen worden

— beraubte sie ihrer Existenzbedingungen. Nachdem 1898 die Mächte die osmanischen Truppen abtransportiert hatten, verließen die Mohammedaner, deren Zahl auf 70000 gesunken war, bis auf geringe Reste die Insel. Anatolien, das große Rückzugsgebiet der Mohammedaner des Balkans, hat die kretischen Mohammedaner, die sich nur durch ihre Religionsform von ihren Landsleuten unterschieden, aufgenommen. Nominell blieb Kreta bis zum 14. Dezember 1913 unter türkischer Suzeränität. An diesem Tage hißte nach Zeitungsnachrichten König Konstantin eigenhändig den „Kyanolevkos" auf dem Fort Firka von Kandia.

Kreta ist ein Glied des neu erstandenen Groß-Griechenland, in dem sein bekanntester Sohn, der Advokat, Bandenführer und Führer der gemäßigten Partei, Eleutherios Venizelos, bald die einflußreichste Stellung erlangen sollte. Die lange unterdrückten Kreter sind ihre eigenen Herren geworden. Schon in den 80iger Jahren des vorigen Jahrhunderts beobachtete Fabrizius eine bemerkenswerte Verschiebung der Siedelungsverhältnisse. Die unfruchtbaren Parzellen in den Rückzugs- und Kümmergebieten werden verlassen. Man siedelt sich in neuen städtischen Mittelpunkten an. Eine bemerkenswerte Entwicklung hat Limin, der Hafenplatz von Sitia, genommen. Georgioupolis, eine Gründung zu Ehren des Prinzen-Statthalters Georg, ist niemals größer geworden wegen der verderblichen Fiebersümpfe in seiner Nähe. Die Maschinenkultur hat Kreta noch kaum erreicht. Die Messarabahn ist Projekt geblieben, ebenso eine Straßenbahnverbindung in Khania. Die Bedingungen für eine Maschinenkultur sind die denkbar ungünstigsten, da weder Wasserkraft, noch Kohle, noch Eisen, überhaupt irgendeine nützliche Zufallsform vorhanden ist. Kretas Reichtum beruht auf der Arbeitskraft seiner Bewohner und seiner günstigen Verkehrslage. Auf Gedeih und Verderb mit dem Mutterlande verbunden, wird es, gleich diesem, wirtschaftlich von der Einfuhr von außerhalb abhängig, dessen Schicksale tragen. Bewunderung verdient jedoch die unverwüstliche Lebenskraft, die die Kreter trotz jahrtausendelanger Knechtschaft bis heute bewiesen haben —

„Die fremden Eroberer kommen und gehen,
Wir gehorchen, aber wir bleiben stehen."

Literatur.

I. Geographie.

Marco Boschini, Il regno tutto di Candia. Venedig 1651.
Dapper, Description exacte des isles de l'archipel. Amsterdamm 1703.
Sieber, Reise nach der Insel Kreta. Leipzig 1823.
Spratt, Travels and researches in Crete. London 1865.
Raulin, Description physique de l'île de Crète. Paris 1869.
Neumann-Partsch, Physikalische Geographie von Griechenland. Breslau 1885.
Elpis Melena, Erlebnisse und Beobachtungen auf Kreta. Hannover 1891.
Le Monnier, Die Insel Kreta. Deutsche Rundsch. f. G. u. St. Wien 1897.
De Ceuleneer, L'île de Crète. Bull. Soc. de Géograph. d'Anvers, 1897.
Andrin, L'île de Crète. Bull. Soc. Géograph. de Marseille, 1897.

Ardaillon, La Crète. Bull. de l'Union de Géogr. du Nord de la France, Douai 1897.
Fabrizius, Die Insel Kreta. Geograph. Zeitschr. 1897.
Ardaillon-Cayeux, Mission dans l'île de Crète. Annales de G. 1901.
Chalikiopoulos, Sitia, die Osthalbinsel Kretas. Veröffentlichungen des Instituts für Meereskunde, Berlin 1903.
Bädeker, Griechenland 1908.
Trevor-Battye, Camping in Crete. London 1913.
Fischer, Mittelmeerbilder. Leipzig 1913.
Philippson, Mittelmeergebiet. Leipzig 1913.
Thumb, Im Berglande der Sfakioten. Deutsche Rundsch. f. G. u. St. 1914.
Deffner, Kretische Berichte (ἐθνικὴ ζωή). Athen 1921.

II. Der Mensch in der Landschaft.

Bretzl, Botanische Forschungen des Alexanderzuges. Dissert. Straßburg 1902.
Bölte, Grundlinien altgriechischer Landeskunde. Jahrb. des freien deutschen Hochstiftes, Frankfurt 1910.
Mendelssohn, Die geologischen Grundlagen der Kulturentwicklung in den Balkanländern. Deutsche Rundsch. f. G. u. St. 1914.
v. Trotha-Treyden, Entwaldung in den Mittelmeergebieten. Peterm. Mitt. 1916.

III. Ethnographie, Archäologie, Geschichte.

Hoeck, Kreta. Göttingen 1823.
Zinkeisen, Geschichte des osmanischen Reiches, Bd. V. Hamburg 1840.
Elpis Melena, Kreta unter ottomanischer Verwaltung. Hannover 1867.
Heyd, Geschichte des Levantehandels im Mittelalter. Leipzig 1879.
Gerland, Kreta als venetianische Kolonie. Histor. Jahrb. Leipzig 1899.
Gerland, Kreta. Neues Jahrb. für klass. Altertum, Leipzig 1902.
Cardinali, Creta e le grandi potenze ellenistiche. Riv. Stor. Antica, Turin 1904.
La guerra di Litto. Riv. Filolog. Turin 1905.
— Creta nel tramonto dell' Ellenismo. Riv. Filolog. Turin 1907.
Burrows, The discoveries in Crete. London 1907.
Xanthoudides, Ἐπίτομος Ἱστορία τῆς Κρήτης. Athen 1909.
Fimmen, Zeit und Dauer der kretisch-mykenischen Kultur. Dissert. Freiburg 1909.
Reisinger, Kretische Vasenmalerei. Dissert. München 1911.
Gercke-Norden, Einleitung in die Altertumswissenschaft, Bd. 3. Leipzig 1911.
v. Luschan, Kreta. Zeitschr. für Anthropologie. Berlin 1912.
Kohler-Ziebarth, Das Stadtrecht von Gortyn. Leipzig 1912.
Dussaud, Les civilisations préhelléniques. Paris 1914.
Beloch, Griechische Geschichte. Leipzig 1914.
v. Lichtenberg, Die ägäische Kultur. Leipzig 1918.
Schuchhardt, Alteuropa. Straßburg-Berlin 1919.
Karo, Kreta in Pauly-Wissowas Realencyklopädie. Leipzig 1921.
Fimmen, Die kretisch-mykenische Kultur. Leipzig 1921.
Mitteilungen des deutschen Archäologischen Instituts in Athen.
The Journal of Hellenic Studies, London.
The Annual of the British Shool at Athens. Athen.
Sammlungen von Zeitungsausschnitten des Welt-Wirtschafts-Archivs, Hamburg.

IV. Karten.

Spratt, Candia or Crete, 1 : 140000, 2 Bl. London 1862.
— Orographische und Geologische Karte 1: 370000. 1865.
Reduktionen der Karte von Spratt in Peterm. Mitt. 1865 und 66. und Ztschr. der Ges. f. Erdkunde, Berlin 1866.
Raulin, Orographische und Geologische Karte 1: 300000. 1869.
Kiepert, Karte von Creta zur Darstellung der Verteilung der Confessionen, 1: 300000. Berlin 1897.

Das Bettelwesen in dem Staate Südaustralien und dem Nordterritorium vor dem Weltkriege

von

Dr. phil. et med. **Erhard Eylmann,** Rekum-Hannover.

Dieses Bettelwesen lernte ich durch eigene Beobachtungen auf längeren Reisen kennen. In der letzten Hälfte der neunziger Jahre durchquerte ich von Adelaide bzw. Port Darwin aus zweimal den Kontinent in der Nord-Südrichtung und bereiste gleich darauf den Küstendistrikt zwischen der Murraymündung und Victoria. Anfang des vorletzten Jahrzehntes hielt ich mich mehrere Monate in dem östlich vom Lake Eyre gelegenen Gebiet auf, und kurz vor dem Kriege, 1912 und 1913, durchzog ich kreuz und quer den südöstlichen Teil des Staates Südaustralien.

Der gewerbsmäßige Bettel kommt in dem kontinentalen Teil, den der Staat Südaustralien und das Nordterritorium umfassen, beinahe überall vor, wo es eine seßhafte weiße Bevölkerung gibt. In der Art und Weise sowie dem Grade der Ausbildung weist er sehr weitgehende Unterschiede auf. Bei dem Zustandekommen dieser Unterschiede haben zweifellos die klimatischen Verhältnisse, die Wohndichte und das Erwerbsleben der Siedler sowie die Schwierigkeit, mit der das Reisen auf dem ganzen Kontinente in den ersten Jahrzehnten des vorigen Jahrhunderts verknüpft war, eine bedeutsame Rolle gespielt.

Die Bezeichnungen für den Bettler sind in Australien fast ebenso zahlreich wie bei uns zulande. Gewöhnlich heißt man ihn in gutem Sinne traveller, swagman oder swaggie und in schlechtem tramp, sundowner oder loafer.

Wie ich durch Erkundigungen erfuhr, stammen die Bettler der Mehrzahl nach aus Großbritannien und Irland, und befinden sich unter ihnen verhältnismäßig nur wenige, die in einem Lande, wo eine andere Sprache als die englische gesprochen wird, geboren sind. Von den Stromern, mit denen ich in Berührung kam, waren sehr viele Irländer und einige wenige Deutsche, Österreicher, Italiener, Schweden, Dänen und Angehörige eines Stammes der australischen Eingeborenen.

Wie viel Bettler der australische Kontinent beherbergt, ist jedenfalls nicht annähernd bekannt, da in allen seinen Staaten die Leute, welche, auf Kosten ihrer Mitmenschen lebend, in schlechter, abgetragener Kleidung und mit einem Bündel auf dem Rücken zu Fuß wandern, nur unter einer ganz oberflächlichen polizeilichen Kontrolle stehen und nicht an Orten, wie in Wirtshäusern der geringsten Art, ihren Aufenthalt zu nehmen pflegen, wo sich Zählungen von ihnen ermöglichen ließen, die Aufschluß über ihre Gesamtzahl geben könnten. Die Größe des Bestandes der Vagabunden ist übrigens sehr bedeutenden

Schwankungen unterworfen. Als ich Ende der neunziger Jahre die Südostecke des Staates Südaustralien bereiste — es war zu einer Zeit, wo sich die Bettelplage in fast allen Teilen des Kontinentes recht fühlbar machte — lebten in dieser von zahlreichen wohlhabenden Ackerbauern und Viehzüchtern bewohnten fruchtbaren Gegend roher Schätzung nach etwa 5% der gesamten Bevölkerung von dem, was sie sich zusammenfochten. Kurz vor dem Ausbruche des Krieges hatte die Plage in vielen Teilen der südlichen Kontinentalhälfte infolge günstiger Arbeitsverhältnisse usw. auffallend stark abgenommen. Auf den mehrmonatigen Wanderungen, welche mich 1912 kreuz und quer durch den Südosten des Staates Südaustralien führten, kamen mir nicht so viel Stromer zu Gesicht wie dort dreizehn Jahre vorher manchmal an einem einzigen Tage.

Wie verteilen sich die Stromer in dem Nordterritorium und dem Staate Südaustralien? Ich glaube, daß ich diese Frage zu der Zufriedenheit meiner Leser beantworten kann.

In dem binnenländischen Teil der beiden Länder lassen sich fahrende Leute der in Rede stehenden Art gewöhnlich nur auf dem Überlandwege blicken, der sich in der Nord-Südrichtung erstreckt, die nördlichen mit den südlichen Küstengebieten des Kontinentes verbindet. Der Grund hiervon kann leicht erkannt werden. Der Weg — er ist von plumpen Fuhrwerken ausgefahren und von Reitpferden ausgetreten — eignet sich besser für den Verkehr als irgend ein anderer des chaussee- und eisenbahnlosen Inneraustraliens, denn an ihm sind Wasserstellen und Siedeleien, Telegraphen- und Viehstationen, in so großer Zahl vorhanden, daß das Reisen auf ihm gemeiniglich nur dann gefahrvoll und schwierig ist, wenn es lange Zeit nicht geregnet hat. Die Zahl der Reisenden, welche ihn benutzen, ist aber sehr gering, was wohl vornehmlich darauf beruht, daß das ganze nördliche Küstengebiet des Kontinentes eine sehr schwache weiße Bevölkerung besitzt. Als ich mich vor einer längeren Reihe von Jahren in Inneraustralien aufhielt, befanden sich auf der gegen 2000 km langen Strecke des Weges, die die beiden Eisenbahnendstationen Oodnadatta (Süden) und Pine Creek (Norden) miteinander verbindet, im Durchschnitt gleichzeitig wohl nicht mehr als ein bis zwei Dutzend Reisende vor, die nicht im Lande ansässig waren.

Alle diese Leute gaben zu der Zeit für ihren Lebensunterhalt nichts aus: die Stationen, die sie antrafen, nahmen sie gastlich auf und versahen sie reichlich mit Wegzehrung. Ein hoher Prozentsatz von ihnen gehörte zu dem großen Heer der unbemittelten Australier, die ein unstetes Schmarotzerleben der produktiven Arbeit vorziehen. Wie wir weiter unten sehen werden, handelt es sich in solchen Fällen um eine versteckte Form von Bettelei, die unter den Buschleuten sehr häufig vorkommt.

In dem Küstengebiet des Staates und des Territoriums sind die Bettler ebenfalls ganz ungleichmäßig verteilt.

Was das des Staates betrifft, so findet sich das Gros von ihnen in der Südostecke, am Murray und im Gebiet der Mount Lofty Range vor.

In dem am dichtesten besiedelten Teil des Territoriums, der sich in Gestalt eines Rhomboides vom fünfzehnten Breitengrade weit in die Alfuren-See erstreckt, sind die Landstreicher von gleicher Art wie in Inneraustralien. Ihre Zahl ist auch hier unerheblich.

Wie schon angedeutet, hat sich das Bettelwesen in dem Staate und dem Territorium nicht überall auf die gleiche Weise ausgebildet. In den Binnenlandsteilen ist es ein anderes als in den südlichen Küstendistrikten und auf dem platten Lande ein anderes als in der Stadt. Die Unterschiede sind zum Teil recht bedeutend.

* * *

Ich werde jetzt zu schildern versuchen, wie sich der Bettel im Süden des Staates Südaustralien auf dem platten Lande kundgibt.

Das dortige Bettelwesen lernte ich auf die Weise ziemlich genau kennen, daß ich tagelang mit manch einem tramp wanderte und manch einen Ort aufsuchte, wo tramps Aufenthalt genommen hatten. Ich pflegte mich als einen Agenten auszugeben und ungebeten häufig bei passender Gelegenheit Kleinigkeiten, wie Tabak und Streichhölzer, zu verschenken.

Den besten Einblick in das Wesen des Bettels erhielt ich Ende der neunziger Jahre des vorigen Jahrhunderts, als ich nach der Rückkehr aus Inneraustralien den Südosten des Staates Südaustralien bereiste, wo die Stromer zu einer wahren Landplage geworden waren. Auf den ausgedehnten Wanderungen, welche ich 1912 zu Fuß in demselben Gebiet unternahm, bot sich mir hingegen nicht oft eine gute Gelegenheit, meine Kenntnisse in bezug auf das Vagabundentum zu erweitern: wie schon erwähnt, war dort damals die Zahl der Bettler infolge günstiger Arbeitsverhältnisse usw. erheblich geringer geworden.

Von weitgehendem Einfluß auf die Art und Weise der Ausbildung des Bettelwesens waren die Wirtschafts- und Verkehrsverhältnisse der australischen Siedelungsgebiete in der ersten Hälfte des vorigen Jahrhunderts.

Die Siedelungen, welche die Kolonie Südaustralien („South Australia proper“) in den ersten Jahrzehnten nach ihrer im Jahre 1838 erfolgten Gründung besaß, waren über das Gebiet verteilt, welches sich zwischen dem Spencergolf und Victoria befindet, und lagen zum Teil viele Tagereisen voneinander entfernt. Da das Wenige, welches das Land hervorbrachte, nicht über das Allergewöhnlichste hinausging, hier in Erzeugnissen des Bodenbaues, dort in solchen der Viehzucht bestand, so waren die Siedler zu der Beschaffung vieler Sachen, die sie nicht entbehren konnten oder wollten, gezwungen, oft weite Reisen zu unternehmen. Die Verkehrsverhältnisse ließen natürlich damals in der ganzen Kolonie sehr viel zu wünschen übrig: Eisenbahnen und Kunststraßen waren nicht vorhanden, Wasserstellen fanden sich gewöhnlich nur in geringer Zahl vor, Wirtshäuser oder dergleichen zur gewerbsmäßigen Aufnahme und Verpflegung von Fremden bestimmte Häuser gab es nur in den wenigen größeren Ortschaften, und überdies waren die Urbewohner hier und dort den

Weißen feindlich gesinnt. Die Folge hiervon war, daß manch ein Reisender in eine üble Lage geriet und die Unterstützung von Siedlern in Anspruch nehmen mußte, deren Heim an seinem Wege lag. Dies führte bald dazu, daß es überall unter den Ansässigen des platten Landes Sitte wurde, jeden Zugereisten, einerlei, ob er ein Bekannter oder ein Fremder war, unentgeltlich zu beherbergen und nach Kräften durch Rat und Tat für sein weiteres Fortkommen zu sorgen. Wie nahe liegt, dauerte es nicht lange, daß Mißbrauch von dieser löblichen Sitte gemacht wurde, indem allerlei Müßiggänger — Arbeitsfähige konnten damals wohl überall eine gut bezahlte Beschäftigung finden — sowie abenteuer- und reiselustige Leute zu Fuß, zu Pferde oder zu Wagen im Lande umherzogen und die Gastlichkeit des besser situierten ansässigen Teiles der Bevölkerung nach Kräften ausnutzten.

In dem gleichen Maße, wie der Verkehr sich hob, seine Mittel vermehrt und zum Teil vervollkommnet wurden, die Bevölkerung wuchs und die Unsicherheit schwand, verringerte sich die Zahl der Reisenden, welche, unterwegs von unangenehmen Zufällen betroffen, notgedrungen die Gastfreundschaft Fremder in Anspruch nahm, vermehrten sich aber die Leute, welche lediglich im Lande umherzogen, um auf Kosten ihrer Mitmenschen ein arbeitsloses Leben zu führen.

Die Sitte, fremde Reisende unentgeltlich zu bewirten und nötigenfalls mit einer Wegzehrung zu versehen, kam nicht nur in der Kolonie Südaustralien, sondern auch in den anderen kontinentalen Teilen auf, wo sich Weiße ansässig gemacht hatten. Sie war es, die die Veranlassung gab, daß sich das australische Vagabundentum auf eine höchst interessante, eigenartige Weise ausbildete.

Das, was ich auf meinen Reisen im Süden des Staates Südaustralien über das Wesen und die Art der Bettler des platten Landes durch eigene Beobachtungen in Erfahrung zu bringen vermochte, ist folgendes:

Handwerksgesellen, die sich auf den Weg gemacht hatten, um Arbeit zu suchen und ihre Berufskenntnisse zu vermehren, und sich die Mittel zum Unterhalte durch Ansprechen bei den Meistern ihres Handwerkes verschafften, gab es nicht unter den Wandernden.

Die geschäfts- und arbeitslos umherziehenden mittellosen Leute waren der überwiegenden Mehrzahl nach wahre Berufsbettler und entstammten mit wenigen Ausnahmen den untersten Gesellschaftsklassen. In ihrem Äußeren unterschieden sie sich recht wesentlich von unseren Landstreichern. Die meisten befanden sich in einem Alter von achtzehn bis vierzig Jahren. Manche waren schwächlich gebaut, aber nur wenige sahen danach aus, daß Schmalhans oft Küchenmeister bei ihnen war. Krüppel gab es auffallend wenig unter ihnen, aber verhältnismäßig viel Individuen, die durch Absonderlichkeiten auffielen, oder, wie die Kleinheit ihres Hirnschädels schon verriet, geistig beschränkt waren. Bekanntlich pflegen sich bei uns die Bettler mehr oder minder von den in guten, geordneten Verhältnissen lebenden Leuten durch verschmitzten, von Kummer und Entbehrungen redenden Gesichtszug und niedergedrücktes, verschüchtertes oder freches, finsteres Wesen zu unterscheiden. In Südaustralien war dies meist nur bei den älteren Individuen der Fall, die sich jahrzehntelang heimlos umhergetrieben hatten. In der Kleidung wichen die tramps meist nicht auffallend von den gewöhnlichen Landarbeitern ab. Im allgemeinen hielten sie auf Reinlichkeit; ab und zu traf ich aber auch Personen an, die so unsauber waren, daß ein wahrer Verwesungsgeruch von ihnen ausströmte. Viel Vertrauen verdienten sie nicht. Daß sie einen ausgiebigen Gebrauch von der Lüge, der Verstellung und anderen kleinen geistigen Waffen machten, die dem Menschen dazu dienen, sich gegen seinesgleichen zu behaupten, versteht sich von selbst. Wie ich sah und mir in Gesprächen verraten wurde, schreckte ein großer Prozentsatz von ihnen auch nicht vor Betrügereien und kleinen Gelegenheitsdiebstählen zurück. Unter sich pflegten sie aber auf Ehrlichkeit zu halten. Gegen besser situierte städtisch gekleidete Personen benahmen sie sich gesetzt und anständig. Einen angenehmen Eindruck machte es, daß sie die Menschen, auf deren Kosten sie lebten, nicht zu verunglimpfen, die Schuld an ihrer elenden Lage nicht den höheren Gesellschaftsklassen zuzuschreiben pflegten. Dem Gepräge des Gemütes nach standen sie, so weit ich es zu beurteilen vermochte, hoch über den neidischen, gehässigen, begehrlichen, unduldsamen Individuen, welche bei uns zulande das Gros der unteren Klasse der Großstadtbewohner bilden.

Die Hauptursachen der Bettelei lassen sich in Südaustralien, wie fast überall, nur höchst unvollkommen ausfindig machen, da ja die allermeisten Bettler nicht geneigt sind, wahrheitsgetreu anzugeben, wodurch sie zum Paria der menschlichen Gesellschaft geworden sind. Nach Möglichkeit suchte ich mir oft einige Kenntnis von diesen Ursachen auf Umwegen zu verschaffen. So z. B. ließ ich mir von Einwanderern unter den tramps erzählen, was sie bewogen habe, die heimische Scholle zu verlassen. Manch eine derartige Erzählung verriet mir die Umstände, welche den Erzähler zum Landstreicher gemacht hatten.

Unter den Tippelbrüdern, mit welchen ich im Süden des Staates zusammentraf, befanden sich auffallend viele gewöhnliche Arbeiter, die ohne genügende Geldmittel, ohne Empfehlungen und Verbindungen aus ihrer fernen Heimat gewandert waren, um ihre Lebenslage in der Fremde zu verbessern, und viele Matrosen, die, ihres öden, entbehrungsreichen Berufes überdrüssig geworden, in irgend einer Hafenstadt ihr Schiff verlassen hatten und schließlich ins Wandern gekommen waren.

Meinem Dafürhalten nach trug der Umstand, daß ein hoher Prozentsatz der arbeitsuchenden Einwanderer so gut wie mittellos den australischen Boden betrat, in allen Staaten des Commonwealth recht wesentlich dazu bei, daß das Bettlerheer Zuzügler bekam. Solche Leute pflegten zuerst Aufenthalt in der nächsten größeren Stadt, wie Adelaide, Melbourne, Sydney, zu nehmen, um sich nach einer zusagenden, lohnenden Beschäftigung umzusehen. Größere Fahrten mit der Bahn, der Post usw. konnten sie ja wegen ihrer schlechten finanziellen Lage nicht unternehmen, und vor einer längeren Fußwanderung schreckten sie, die sich noch in völliger Unkenntnis über die Beschaffenheit ihrer neuen Heimat befanden, zurück, solange nicht das letzte Geld verausgabt war. Arbeit fanden sie in den größeren Städten aber gewöhnlich erst nach langem Suchen, da dort die Arbeitsaussichten für Landesfremde, insbesondere für diejenigen, welche der englischen Sprache nicht mächtig waren, ziemlich ungünstig zu sein pflegten. Stellenvermittler vermochten ihnen in der Regel eine zusagende auswärtige Arbeit nachzuweisen, zumeist aber erst nach Wochen oder Monaten und überdies in der Mehrzahl der Fälle nur an weit entfernten Orten. Infolgedessen gerieten die meisten von ihnen nach längerem Zuwarten und manch fruchtlosen Bemühungen, eine Anstellung zu erhalten, in eine so große Notlage, daß ihnen nichts anderes übrig blieb, als sich den Bettelsack umzuhängen und ins Ungewisse hinaus zu wandern.

In betreff des eben Gesagten und nachfolgender Erörterungen halte ich es für angezeigt, hier ein paar kurzgefaßte Angaben über Adelaider Verhältnisse in den Jahren 1912 und 1913 einzuschalten.

Die gewöhnlichen Lebensmittel waren in der Landeshauptstadt und allen anderen dichter bewohnten Teilen des Staates billig, so billig, daß sich auch die Leute, deren tägliches Einkommen nur zwei bis drei Schillinge betrug, eine gute nahrhafte Kost verschaffen konnten. Ein Pfund Rindfleisch kostete 3—8 d, ein Pf. Hammelfleisch 2 ½—3 ½ d, ein Pfd. Schweinefleisch 2—6 d, ein Pfd. Mehl 1 ½ d und ein Laib Brot (gegen 1500 g schwer) 3 d.

Speisewirtschaften boten dem Arbeiter täglich drei Mahlzeiten, breakfast, dinner und tea, die sich in der Art und der Masse der Speisen nur sehr wenig, in dem Preise aber gar nicht voneinander unterschieden. Die Hauptspeisen bildeten gemeiniglich Fleisch und Gemüse in irgend einer Zubereitungsform. Zum dinner und tea gehörte ein Nachtisch, zumeist in einem Stück Pudding bestehend. Als Zukost befanden sich Weißbrotschnitte, Butter, Marmelade und Zucker in hinreichender Menge auf den Tischen, und überdies ward eine Tasse guten Tees verabreicht. Alkoholische Getränke bekam man nicht zu sehen. Die Auswahl der Speisen war in den größten und besten dieser Wirtschaften — der Mehrzahl nach befanden sie sich in der Hindley Street — recht beträchtlich. Der Preis für die Mahlzeit betrug 50 Pf. (6 d) und wurde beim Fortgange an der Kasse entrichtet. In den Speisewirtschaften der übrigen südaustralischen Ortschaften waren die Mahlzeiten doppelt so teuer und weniger gut.

Was die Wohnungsverhältnisse angeht, so gelang es mir nicht, einen guten Einblick in die der untersten Schicht der städtischen Bevölkerung zu erhalten. Diesbezügliche Angaben, die hier von Wert sind, vermag ich nur über die Zimmer zu machen, welche Leute innehatten, die sich auf das Notwendigste beschränken mußten oder aus irgendeinem Grunde auf längere oder kürzere Zeit nicht mit Standesgenossen, Verwandten und Bekannten in Berührung kommen wollten.

Die Zimmer ließen im großen und ganzen sehr viel zu wünschen übrig. Sie enthielten nur ein oder mehrere Betten und einen Waschtisch. Die Wände waren meist erheblich beschädigt und stark beschmutzt. Die Bettwäsche wurde ziemlich oft gewechselt. Nicht selten enthielt sie jedoch unvertilgbare, schwärzliche Silbernitratflecke, die dem leicht Ekel vor dem Bett erregen konnten, welcher wußte, daß sie von Leuten herrührten, die an Gonorrhöe litten. Alle diese Nachteile waren nicht bedeutend und wurden von den meisten Mietern nicht als solche empfunden. Ein wirklich großer Übelstand war aber wahrlich, daß die Zimmer der überwiegenden Mehrzahl nach eine Unmenge von Wanzen beherbergten. Im Verhältnis zu dem Gebotenen war die Miete recht hoch. Für das Zimmer, welches man für sich allein in Anspruch nahm, hatte man wöchentlich 7 Schilling und für das, welches man mit ein oder mehreren anderen Personen teilte, in der gleichen Zeit 4 Schilling zu bezahlen.

Der, welcher sich wegen Trägheit oder Schwäche nicht dauernd regelrechter Arbeit hinzugeben vermochte, fand in Adelaide und den anderen größeren Ortschaften ziemlich leicht einen kleinen Verdienst, wenn er der Landessprache mächtig war, das australische Stadtleben gut kannte und etwas „Geschäftsgeist“ besaß. Eine bescheidene Summe Geldes war hierzu allerdings zumeist vonnöten.

Bei photographischen Aufnahmen in Adelaide und der Umgebung dieser Stadt wurde ich gar oft von Männern und Frauen, einzelnen Personen und Gesellschaften, gebeten, ein Bild von ihnen gegen gute Bezahlung herzustellen. Ich bin überzeugt, daß ich als eine Art Straßenphotograph leicht meinen Unterhalt hätte verdienen können, und zwar nicht allein im Gebiete der Landeshauptstadt, sondern in allen dichter bevölkerten Distrikten des Staates.

In Adelaide mit seinen vielen recht ansehnlichen Vorstädten und den übrigen Teilen des Staates, die eine dichtere Bevölkerung haben, war es dem findigen Manne aus dem gemeinen Volke, der über etwas Geld verfügte, aber nicht nur kurz vor dem Kriege möglich, seinen Unterhalt fast mühelos auf der Straße zu erwerben, ohne in den Dienst anderer Leute zu treten.

Mitte der neunziger Jahre lernte ich in Adelaide einen alten willensschwachen, weichherzigen Hamburger kennen, der, von heiterem Wetter begünstigt, fast allabendlich innerhalb weniger Stunden dadurch eine Einnahme von 10—15 Mark erzielte, daß er dem Straßenpublikum mit Hilfe eines guten Teleskopes „Wunder aus der Sternenwelt“ zeigte.

Viele der arbeitsuchenden Einwanderer waren selbst schuld daran, daß sie bald nach ihrer Ankunft in große Bedrängnis gerieten. „Gelernte Arbeiter“ entschließen sich in der Fremde sehr schwer dazu, eine Arbeit anzunehmen, die nicht zu ihrem Berufe gehört, die sie nicht gewohnt sind. Insbesondere gilt dies von den Handwerksgesellen. So z. B. machte ich auf einem der Bremer Lloyddampfer, die den Verkehr zwischen Deutschland und Australien vermittelten, die Bekanntschaft eines jüngeren Mannes, eines „Kunstschlossers“, der sich zuerst in Südamerika und dann in Australien vergeblich nach einer Berufsarbeit umgesehen hatte, und sich mit leeren Taschen auf dem Wege nach den Vereinigten Staaten von Nordamerika befand, wo er seiner Meinung nach sofort die gewünschte Beschäftigung erhalten werde. Die Richtigkeit meiner Ansicht, daß es für ihn besser gewesen wäre, wenn er bei der Ankunft in den fremden Ländern nicht Zeit und Geld auf der Suche nach seiner Berufsarbeit vergeudet, sondern sich irgend eine andere Arbeit verschafft hätte, um die Zeit in Ruhe abzuwarten, wo die Aussichten für eine Rückkehr zu dem Berufe wieder günstig geworden wären, bestritt er auf das Entschiedenste.

Unter den mir bekannten Einwanderern, Deutschen, Engländern usw., befanden sich nicht wenig Leute, die recht bald nach ihrer Ankunft in Australien wegen Mittellosigkeit gezwungen waren, tramps zu werden, beim Verlassen der Heimat aber im Besitze einer Summe Geldes gewesen waren, die völlig ausgereicht hätte, sie vor dem Bettel zu bewahren. Wozu sie das Geld verwandten, sollen die nachfolgenden Zeilen zeigen.

Die allermeisten der hier in Betracht kommenden Auswanderer sind davon überzeugt, daß ihrem Glücke nichts mehr im Wege steht, wenn sie alle mit dem Aufgeben der Heimat verknüpfte Schwierigkeiten überwunden, die Überfahrt bezahlt haben und sich auf dem Schiffe, das sie in das ferne Land ihrer Sehnsucht bringen soll, bei guter Kost[1]) und in fröhlicher Gesellschaft dem süßen, ungewohnten Nichtstun hingeben. Diese Selbsttäuschung versetzt die Leute in eine freudige, gehobene Stimmung. Sie führt aber auch dazu, daß manch einer von ihnen seinen kleinen Geldschatz, den er sich vielleicht im Laufe von Jahren mühsam und unter vielen Entbehrungen erwarb und mit dessen Hilfe er seine Tätigkeit auf australischem Boden in gewünschter Weise beginnen wollte, schon unterwegs in Kneipen und öffentlichen Häusern, beim Einkauf entbehrlicher Sachen, wie Zigaretten, Obst, Kuriosa, ganz oder teilweise durchbringt, wenn das Schiff in einem Hafen angelegt hat. Auch im Kartenspiel, sowie im Verkehr mit Weibern, die die Reise mitmachen, vertun Passagiere der letzten Klasse viel Geld. Auf allen Schiffen, die mich nach Australien und zurück nach Deutschland brachten, gab es Leute, Deutsche, Österreicher, Engländer und Italiener, die fast jeden Tag stundenlang um Geld spielten. Wie vielen meiner Leser bekannt sein dürfte, pflegt eine erkleckliche Zahl der weiblichen Passagiere, verheirateten und unverheirateten, der großen Ozeandampfer sich nicht in den Schranken des Anstandes zu halten. Die Liederlichsten unter ihnen drängen sich oft in recht auffälliger, schamloser Weise Mitreisenden des anderen Geschlechtes auf, insbesondere jungen, unerfahrenen Leuten. Durchaus nicht immer ist es aber der Geschlechtsgenuß allein, den sie suchen. In vielen Fällen haben sie es vornehmlich darauf abgesehen, einen Galan zu ergattern, der es nicht an zuvorkommenden

[1]) Die Passagierdampfer des Bremer Lloyd, die nach Australien fuhren, hatten drei Klassen und kein „Zwischendeck". Die Kost in der dritten Klasse ließ nichts zu wünschen übrig. Auch auf den fraglichen englischen Dampfern war die Beköstigung gut.

Artigkeiten fehlen läßt und vor allen Dingen mit seinem Gelde in den Hafenstädten ihnen Vergnügungen verschafft sowie Obst, Süßigkeiten usw. für sie kauft. Wie ich aus eigener Erfahrung weiß, kommt es nicht selten vor, daß einer unserer Auswanderer infolge der Ausgaben, die er auf der Fahrt für ein schmarotzerisches Frauenzimmer gemacht hat, sogleich nach der Ankunft in dem Lande, wo er eine neue Heimat finden will, so schwer mit Widerwärtigkeiten zu ringen hat, daß er, um der Bedrängnis, der Angst ein Ende zu machen, sich den Bettelsack umhängt, stiehlt oder gar in das Land flüchtet, aus dem kein Wanderer wiederkehrt. Hierfür ein Beispiel!

Als ich 1912 mit dem Bremer Lloyddampfer Roon nach Australien fuhr, befand sich unter den Passagieren der dritten Klasse desselben ein siebzehn- oder achtzehnjähriger deutscher Maurergeselle, dem man es anmerkte, daß es ihm gar sehr an Lebenserfahrung und Menschenkenntnis gebrach. Schon bald nach dem Verlassen des heimatlichen Hafens geriet er in die Netze eines abgefeimten Weibsstückes, und als wir in die australischen Gewässer kamen, war er, der die Reise gesund, arbeitsfähig und mit einem hübschen Notgroschen in der Tasche angetreten hatte, infolge des Verkehrs mit der Person geschlechtskrank und völlig mittellos geworden. In Port Adelaide verließ er den Dampfer. Kurz vorher war für ihn unter den Passagieren seiner Klasse eine Sammlung veranstaltet worden; sie fiel aber kläglich aus. Einige Wochen später las ich in einer Adelaider Zeitung, in Port Adelaide habe ein junger deutscher Einwanderer, namens F.... Selbstmord verübt. Er war unser Maurergeselle!

Ein paar Landstreicher, die ich im Südosten des Staates kennen lernte, sagten mir, daß sie sich mit dem besten Willen nicht an einen Ort, ein Heim gewöhnen könnten. Da sie einen gesunden, kräftigen Körper, ein heiteres Gemüt hatten, war es wohl kein schlechtes Gewissen, das sie unstet und flüchtig machte, kein tiefwurzelnder Kummer, dem sie zu entfliehen suchten, keine krankhafte Veranlagung, die sie nie und nirgends Ruhe finden ließ, sondern eine unbändige Wanderlust, die sie in immer reger Sehnsucht nach dem Fremden auf den Landstraßen festhielt.

Groß schien die Zahl der Leute zu sein, die durch harte Schicksalsschläge, böse Tat und andere ungünstige Einwirkungen auf das innere Sein zu Bettlern geworden waren. Ich traf nämlich oftmals tramps an, die durch ihr Gebaren, ihre Miene und im Gespräche deutlich erkennen ließen, daß sie irgend etwas Schweres bedrückte, irgend etwas, das ihr ganzes Sinnen und Denken in Anspruch nahm, ihre Willenskraft lähmte, ihnen die Lebenslust raubte und sie gleichgültig gegen das Urteil ihrer Mitmenschen machte. War es Gram, Furcht, Gewissensangst oder Reue? Aus diesen Leuten, die dem Anschein nach viel schwerer an einem Leid, einem eingebildeten oder wirklichen, als an ihrem Bündel zu tragen hatten, brachte ich zumeist nur heraus, daß ihnen „Schlimmes" widerfahren sei, ehe sie sich den Bettelsack umgehängt hatten. Einer von ihnen, ein recht mitteilsamer Norddeutscher, machte mich zum Mitwisser seines ganzen Leidens.

„Meine Eltern waren begüterte Bauern", sagte er. „In jungen Jahren kam ich in Australien an. Hier erwarb ich mir in harter Arbeit, nachdem ich anfänglich wegen Unkenntnis der englischen Sprache mit schier unüberwindlichen Schwierigkeiten zu ringen gehabt hatte, ein bescheidenes Kapital. Als ich im Begriff war, mir mit demselben Scrubland zur Schaffung einer kleiner Farm zu erwerben, erhielt ich auf Umwegen die Nachricht, daß mein Vater vor längerer Zeit gestorben sei, und einer meiner Brüder den Hof desselben übernommen habe. Ich gab nun mein Vorhaben einstweilen auf und reiste nach Deutschland. Meine Angehörigen empfingen mich sehr frostig und teilten mir sogleich in höhnischen Worten mit, daß ich von dem väterlichen Nachlaß nur das mir pflichtmäßig gebührende Erbteil bekommen werde. Da mein Vater durch die Ränke meiner Brüder, geldgieriger, unverträglicher, mit allen Hunden gehetzter Gesellen, bewogen worden war, mich unter einem ganz nichtigen Vorwande auf den Pflichtteil zu setzen, und er testamentiert hatte, als er infolge hohen Alters und häufiger epileptischer Anfälle, an denen er seit seinen Jünglingsjahren gelitten hatte, geistesschwach geworden war, focht ich die Gültigkeit des Testamentes an. Durch die Schuld eines unfähigen Advokaten verlor ich den Prozeß. Er machte mich bettelarm. Mit dem Reste meines Geldes löste ich mir ein Billet nach Australien. Als ich nun nach mehrjähriger Abwesenheit in mein zweites Heimatland zurückgekehrt war, hängte ich mir sogleich den Bettelsack um. Zu einer Arbeit, durch die ich mir mein Brot hätte verdienen können, besaß ich nicht mehr die nötige Kraft: ich war ein mit Gott und der Welt zerfallener, an Körper und Geist gebrochener Mann. Jetzt wandere ich nun schon seit Jahr und Tag fried- und ruhelos umher, und ich glaube, daß ich hier in Australien, dessen Boden ich voll hochgespannter Erwartungen von Glück und Reichtum betrat, als Bettler sterben werde....." Seine Erzählung schloß er mit den Worten: „Vor den Verwandten hat man ganz besonders auf der Hut zu sein, da das Gesetz im allgemeinen nur einen höchst mangelhaften Schutz vor ihrer Habgier, ihrer Gewissenlosigkeit gewährt."

Unter den mir bekannten Bettlern befanden sich viele, deren psychisches Gleichgewicht nicht durch widerfahrenes Leid, sondern durch krankhafte Veranlagung gestört war, und viele, deren Tatkraft und Lebensmut durch Ausschweifungen im Dienste des Bachus und der Venus eine Herabsetzung erfahren hatten, und zwar in manchen Fällen in so hohem Grade, daß die betreffenden Leute nicht bei einer Beschäftigung auszuharren, nicht ihren Unterhalt zu erarbeiten vermochten. Wie ich durch Erkundigungen erfuhr, rekrutierte sich die ganze Armée der australischen Landstreicher aus einer verhältnismäßig großen Zahl derartiger Menschen. Worauf beruhte dies nun? Zu der Beantwortung der Frage sei folgendes angeführt. Die Einwanderer bildeten zum großen Teil ein geringwertiges Menschenmaterial. Dies war wohl hauptsächlich darin begründet, daß aus manchen Kulturländern der westlichen Hälfte Europas, namentlich aus Großbritannien und Irland, alljährlich ein nicht geringer Prozentsatz der psychopatisch Minderwertigen, Neurastheniker und anderer Individuen, deren psychisches Verhalten mehr oder weniger auffallend war, sowie der Leute, die Körper und Geist durch ein Übermaß sinnlicher Genüsse hochgradig geschwächt hatten, nach Australien wanderte, zumeist wohl in der Hoffnung, dort den Lebenskampf mit besserem Erfolge kämpfen zu können als in der Heimat. Solche Menschen sind selbstverständlich meist ganz unfähig, ihr Geschick mit fester Hand zu lenken, in den verworrenen und verwirrenden Kämpfen des Lebens erfolgreich Widerstand zu leisten, und gar manche von ihnen sinken rasch von Stufe zu Stufe und werden schließlich zu einem Landstreicher oder Verbrecher.

Zu der Mehrung der Zuzügler des großen Bettlerheeres trugen jedenfalls auch viele der Leute bei, die wegen einer strafbaren Handlung aus westeuropäischen Staaten oder einem australischen Landesteil geflüchtet waren: als tramp war man in Australien zweifellos weit sicherer vor dem Erkanntwerden denn als Angestellter (Arbeiter, Handlungsgehilfe usw.)

Ein Fleißiger findet immer eine Beschäftigung, die ihn vor Not zu schützen vermag, so heißt es bei uns zulande und auch in Australien. Daß diese Redensart falsch ist, wird schon manch ein Ankömmling auf australischer Erde zu seinem Leidwesen erfahren haben.

Ein hoher Prozentsatz der Bettler, welche den Südosten des Staates durchzogen, bestand meinen Beobachtungen nach aus Leuten, die nicht durch körperliche Untüchtigkeit oder Störungen des psychischen Gleichgewichtes mehr oder weniger gehindert waren, sich ihren Lebensunterhalt zu erwerben, denen es aber bei dem besten Willen nicht gelang, ausreichend Arbeit zu finden, welche sie verrichten konnten.

In den neunziger Jahren des vorigen Jahrhunderts, während meines ersten Aufenthaltes in Australien, waren die Arbeitsverhältnisse im Süden der damaligen Kolonie Südaustralien, wie auch in vielen anderen Teilen des Kontinentes, für die Arbeitsuchenden so wenig günstig, daß viele Leute, namentlich Landfremde, welche einen schwächlichen Körper hatten oder der Landessprache unkundig waren, sich gezwungen sahen, das zu erbetteln, was sie zum Lebensunterhalte benötigten, wenn sie nicht verkommen oder zum Diebshandwerke ihre Zuflucht nehmen wollten. Ein paar Jahrzehnte später, kurz vor dem Ausbruche des Weltkrieges, hinwiederum war im ganzen Süden Australiens das Angebot von Arbeit in der Landwirtschaft und einigen anderen Erwerbszweigen recht groß. Damals gelang es den allermeisten arbeitsuchenden Einwanderern schon gleich nach ihrer Ankunft, eine einträgliche Beschäftigung zu finden.

Um mir nach Möglichkeit einen Einblick in die jeweilige Lage des Arbeitsmarktes zu verschaffen, unterließ ich es bei keinem meiner längeren Aufenthalte in Adelaide, mich an Stellenvermittlungsbureaus zum Nachweis von landwirtschaftlicher Arbeit zu wenden. Ende der neunziger Jahre hätte ich auf solche Weise innerhalb mehrerer Monate keinen Dienst gefunden. In der letzten Hälfte des Jahres 1912 — es war kurz vor dem Beginn der Ernte — brachte mich der

Stellenvermittler, an den ich mich gewandt hatte, in einige Verlegenheit, als er sagte: „Ich kann Ihnen sofort gut bezahlte Arbeit verschaffen. Hier habe ich ein Verzeichnis von mehr als dreißig Farmern, die Arbeiter suchen."

Leute, die bestrebt waren, sich einen ehrlichen Erwerb zu verschaffen, und denen es nicht an Körperkraft gebrach, wurden aber durchaus nicht immer aus Mangel an Arbeit dem Heer der Bettler zugeführt.

Arbeit wurde im Staate Südaustralien zumeist hinlänglich angeboten. In flauen Zeiten des Wirtschaftslebens war aber die, welche erhalten werden konnte, gemeiniglich so schwer, daß schwächlich gebaute Personen bei ihr kein Auskommen fanden oder schon nach kurzer Zeit von ihr ablassen mußten, wenn sie nicht völlig zusammenbrechen wollten. Zu den besten Arbeitgebern gehörten im Staate Südaustralien auf dem platten Lande wohl die Farmer. Als Arbeiter nahmen sie jedoch, wenn möglich, nur Leute an, die mit den australischen landwirtschaftlichen Arbeiten vertraut waren oder Empfehlungen und Verbindungen hatten, aber keine Einwanderer aus europäischen Städten und tramps, da sie ihnen nichts Rechtes zutrauten.

Unter den Arbeitsuchenden gab es in Australien ziemlich viel Personen, junge und alte, die keine oder nur eine leichte körperliche Arbeit gewohnt waren. Es ist dies vornehmlich darauf zurückzuführen, daß von Großbritannien und Irland, Deutschland und anderen europäischen Ländern mit hochentwickeltem Wirtschaftsleben zahlreiche Angehörige von Berufen einwanderten, bei deren Ausübung die Kräfte des Körpers nur wenig in Anspruch genommen werden. Zunächst suchten solche Einwanderer eine Arbeit zu erlangen, die mit der früher verrichteten übereinstimmte oder mindestens nicht viel schwerer als diese war. Mißlangen ihre Bemühungen, was recht oft der Fall war,[1]) so nahmen sie, zumeist nach längerem Zuwarten, einen Dienst an, der größere Anstrengungen als die gewohnten von ihnen forderte. Infolgedessen wurden viele der Leute wegen ungenügender Leistungen bald entlassen. Daß manch einer dieser in ihren Hoffnungen und Erwartungen Getäuschten die Flinte über kurz oder lang ins Korn warf und seine Zuflucht zum Bettel nahm, liegt nun sehr nahe.

Die eben skizzierten Arbeitsverhältnisse werden gut von den im nachstehenden geschilderten Erlebnissen eines Hamburger Möbeltischlers während des ersten Jahres seines Aufenthaltes in Südaustralien wiedergespiegelt.

Dieser Mann stand im Alter von fünfundzwanzig bis dreißig Jahren und war ein wenig hager. Gleich nach meiner Ankunft auf australischem Boden verschaffte ihm ein mir bekannter Deutsch-Australier eine Anstellung als Polierer in einer Tischlerei. Lange behielt er sie

[1]) In Australien, dessen Haupterwerbsquellen der Landbau und die Viehzucht bilden, gibt es im Verhältnis zu der Größe der Bevölkerung weit weniger Dienststellen, die nur eine leichte geistige oder körperliche Arbeit erfordern, als in den bedeutendsten westeuropäischen Staaten, wo der Handels- und Beamtenstand besonders groß ist.

aber nicht, da er beim Polieren sorgfältig und gründlich zu Werke ging, wie er es in der Heimat gelernt hatte, und der Meister schnelles, aber nicht genaues Arbeiten von den Gesellen verlangte. Nach der Entlassung verschaffte ihm ein Stellenvermittler Arbeit in einem Steinbruche an der Ostküste des Spencer-Golfes. Er war ihr aber so wenig gewachsen, daß er sie schon nach einigen Tagen aufgeben mußte. Sodann verrichtete er Erdarbeiten am Unterlaufe des Murray, klopfte Steine und half bei einem Landstraßenbau an der Grenze von Victoria. Jedesmal versagten ihm, der zwar nicht schwächlich gebaut war, aber nie schwere Arbeit verrichtet hatte, die Kräfte schon nach kurzer Zeit. Schließlich, als er sein möglichstes getan zu haben glaubte, sich durch redliche Arbeit die Mittel zu seinem Lebensunterhalte zu verschaffen, und er sein letztes Geld verausgabt hatte, hängte er sich den Bettelsack um. Ich lernte ihn ein Jahr nach seiner Ankunft in Australien kennen. Er durchzog damals, dürftig gekleidet, aber frisch und gesund mit einem Norweger und einem Iren bettelnd den Südosten des Staates Südaustralien. Wie ich aus längeren Gesprächen mit ihm entnahm, war ihm durch die Ungunst der Verhältnisse alle Kraft des Willens gebrochen. Da er bereits Geschmack an dem ungebundenen Leben eines Landstreichers gefunden hatte, so glaube ich, daß er sich nicht aus der elenden Lage, in die ihn die Not des Augenblickes versetzt hatte, herausgearbeitet haben wird.

Wie die Unzufriedenheit mit den Arbeitleistungen, so gehört auch anstößiges Betragen zu den Gründen, aus denen Angestellten nicht selten der Dienst aufgesagt wird.

Im Staate Südaustralien und aller Wahrscheinlichkeit nach auch in den anderen Teilen des Commonwealth kam es verhältnismäßig recht oft vor, öfter als bei uns zulande, daß Leute wegen Trunksucht, boshafter Handlungen, Widersetzlichkeit, Jähzorn, Händelsucht, widerwärtigen oder wunderlichen Behabens und dergleichen mehr ihre Brotstelle verloren. Daß hierdurch der Bettlerbestand nicht wenig Zuzügler erhielt, liegt auf der Hand.

Ein paarmal traf ich mit tramps zusammen, die behaupteten, daß sie bestrebt seien, sich ihr Brot immer selbst zu verdienen, aber keinen Zwang ertragen, sich niemandem unterordnen könnten und infolgedessen eine Arbeit nie lange behielten.

Leute, die jeder Tätigkeit, welche auf das Hervorbringen von etwas Nützlichem gerichtet ist, in hohem Grade abhold waren, machten wohl das Gros der australischen Bettler aus. Ein gut Teil dieser Sorte von tramps waren zweifellos Individuen, die, ohne Erziehung in Dürftigkeit und Niedrigkeit aufgewachsen, den hohen Wert der Arbeit nicht kennen gelernt hatten, sehr geringe Ansprüche an die Annehmlichkeiten des Lebens machten, das Sammeln von Almosen nicht für unehrenhaft hielten.

Meinem Dafürhalten nach befanden sich unter den Einwanderern nicht selten Leute, die die heimatliche Scholle in der Absicht verlassen hatten, das Betteln in der Fremde gewerbsmäßig zu betreiben, schon eine reiche Erfahrung darin besaßen und von Verwandten, wohltätigen

Gesellschaften oder auf unehrliche Weise das Geld zum Auswandern erhalten hatten.

Hierfür zwei Beispiele!

Als ich Mitte der neunziger Jahre meine erste Reise nach Australien auf dem Bremer Lloyddampfer Willehad machte, befand sich unter den Passagieren der dritten Klasse ein gegen dreißig Jahre alter, körperlich gesunder Deutscher, der mir sowohl durch sein ungeselliges, scheues Wesen, als auch durch die Kleinheit seines Schädels auffiel. Wie ich aus Gesprächen mit ihm zu entnehmen vermochte, wollte er in Australien betteln, nur betteln. Die Zumutung, sich sein Brot zu erarbeiten, wies er mit Entrüstung von sich. Jeden Morgen las er, der sich für einen frommen Katholiken hielt, stundenlang in einem abgegriffenen Gebetbuch. An Erfahrung im Betteln fehlte es ihm wohl nicht. Er zeigte mir ein von ihm selbst angefertigtes Verzeichnis italienischer Wörter, die sich ausnahmslos auf das Almosensammeln bezogen. Aller Wahrscheinlichkeit nach hatte er Italien mit umgehängtem Bettelsack bereist. Daß er dort gewesen war, vermochte ich aus dem zu entnehmen, was er mir über die Sehenswürdigkeiten von Mailand, Genua, Neapel und anderer Städte erzählte, die ich gut kenne.

Das andere Beispiel soll ebenfalls ein Deutscher bieten.

Während meines ersten Aufenthaltes in Südaustralien begrüßte mich eines Tages beim Verlassen der Adelaider Stadtbibliothek ein phantastisch gekleideter, großer, kräftiger Mann auf burschikose Weise als Landsmann und teilte mir sogleich in einem Atem mit, wie er heiße, woher er stamme, und was er treibe. Als ich die Bemerkung machte, daß sein Name in Australien auffallen müsse, da derselbe in der englischen Sprache die Bezeichnung für den Ort sei, an den kein Mensch nach seinem Tode gelangen wolle, zog er ein Päckchen Papiere aus seiner Brusttasche, um mir Ausweise über seine Person zu zeigen. Von seinen Ausweispapieren sah ich aber so gut wie nichts. Nachdem er die Umschnürung des Päckchens gelöst hatte, reichte er mir unbedachtsam ohne Prüfung einen zuoberst befindlichen Briefumschlag, auf dem „Mr. H. . . In Yail“ stand, und als er, durch eine Frage von mir veranlaßt, sich die Aufschrift angesehen hatte, steckte er sogleich verlegen das Päckchen in die Tasche, bemerkend, daß er wegen einer Schlägerei eine mehrwöchige Gefängnisstrafe verbüßt habe. Während meines damaligen Aufenthaltes in Adelaide traf ich noch oftmals mit ihm zusammen, und zwar meist in dem botanischen Garten, wo er, wie er sagte, Ruhe und Frieden finde und bei einer Pfeife Tabak und im Anblick der herrlichen Vegetation von kommenden glücklichen Zeiten zu träumen pflege. Nach und nach erfuhr ich von ihm gar manches aus seiner Vergangenheit. Er stammte aus einer in der Nachbarschaft meines Geburtsortes gelegenen hannoverschen Stadt und hatte sich nach seiner Konfirmation bettelnd in Deutschland umhergetrieben. Das Geld zu seiner Auswanderung war aller Wahrscheinlichkeit nach von Verwandten aufgebracht worden; einen gutsituierten Onkel bezeichnete er nämlich als einen „schmutzigen

Geizhals", weil ihm derselbe bei seiner Abreise aus der Heimat nur sechs Mark gegeben habe. Nach der Ankunft in Australien war er alsbald wieder Bettler geworden. Gearbeitet hatte er seitdem nur ab und zu eine kurze Zeit, um sich ein wenig bares Geld zum Ankauf von Kleidung, Tabak, Spirituosen usw. zu verschaffen. Kurz vor dem Ausbruche des Krieges, im Sommer 1912/1913, kam ich ebenfalls wiederholentlich mit ihm in Adelaide zusammen, und zwar, wie früher, zumeist in dem botanischen Garten. Die kurze Spanne Zeit von einem Dutzend Jahre hatte ihn gar sehr verändert. Der große, etwas plump gebaute Körper war gebückt, und der Ausdruck des Gesichtes zeigte, daß er in den Stürmen des Lebens schwer gelitten hatte. Gewöhnlich befand er sich in einer aschgrauen Stimmung, und von kommenden glückbringenden Tagen zu träumen, schien er längst verlernt zu haben. Vielleicht war er inzwischen noch weit tiefer gesunken. Er verriet mir nämlich, daß er von der Neusüdwaler Polizei für einen Mörder gehalten würde.

Dieser Mann, den die Natur in keinerWeise stiefmütterlich behandelt hatte — er besaß nicht nur einen kräftigen, gesunden Körper, sondern auch einen hellen Verstand, eine lebhafte Phantasie und einen offenen Sinn für die Schönheiten der Natur und das Tun und Treiben der Menschen — hätte sich leicht durch seiner Hände Arbeit aus dem Proletariat, in das er durch die Geburt versetzt war, in eine höhere Gesellschaftsklasse emporbringen können. Die Hauptschuld daran, daß sein Leben verfehlt war, er nirgends eine bleibende Stätte hatte, trug jedenfalls seine große Scheu vor jeder andauernden, Anstrengung heischenden Tätigkeit. Als ich vor einigen Jahren seine Bekanntschaft erneuerte, wäre es ihm übrigens beim besten Willen schwer gefallen, seine bedrängte Lage durch Arbeit zu verbessern: einer seiner Arme war infolge eines komplizierten Bruches, den er sich in einem Bergwerke zugezogen hatte, fast vollständig gelähmt.

Der Leser möge mir verzeihen, daß die vorstehenden Mitteilungen über die beiden deutschen Bettler sehr in die Breite gegangen sind. Ich wollte nicht nur Beispiele dafür anführen, daß sich unter den Einwanderern arbeitsfähige Leute befanden, die schon in der Heimat oder anderswo zu Vagabunden geworden waren und sich auf australischem Boden sogleich wieder den Bettelsack umhängten, sondern auch der Vollständigkeit halber wenigstens von zweien der zahlreichen tramps, die ich in Südaustralien traf, eine Skizze ihres inneren Seins bieten.

Es hält schwer, einen guten Einblick in die Denk- und Empfindungsweise des Bettlers zu gewinnen: er lügt ja immer und überall, wenn er von sich selbst erzählt, um Mitleid zu erregen und sich nach Möglichkeit von dem Makel zu reinigen, ein verkommener, arbeitsscheuer Mensch zu sein. Was den aus meiner ehemaligen Heimat gebürtigen Landstreicher betrifft, so schien er auffallenderweise recht wahrheitsliebend zu sein. Das, was er mir über seine Verwandtensippe mitteilte, war nicht erlogen. Zwei seiner Onkel und deren Angehörige lernte ich nämlich als Schüler genau kennen; bei einem derselben, einem Schulmeister, war ich mehrere Jahre in Pension.

Oben ist schon angeführt, daß sich der australische Bettler in der Kleidung von einem etwas saloppen Arbeiter so gut wie gar nicht unterschied. Sein Bündel ließ aber sogleich erkennen, was er war. Dieses Bündel, swag genannt, hatte immer die gleiche Form und wurde immer auf die gleiche Weise getragen. Es bestand aus einem paar walzenförmig zusammengerollter Schlafdecken (blanket), die einige wenige Kleidungsstücke, ein Handtuch usw. einschlossen und von zwei oder drei Riemen umschnürt waren. Sein Gewicht schwankte zwischen 10 und 20 kg; seine Länge betrug gegen 90 cm und sein Umfang 65 bis 75 cm. Von der Umschnürung gehalten, befand sich an ihm ein zum Tragen dienender Riemen, der eine Länge von etwa 1 m hatte, und dessen Enden vermittels einer Schnalle miteinander verbunden waren. Ein nie fehlendes Anhängsel bildete ein Beutel, tucker-bag geheißen, der aus einem hellen baumwollenen Stoff bestand und etwa 7 bis 8 kg Mehl faßte. Er war, wie sein Name anzeigt,[1]) zu der Aufnahme von Lebensmitteln bestimmt und mit einer anderthalb bis zwei Spannen langen Schnur an einem der Umschnürungsriemen, ich will ihn den oberen nennen, gebunden. Gewöhnlich hatte ihn sein Besitzer auf irgend eine rechtmäßige oder unrechtmäßige Weise erworben, zuweilen aber auch selbst angefertigt. Bei mehreren der mir begegnenden tramps bestand er aus einem weichen, parchendähnlichen Stoff und war im Verhältnis zu der Länge recht weit. Als ich eines Tages auf der Böschung eines Bahndammes ein paar stark beschmutzte Windeln liegen sah, wußte ich, welchen Ursprung diese etwas auffällige Speisebeutelart genommen hatte. Der swag wurde am Tragriemen, gleich einem Gewehr, über eine Schulter, gewöhnlich die linke, gehängt und so getragen, daß sein eines Ende sich hinter dem Nacken und sein anderes sich auf der Hüfte und dem Oberschenkel der Seite der umschlungenen Schulter befand. In dieser Lage hielt ihn der tucker-bag, der zu dem Zwecke über die freie Schulter geworfen war und vorn auf der Brust hing. Auf solche Weise soll man schwere umfangreiche Sachen mindestens ebenso bequem mit sich schleppen können, wie in einer Umhängetasche, einem Ranzen oder einem Rucksack. In betreff der Ausrüstung sei noch erwähnt, daß der Bündelmann im Besitze eines blechernen Kochtopfes, tin-billy, war, den er auf dem Marsche in der Hand trug. Der Leser sieht also, daß der australische Wanderbettler schwerer bepackt zu sein pflegte als unser deutscher.

In große Not geriet der swagman nie, wenn er sich nicht allzuweit in menschenarme oder gar menschenleere Gegenden wagte, denn fast überall, wo er vorsprach, ward ihm eine Gabe verabreicht. Auf dem platten Lande bestand diese aber so gut wie immer in Lebensmitteln. Suchte er nicht die größeren Städte gründlich heim, so war er daher gezwungen, ab und zu ein wenig Arbeit zu nehmen, wenn er nicht in der Kleidung sehr herunterkommen und auf manche kleine Annehm-

---

[1]) Tucker ist ein australischer Slang-Ausdruck und bedeutet zubereitete und unzubereitete Nahrung.

lichkeiten völlig verzichten wollte. Tabak wußte er sich übrigens in ganz geringer Menge durch Bettel zu verschaffen.

In unbewohnten und oft auch in schwach bevölkerten Gegenden, durch die ihn sein Weg von einem guten Weidegrunde zu einem anderen führte, mußte er „plattmachen", d. h. im Freien übernachten. In diesem Falle schlief er, in seine Decken gehüllt, neben einem Feuer, wie ein reisender Buschmann des kontinentalen Binnenlandes zur Winterszeit. Bei Regenwetter war seine Not natürlich groß, wenn er keine Behausung gefunden hatte, die ihm Unterkunft für die Nacht gewährte. Unweit der östlichen Landesgrenze traf ich einmal frühmorgens einen Wanderburschen, der schlafend in einem mächtigen hohlen Gummibaume lag. Jedenfalls hatte er in ihm genächtigt, da es seit dem vorhergehenden Abend fast ununterbrochen stark geregnet hatte, und seine Kleidung ganz trocken war. Im Bereiche der Ortschaften und auch anderswo fand der swagman in verlassenen Wohnhäusern, in Schuppen auf Viehweiden und neben Kirchen[1]) sowie in Ausstellungs- und Rennplatzbaracken Unterkunft. Auf den größeren Viehstationen gewährte man ihm immer Obdach für eine Nacht; auf den kleineren Farmen hingegen beherbergte man ihn selten oder nie.

Leerstehende Baulichkeiten pflegte er dann für mehrere Tage, ja, selbst Wochen zu seinem Standquartier zu machen, wenn das Wetter allzu schlecht war, wenn er sich ausruhen oder eine Ortschaft gründlich heimsuchen wollte. Nicht selten fanden sich in ihnen vier, fünf oder mehr Bündelleute zusammen.

Die verlassenen Wohnhäuser waren der Mehrzahl nach in einem so schlechten baulichen Zustand, daß sie nur notdürftig Schutz vor Regen und Wind gewährten. Hieran trugen ihre zeitweiligen Bewohner gewöhnlich selbst Schuld, indem sie die Türen zerschlugen, die Fensterrahmen und Fußbodendielen losbrachen, um sie als Feuerholz zu verwenden.

Solche Häuser boten überdies auch aus dem Grunde kein behagliches Obdach, daß überall eine grenzenlose Unsauberkeit und Unordnung herrschte und Ungeziefer sich in Menge vorfand.

Unrat war stets massenhaft vorhanden. Lumpen, zerrissenes Fußzeug, verrostete Konservendosen, Flaschen, Scherben, zerbrochene Tellereisen, Reste von Kaninchen, Draht- und Wellblechstücke und dergleichen mehr, lagen, ein ekelhaftes Durcheinander bildend, fast allenthalben umher. In vielen Fällen rührten diese Abfallstoffe größtenteils von Kaninchenfängern (rabbiter) her, zigeunerhaft wandernden Gesellen, die ebenfalls für das Wohnen an einem Orte nichts ausgeben wollten. Möbel, wie Bettstellen, Tische und Stühle, gehörten zu den größten Seltenheiten.

Die anderen Baulichkeiten, in denen der tramp Quartier fand,

---

[1]) Im Süden des Staates befindet sich bei manch einem Kirchlein des platten Landes ein kleiner Schuppen, der den Kirchenbesuchern zum Einstellen von Pferden und Wagen dient.

boten ihm teils ein besseres, teils ein schlechteres Obdach. Auf den großen sheepstations — sie übten eine besonders starke Anziehungskraft auf ihn aus, wie wir weiter unten sehen werden — fand er Unterkunft in einer kleinen, abseits der Wirtschaftsgebäude stehenden Hütte oder in dem woolshed. Die Hütte, schlechtweg hut genannt, ist eigens für die Gäste aus dem fahrenden Volk errichtet, die sich ungebeten einstellen. Sie sieht wie eine übermäßig große Hundehütte aus und pflegt einige bankförmige hölzerne Bettstellen (bunk) und recht viel Stroh zu enthalten. Der woolshed ist ein großes, leicht aus Holz und Wellblech erbautes Gebäude, in dem, wie die Bezeichnung schon andeutet, die Schafe geschoren werden, und die Wolle bis zum Versand lagert.

Allenthalben, wo swagmen häufig nächtigten und selten oder nie gekehrt wurde, wie in den huts, fehlte es nicht an Ratten, Mäusen und Flöhen. Die beiden Nager machten sich recht unliebsam bemerkbar, und zwar nicht nur durch den Lärm, den sie nächtlicherweile verursachten, und dadurch, daß sie ungescheut über die Schläfer hinwegliefen, sondern auch durch die erstaunlich große Dreistigkeit, mit der sie über die Eßvorräte herfielen. Es kam nicht gar selten vor, daß am Morgen selbst dann ein oder mehrere Löcher in den tucker-bag gebissen waren, wenn sein Eigentümer ihn während der Nacht unter dem Kopfe oder der Schlafdecke hatte. Noch mehr als diese Tiere machten den tramps die Flöhe zu schaffen. Manche Hütte beherbergte sie in so erstaunlich großer Zahl, daß es mir unerfindlich ist, wie ein Mensch eine Nacht lang in ihr auszuhalten vermochte. Auf meiner letzten Wanderung im Südosten des Staates Südaustralien flüchtete ich eines Tages vor einem Unwetter in eine fast ganz aus Wellblech bestehende Hütte, die den meisten des Weges kommenden Stromern als Herberge diente, und in der Schafscherer und Kaninchenfänger gehaust hatten, wie unbrauchbar gewordene Schafscheren, kotige Wollklumpen, zerbrochene Fallen, Spanndrähte, Kaninchenreste usw. verrieten. Über den Aufenthalt in derselben schrieb ich unter anderem folgendes in mein Tagebuch: „.... Es wimmelt hier auf dem feuchten, aus Erde bestehenden Fußboden von Flöhen. Die Kälte oder langes Fasten hat sie so träge gemacht, daß man sie leicht fangen kann. Kurz nach meiner Ankunft entfernte ich mehreremal gleichzeitig über ein Dutzend Exemplare von ihnen von meiner Hose und meinen Stiefeln. Zum Schutze gegen sie habe ich die Hose unten fest um die Beine gebunden sowie den Boden sorgfältig gekehrt und mit Wellblechplatten belegt....“

Führte mich mein Weg auf dem platten Lande zu einem der sich selbst und dem Zerfall überlassenen Häuschen, so pflegte ich einen Gang durch alle seine Räume zu machen, da, wenn es Stromern als Herberge gedient hatte, sich zumeist mancherlei primitive Geräte und Werkzeuge sowie Aufschriften und Zeichnungen vorfanden. In solchen Fällen fehlten fast nie aus Zaundraht (fencewire) oder Bandeisen hergestellte Kesselhaken und Bratroste (gridiron) sowie in Kochtöpfe, Schöpfgefäße und Eimer umgewandelte Konservendosen und Petroleumbehälter (kerosinetin). Weit mehr als diese Gegenstände nahmen die an den Wänden befindlichen Aufschriften und Zeichnungen mein Interesse in Anspruch. Was die Aufschriften betrifft, so ließen manche unter ihnen die Gesinnung ihres Urhebers oder die Gemütsverfassung erkennen, in der sich derselbe zu der Zeit ihrer Entstehung befand. Einige wenige dieser Art, die nebst vielen anderen auf den Zimmerwänden eines verlassenen, am Ostufer des Lake Alexandrina stehenden Wohnhäuschens angebracht waren, will ich hier ganz unverändert unter Beifügung der Übersetzung wiedergeben. Sie lauteten: „Squatters paradise workmens hell home of niggers fare ye well“ (Paradies der Squatter, Hölle der Arbeiter, Heimstätte von Niggern, lebt wohl). „Two swagmen leaving this to-day bound for hell“ (Zwei Bündelträger, die sich auf dem Wege zur Hölle befinden, gingen heute von hier fort). „Anarchy is liberty“ (Anarchie ist Freiheit). „Don't be a fool all your life Jimmy (Sei kein Narr dein lebelang, Jimmy). „With aching toes and blistered feet and stomacks out of order half blocked with flies and dust and heat we crossed the Queensland border“ (Mit schmerzenden Zehen, blasenbedeckten Füßen und verdorbenem Magen, halb lahm gemacht durch Fliegen, Staub und Hitze, überschritten wir Queenslands Grenze). Unter den Aufschriften und Zeichnungen, mit denen Leute der niederen Gesellschaftsschichten Wände und dergleichen mehr „beschmiert“ haben, pflegen Zoten in Wort und Bild keine geringe Rolle zu spielen. Unsere südaustralischen tramps ließen sich, so weit meine Erfahrungen reichen, derartige Unflätereien auffallend selten zuschulden kommen. Beiläufig gesagt, gilt dies nicht von der Hefe der städtischen Bevölkerung Südaustraliens: die Wände öffentlicher Bedürfnisanstalten zeigen es zur Genüge.

Durchschnittlich legte der tramp täglich 10 bis 25 km zurück. Die Leute, welche sich schon längere Zeit auf der Walze befanden, zogen mit Vorliebe jahraus, jahrein auf ganz bestimmten Bahnen hin und her, so z. B. den unteren Laufteil des Murray auf- und abwärts. Erwähnt sei, daß ich dort Ende der neunziger Jahre einigemal Fechtbrüder antraf, die im Besitze eines Pferdes waren. Für Futter gaben sie selbstverständlich nichts aus.

Ebensooft, wie die Ortschaften, wurden die großen Landgüter von dem Bettelvolk heimgesucht. Einem schwedischen Wanderburschen verdanke ich ein Verzeichnis sämtlicher großen sheepstations des Staates Südaustralien sowie des westlichen Victoria, die jedem Stromer Nachtquartier in der hut gewährten, ihm überdies ein Abendbrot und ein Frühstück oder eine reichliche Wegzehrung für einen Tag zukommen ließen und infolgedessen von den landeskundigen Bettlern der Reihe nach ein-, zumeist mehreremal im Jahre aufgesucht wurden.

Im Südosten des Staates und wahrscheinlich auch anderswo machten tramps den Bahnbeamten zeitweilig viel zu schaffen, indem sie sich bei Nacht und Nebel in Züge stahlen, um möglichst schnell durch weite menschenleere Gebiete zu gelangen. In den neunziger Jahren kam dies besonders häufig zwischen Murray Bridge und Border Town vor, die durch ödes Scrubland, Ninety Mile Desert genannt, voneinander getrennt waren. Heute ist dieses Gebiet größtenteils in Kultur genommen und von vielen Weizenbauern bewohnt. Als es sich noch in seinem ursprünglichen Zustand befand, traf ich eines Tages auf ihm unweit einer der ganz einsam gelegenen Bahnstationen einen Irländer an, der ohne eine Fahrkarte mit einem Nachtzuge nach dem River Murray gelangen wollte. Durch ein kleines Geldgeschenk gesprächig gemacht, erzählte er mir, daß einige Tage zuvor ein junger mutiger Bursche, rittlings auf einem Puffer sitzend und einen Sack mit einem kleinen Hunde auf den Armen haltend, sowie fünf Leute in einem Waggon mit Häcksel versteckt, als blinde Passagiere eine größere Strecke mit einem Zuge gefahren seien. Wurden solche Passagiere abgefaßt, so erhielten sie meist mehrere Wochen Gefängnis.

In Südaustralien war das Betteln eine Beschäftigung, die nicht allein keine bedeutende Anstrengung, sondern auch keine besondere Übung und Geschicklichkeit erforderte. In europäischen Ländern vermag der Bettler sein Gewerbe meist nur dann mit gutem Erfolge auszuüben, wenn er verschiedene Kniffe anwendet, durch die der Angebettelte gerührt, freigebig gemacht wird. Unser tramp suchte weder durch ein jammervolles Aussehen, noch durch bescheidenes Benehmen und gut gewählte Worte das Publikum für sich einzunehmen. Gewöhnlich kleidete er seine Bitte in die Worte: „Wollen Sie mir ein wenig tucker geben?“ Wurde sie gewährt, was meist der Fall war, so bedankte er sich kurz, wurde sie abgeschlagen, so pflegte er sich zu entfernen, ohne sie zu wiederholen oder ein Zeichen des Unwillens von sich zu geben.

Oben ist bereits angeführt, daß die milde Gabe, die der tramp erhielt, fast ausschließlich in Lebensmitteln bestand. Auf dem platten Lande gab man ihm gar vielerlei, wie Fleischreste, Brotstücke, alten Kuchen, Marmelade, Obst und zwar meist in so großer Menge, daß er selbst dann, wenn die Wohnstätten ziemlich weit voneinander entfernt lagen, auf halbem Tagemarsche so viel einzusammeln vermochte, als er für den ganzen Tag benötigte. In den Ortschaften bettelte er nicht von Haus zu Haus, sondern gemeiniglich nur bei den Wirten, Krämern, Schlachtern, Bäckern und Müllern. Auch hier wurde er reichlich beschenkt. In den hotels und boarding-houses verabreichte man ihm Überbleibsel von Mahlzeiten, oft in so großer Menge, daß sich mindestens zwei Leute an ihnen sättigen konnten, und in den Mühlen schüttete man ihm fünf bis zehn Pfund guten Weizenmehles in den tucker-bag. Auf den größeren Viehstationen nahm man ihn in einer Weise auf, die es ihn fast vergessen ließ, daß er ein unsteter Wanderer war, der nirgends eine bleibende Stätte hatte, den keiner willkommen hieß, und den alle zu dem Abschaum der Gesellschaft zählten. Außer Obdach gewährte man ihm dort auch Kost. Zuweilen ließ der Koch — die Erlaubnis zum Dableiben gab er in Vertretung des Herrn — als Gegenleistung für die Verpflegung einen Arm voll Holz hacken. Um mindestens jede zweite Nacht auf solch einer Station verbringen zu können, wanderten die allermeisten Landstreicher in der Südostecke des Staates nur auf einigen wenigen Wegen.

Wo der tramp außer Kost auch Obdach begehrte, stellte er sich nur gegen Sonnenuntergang ein.[1]) Erreichte er sein Ziel früher, so wartete er in der Nähe des Wohnplatzes im Schatten eines Baumes oder Strauches, bis die Zeit da war, und marschierte dann frank und frei in die Küche und fragte den Koch, ob er dableiben dürfe.

Die Kost wurde auf den großen Viehstationen stets reichlich zugemessen. Als mich mein Weg zum erstenmal durch den Südosten des Staates führte, es war in der letzten Hälfte der neunziger Jahre, bekam der tramp auf der Limestoneridge Station (gegen 20 km von Penola) ein Abendessen und für das Frühstück etwas Fleisch, zwei große Tassen voll Mehl, eine halbe Tasse voll Zucker und zwei Eßlöffel voll Tee und auf der Maramro Station (gegen 25 km von Naracoorte) für das Abendessen und das Frühstück ein bis zwei Pfund Fleisch, anderthalb Pf. Mehl, zwei Hände voll Zucker und drei bis vier Eßlöffel voll Tee. Erwähnt sei noch, daß es auf manchen Stationen Sitte war, dem tramp außer Fleisch, Mehl, Zucker und Tee ein großes Stück gewöhnlichen Kuchens zu verabreichen.

Das Tun und Treiben der swagmen auf ihren Rastplätzen war reich an interessanten Einzelheiten.

Die Vorbereitungen zu den Mahlzeiten nahmen gemeiniglich nicht geringe Zeit in Anspruch. Bildete das Wohnhäuschen einer kleinen aufgegebenen Farm das Quartier, was oftmals der Fall war, so hielt es schwer, die benötigte Menge Brennstoff zu beschaffen, dafür hatte schon der ehemalige Besitzer durch die gründliche Ausrottung der Bäume und Sträucher sowie nach ihm fahrendes Volk durch rücksichtslosen Massenverbrauch von Holz zu Koch- und Heizzwecken, selbst solchem, das niet- und nagelfeste Bauteile bildete, gesorgt. In der Umgebung der anderen in Frage kommenden Baulichkeiten, wie der Schuppen, die auf Weiden zum Schutze für Vieh errichtet waren, die zur Aufnahme von Fuhrwerken, landwirtschaftlichen Geräten und Maschinen und dergleichen mehr dienten, pflegte Holz ebenso rar zu sein. Beim Lagern im Freien konnte dieser Übelstand oft ebenfalls nicht vermieden werden, da in vielen der Gegenden, die eine dichtere Bevölkerung haben, von dem einstigen Holzgewächsbestand nichts übrig geblieben, das Land in eine wahre Kultursteppe umgewandelt ist.

Daß der swagman einen eisernen Kochtopf, billy genannt, mit sich führte, ist schon angegeben. Hatte er beim Abbetteln einer Ortschaft in einem Schlachterladen ein Stück rohes Fleisch, in einer Mühle einen halben oder gar einen ganzen tucker-bag voll Mehl erhalten, und war er überdies mit gutem Erfolge in einem Obstgarten und auf einem Kartoffel-, Kohl- oder Rübenfelde tätig gewesen, so suchte er sich begreiflicherweise nach Möglichkeit ein leckeres Mahl zu verschaffen. Mit einem einzigen Kochtopfe ließ sich in einem solchen Falle aber

[1]) Dies Verhalten, das er in den allermeisten Teilen des Kontinentes zeigte und jedenfalls auch jetzt noch zeigt, wo Viehzucht in großem Maßstabe getrieben wird, hat ihm den Namen sundowner eingebracht.

nicht viel zustandebringen. Das Fleisch briet er ohne Zusatz von Fett auf einem aus Zaundraht oder Bandeisen hergestellten gridiron. Aus dem Mehl machte er sich irgend ein Gebäck, wie fritters (kleine Pfannkuchen), omelets, wenn er auf einer Farm Eier ergattert hatte. Als Pfanne diente ihm dabei der Deckel einer großen blechernen Konservenbüchse. Die erbettelten oder entwendeten Kartoffeln, „spuds", machte er in heißer Asche gar.

Auf den großen Landgütern, wo er ein Nachtquartier in der hut und statt zubereiteter Speisen rohes Fleisch, Mehl, Zucker und dergleichen mehr erhielt, vermochte er sich gleicherweise genügend Koch- und Bratgeschirr durch seine Handfertigkeit aus umherliegendem Material zu verschaffen. Beim Lagern im Freien stand ihm, wie nahe liegt, gewöhnlich nur Zaundraht zur Verfügung.

Bei längerem Aufenthalt auf einem Rastplatze bestand die Tätigkeit auch im Waschen und Ausbessern der Kleidungsstücke und anderer Gegenstände der Habe. Näher hierauf einzugehen, würde zu weit führen. Erwähnt sei nur, daß viele Stromer sich diese Arbeit leicht machten. So z. B. sah ich tucker-bags und Socken, in denen rundliche Löcher durch Umschnürung der Ränder derselben mit einem Bindfaden geschlossen waren. Nebenbei bemerkt, sollen in Australien zuweilen auch weiße Frauen und Mädchen auf diese einfache, mühelose Weise Hemden, Unterröcke, Strümpfe und andere nicht sichtbar getragene Kleidungsstücke ausbessern.

Die tramps verkehrten ganz ungezwungen miteinander und unterstützten sich durch Rat und Tat, wie es ja meist der Fall bei den Angehörigen der alleruntersten Gesellschaftsschicht ist. Anmaßende, rechthaberische, bissige, hämische Gesellen gab es nur wenige unter ihnen, zu Streitigkeiten kam es daher selbst dann nicht oft, wenn sich so viele in einem Wohnraume zusammengefunden hatten, daß es an Platz zum Schlafen gebrach. Brotneid zeigte sich aber oft, insbesondere bei denen, die schon jahrelang „walzten". Solche mißgünstigen Gesellen glaubten, daß ihre Ausbeute um so geringer ausfiele, je mehr tramps gleichzeitig mit ihnen eine Gegend brandschatzten. Gegen ihresgleichen, vornehmlich gegen diejenigen, welche sie für Neulinge, „new chums", in ihrem Gewerbe hielten, benahmen sie sich meist zurückhaltend und abstoßend. Zur guten Sitte gehörte es unter unseren tramps, keinen Genossen über seine Lebensverhältnisse auszuforschen. Dies ging so weit, daß man nicht einmal nach dem Familiennamen fragte. Es waren daher selbst die Stromer, welche den Süden des Staates schon jahrelang durchstreiften, der Mehrzahl nach nur unter ihrem Vornamen bekannt. Um sie gut voneinander unterscheiden zu können, hatte man ihnen aber einen Beinamen gegeben. Ich kannte z. B. einen Bob the Tinker, Jimmy the Growler, Jack the Swede, Billy the Gun.

In der Art und Weise seines Benehmens gegenüber den Bevölkerungsklassen, auf deren Kosten er lebte, unterschied sich der tramp wie schon aus früher Gesagtem entnommen werden kann, recht wesentlich zu seinen Gunsten von unseren Stromern. Ich schreibe dies hauptsächlich dem Umstande zu, daß er nicht schwer mit dem Elende zu ringen hatte, und seine gesellschaftlich besser gestellten Mitmenschen ihm nicht durch niederträchtiges Behaben das Leben verbitterten.

Die Arbeiter, Kleinbürger und Farmer sahen in ihm nicht einen hilfsbedürftigen Unglücklichen, trotzdem begegneten sie ihm nicht mit Geringschätzung und Unfreundlichkeit. In ihren Augen war er kein so tief Gesunkener, daß sie glaubten, es sei wider ihre Würde, ein Stück Weges mit ihm zu gehen oder auf belebter Straße mit ihm zu plaudern. Ich war selbst Zeuge, wie eine Farmersfrau, die Gemüse nach Adelaide fuhr, einem schwerbepackten grauhaarigen Fechtbruder einen Platz auf ihrem Wagen anbot. Wie sich in dieser Hinsicht unsere Bauern und Spießer benehmen, zeigt uns Hans Oswalds Erzählung „Vagabonden".

Diesem nicht unfreundlichen Verhältnis zwischen dem Bettlertum und den Bevölkerungsklassen, die sich ihr Brot durch ihrer Hände Arbeit verdienen, verdanke ich es vornehmlich, daß ich mir in ganz unauffälliger Weise einen guten Einblick in das Leben und Treiben der südaustralischen Wanderbettler verschaffen konnte.

Wie wir sahen, ist der Bettlerbestand des südöstlichen Teiles des Staates Südaustralien zeitweilig recht groß gewesen, um bedeutende Summen hat er die ansässige Bevölkerung aber wohl nie gebracht. Die Farmer, Handwerker, Krämer, Wirte usw. gaben dem tramp eine Wegzehrung, die meistenteils in Überbleibseln von Mahlzeiten, für welche sie keine rechte Verwendung hatten, in leicht angegangenen Speisen oder in massenhaft vorhandenen und recht billigen Lebensmitteln, wie Obst, bestand. Auf den großen Landgütern war die verabreichte Kost allerdings sehr reichlich und in der Regel von tadelloser Beschaffenheit. Der Hauptsache nach pflegte sie hier aber in Fleisch (Hammelfleisch) zu bestehen, und dieses schien für die Stationsleute einen sehr geringen Wert zu haben, da sie mit ihm nicht viel haushälterischer umgingen als bei uns zulande die Bauern mit ihren selbstgebauten Kartoffeln und Rüben. Übrigens machte sich mancher tramp ab und zu auch dadurch nützlich, daß er gegen geringen Lohn kleinere Arbeiten verrichtete, wo man um Handwerker und andere Arbeitskräfte verlegen war, oder als Entgelt für die milde Gabe Holz hackte.

Das Betteln pflegt man mit Vorliebe als eine soziale Krankheit, ein gefährliches Übel zu bezeichnen. Es soll die Volkswohlfahrt durch Abstumpfung des Ehrgefühles, des wirtschaftlichen Sinnes und des Arbeitstriebes schädigen, die Begehung von Eigentumsverbrechen begünstigen und dergleichen mehr. Auf den Bettelnden selbst übt das Betteln sicher einen recht schlechten Einfluß aus, in Südaustralien schien sich dieser aber nicht in auffallender Weise auf die Allgemeinheit zu erstrecken.

Der Bettel war in Australien erlaubt, wenigstens auf dem platten Lande. Daß die Polizei den tramp meist ganz unbehelligt ließ, ihm keine Ausweispapiere abforderte, ist schon angegeben. Ein wachsames Auge schien sie aber trotzdem auf sein Leben und Treiben zu haben, denn ich traf mit mehr als einem tramp zusammen, von dem es hieß, daß er in ihrem Solde stehe, ihr als Spitzel diene.

Die Hauptschuld an dem starken Umsichgreifen des Bettels auf südaustralischem Boden müssen wir wohl dem Umstande beimessen, daß die Leute, welche sich aus ihm ein Gewerbe gemacht hatten, allzu reichlich unterstützt wurden. Wie ich oft wahrnahm, verdankte der tramp seine sorgenfreie Lebensweise aber keineswegs ausschließlich der Mildherzigkeit und Gutmütigkeit seiner Mitmenschen: mancher beschenkte ihn nur, weil er sich vor seiner Rache fürchtete. Besonders war es der wohlhabende Landwirt, der sich bei ihm durch Verweigerung einer Gabe nicht mißliebig zu machen wagte, und zwar vornehmlich aus Furcht vor Brandstiftung. Kurz vor dem Kriege hatte man übrigens vielerorten den Anfang mit der Bekämpfung des Bettelunwesens gemacht, indem man alle verlassenen und in Zerfall geratenen Gebäude niederriß, die dem tramp für eine Nacht oder mehrere Tage als Zufluchtsstätte dienten.

Stellten sich bei dem swagman die Beschwerden des Alters ein, so wurde er ein trübseliger, verschlossener Geselle, und verdüsterte sich sein Gemüt nicht gar selten so hochgradig, daß er mit sich und der Welt zerfiel und schließlich, zerrissen in innerer Qual über sein verfahrenes Leben und mit einer trostlosen Zukunft vor Augen seiner irdischen Wanderschaft in einer verlassenen Hütte oder der Einsamkeit der freien Natur durch Selbstmord für immer ein Ziel setzte. In solchen Fällen pflegte man dann in den Tageszeitungen unter dem Stichworte „Swagman's Death" eine dürftige Notiz zu finden, die etwa folgenden Wortlaut hatte: „Ein unbekannter swagman wurde tot aufgefunden. Auf einem Blatte seines Taschenbuches stand: ‚Ich habe mir selbst den Tod gegeben, weil ich meines elenden Lebens überdrüssig geworden bin.' Eine gerichtliche Untersuchung findet nicht statt."

Zum Schluß meiner Ausführungen über die Wanderbettelei im Südosten des Staates mögen hier ein paar Tagebuchnotizen über meine Begegnungen mit tramps Platz finden.

„Farmhaus gegen 10 km von Narracoorte. — Als es am Nachmittage stark zu regnen und zu wehen begann, suchte ich Schutz in dem Wohnhause einer verlassenen Farm. In der Küche, dem einzigen bewohnbaren Raume desselben, saßen drei swagmen an einem qualmenden Feuer und trockneten ihre Kleider und Schlafdecken. Da ich fast durchnäßt war, setzte ich mich zu ihnen. Ihr Gespräch drehte sich um Mittel und Wege, auf leichte Weise ein wenig Geld zu erwerben. Wie aus demselben unzweideutig hervorging, war es mit ihrer Ehrlichkeit herzlich schlecht bestellt. Einer von ihnen, ein geschwätziger Italiener, sagte wahr, und ein anderer, ein rothaariger Irländer, handelte mit einem Putzmittel für metallene Gegenstände, das er für unübertrefflich ausgab und aus Salzsäure und seinem eigenen Urin bestand. Kurz nach meiner Ankunft fand sich ein alter vierschrötiger Schotte mit kupferrotem Gesichte ein. Anfangs zeigte er sich sehr ungehalten über unsere Anwesenheit, als er aber von den anderen Stromern barsch zurechtgewiesen war, setzte er sich brummend in eine Ecke und begann in einer Bibel zu lesen. So auffallend wie sein Körper, ist auch sein swag. Dieser wiegt mindestens 20 kg und besteht aus einer Felldecke, einer mit roter Spitze eingefaßten bunten Tischdecke sowie zwei arg zerrissener gewöhnlicher Schlafdecken (blanket) und enthält ein Handtuch, ein wenig Leibwäsche, ein Handbeil (tomahawk), eine Kaninchenfalle (Tellereisen), einen Schleifstein, einen Beutel mit Tee, einen mit Zucker und einen mit Salz usw. Da das Wetter sich mehr und mehr verschlechterte, und die nächste Ortschaft gegen 10 km entfernt war, so blieb mir nichts anderes übrig, als in dem Häuschen zu nächtigen, wenn ich nicht bis auf die Haut durchnäßt werden wollte. Den Abend verbrachte ich in lebhaftem Gespräch mit meinen vier Gefährten, die ich durch ein reichliches Geschenk an Tabak in gute Laune versetzt hatte. Schlaf fand ich in der Nacht nur sehr wenig. Als wir uns zur Ruhe begeben hatten, kamen zahlreiche Ratten und Mäuse zum Vorschein und suchten nach Speiseabfällen, wobei sie furchtlos über uns, die wir, in unsere Schlafdecken gewickelt, auf dem Boden lagen, hinwegliefen und im Verein mit dem auf das Wellblechdach niederprasselnden Regen einen furchtbaren Lärm verursachten. Überdies waren die anderen lästigen Bewohner aller Stromer-Quartiere, die Flöhe, in übergroßer Zahl vorhanden und schienen recht lange gefastet zu haben. — Am Morgen war das Unwetter vorüber und die Landschaft lag friedlich im blendenden Sonnenscheine da. Gleich nach dem Frühstück rüstete ich mich zum Aufbruche, während meine Gefährten daran gingen, draußen ihre Kleider zu reinigen. Als ich im Begriff war, fortzugehen, kam der alte Schotte mit ganz verstörtem Gesicht in die Hütte und erzählte mir, daß einige Rinder herbeigekommen seien und zwei Paar seiner zum Trocknen aufgehängten Socken gefressen hätten.[1])"

„Adelaide. — In aller Frühe machte ich einen Spaziergang nach der Mount Lofty Range. In einem Steinbruche traf ich dort zwei swagmen, ein kleines, schwerhöriges, grauhaariges Männchen und einen jungen Burschen, die an einem mächtigen Feuer saßen und Tee kochten. Der ältere der beiden erzählte mir sogleich unaufgefordert seine Lebensgeschichte. Er sagte, daß er Frau und Kind habe, Hauptorganist gewesen sei, der Heilsarmee und dem Freimaurerbunde angehöre und durch Ränke seiner Feinde heimlos geworden sei. Dann zeigte er mir einen bunten Freimaurerschurz und sprach lang und breit über seine vornehme Bekanntschaft in Adelaide. Schließlich zog er ein knallrotes Trikothemd (Jersey-Jacke) mit der Aufschrift Salvation

[1]) Durch die Lecksucht, eine Ernährungsstörung des Rindes und anderer Vieharten, die sich in dem seltsamen Gelüst zum Verzehren von unverdaulichen und selbst sehr schädlichen und ekelhaften Dingen äußert, wird der Rindviehbestand im Süden des Staates Südaustralien nicht wenig geschädigt. Es kommt dort ziemlich oft vor, daß Rinder, die an dieser Erkrankung leiden, mehr oder weniger in Verwesung übergegangene Kadaver vergifteter Kaninchen fressen.

army an und hielt, auf einem mächtigen Steinblocke stehend, mit großer Zungenfertigkeit eine Rede über die Verderbtheit des Menschengeschlechtes. Sein Gefährte saß währenddessen mit einem höhnischen Lächeln im Gesichte schweigsam da. Als ich mich von den beiden Tippelbrüdern verabschiedet und längere Zeit in einem anderen Steinbruche aufgehalten hatte, der ein schönes Profil von Quarzit- und Tonschieferschichten aufwies, kam der jüngere Bursche zu mir und bat mich, ihm ein wenig Tabak und einige Streichhölzer zu geben. Auf die Frage, ob er allein seinen Weg fortsetzen wolle, erzählte er mir, der Alte sei nach Adelaide gegangen, um bei der Heilsarmee Unterkunft zu suchen und Freimaurer zu brandschatzen. Er habe ihm die Kameradschaft gekündigt, da er ihn für einen Urning (buggerer) halte. Als ich ihn fragte, woraus er auf das Vorhandensein einer konträren Geschlechtsempfindung schließe, zog er grinsend einen sorgfältig in Papier gewickelten Gegenstand hervor, den er dem Alten abgenommen haben wollte. Es war eine mit überraschend großer Naturtreue aus rötlichweißem, bläulichem und rötlichem Flanell angefertigte Nachbildung eines membrum virile, das wie ein Condom eine Art Hülse bildete."

„36 km westlich von Bordertown. — Am Morgen begegnete mir ein seltsamer Geselle, der zu Fuß von Murray Bridge durch die Ninety Mile Desert gewandert war. Trotz des warmen, heiteren Wetters trug er einen bis auf die Füße reichenden Regenmantel. Swag, tuckerbag und billy besaß er nicht, dagegen schulterte er einen dicken Knüppel, an dem ein zickzackförmig gebogener Telegraphendraht (gridiron der tramps) baumelte. Es schien, daß er den „besseren" Gesellschaftsschichten entstamme, noch nicht lange auf der Walze sei und an einer Schuld schwerer zu tragen habe als mancher Stromer an seinem Bündel.... Gegen Mittag traf ich am Bahndamme eine Gesellschaft von fünf jungen swagmen, die auf einem großen Feuer Essen kochten. Einer unter ihnen war ein Mulatte, dessen Mutter eine mexikanische Negerin sein sollte. Während ich mich mit ihnen unterhielt, kam ein trooper aus Bordertown, mit einem mächtigen Revolver bewaffnet, zu uns und sagte, auf einen aus unserer Mitte zeigend: ‚I want you'! Es fand nun ein eingehendes Verhör statt, aus dem hervorging, daß am Morgen auf einer Viehstation die Hütte für swagmen in Flammen aufgegangen war, und der angehaltene Bursche beschuldigt wurde, sie angezündet zu haben. Als der ‚Blankhut' fortgehen wollte, ohne eine Verhaftung vorgenommen zu haben, bettelte der Bursche ihn ganz unverfroren an. Zu meiner großen Verwunderung erhielt er eine Gabe. Bei uns würde man einen Stromer in dem gleichen Falle sicher wegen Bettelei einsperren und vielleicht gar in Erwägung ziehen, ob er nicht auch eine Strafe wegen Beleidigung eines Polizeibeamten verdient habe."

* * *

Über die Art und Weise, wie in den größeren Städten des Staates Südaustralien gebettelt wurde, vermag ich nicht viel anzugeben, was von Belang ist.

Leute, die in den Straßen von Haus zu Haus gehen und in den Wohnungen und Verkaufsläden um eine milde Gabe bitten, das platte Land aber meiden, gehörten meines Wissens nicht zu den städtischen Bettlertypen des Staates. Adelaide, das mit seinen Vorstädten gegen 180000 Einwohner hatte, war wohl groß genug, daß eine geringe Zahl von Hausbettlern in ihm sein Auskommen finden konnte. Von den anderen bewohnerreichsten Ortschaften galt dies nicht.

Bettler, die ihre bestimmte Standorte haben, an denen sie die Vorübergehenden um Almosen bitten, kamen mir dann und wann in der Landeshauptstadt zu Gesicht. Ende der neunziger Jahre pflegte dort in der Rundle Street, der belebtesten der Straßen, ein blinder deutscher Matrose zu sitzen, der um den Hals ein Schild gehängt hatte, auf welchem der Name und die Ursache der Erblindung angegeben sowie die Bitte um Unterstützung ausgesprochen war. Von und nach seinem Heim wurde er von einem kleinen Hund geführt. Damals lernte ich in Adelaide noch zwei andere Typen kennen. An Straßenecken hielten mir wiederholentlich halb städtisch, halb ländlich gekleidete Bettler die offene Hand hin, in der sich ein Threepenny-Stück befand mit den Worten: „Bitte, legen sie ein gleiches Geldstück dazu, damit ich mir eine Mahlzeit verschaffen kann." Ferner wurde ich in den städtischen Anlagen nicht selten von Weibern um Geld für geistige Getränke angesprochen. Dem Anschein nach handelte es sich nicht um echte „Tippelschicksen", sondern um Prostituierte der niedrigsten Sorte, die nur zu betteln pflegten, wenn ihr Gewerbe nicht so viel einbrachte, daß sie ihrer Trunksucht frönen konnten.

Während meines letzten Aufenthaltes in Südaustralien sah ich in Adelaide noch seltener als Ende der neunziger Jahre, daß Leute sich bemühten, Almosen vom Straßenpublikum zu bekommen. Mit einer Ausnahme waren diese Leute Blinde, vier an der Zahl, die Sonnabends, nach Sonnenuntergang, auf dem im Zentrum der Stadt gelegenen Victoria Square durch Harmonikaspiel und weitschallenden schaurigen Gesang die Vorübergehenden auf sich aufmerksam zu machen pflegten.

Außer den angeführten wird es in Südaustralien wohl noch andere Arten eigentlicher Stadtbettler gegeben haben, wie Leute, die mildtätige Bürger brieflich oder durch Zeitungsannoncen um Unterstützung baten.

Meiner Überzeugung nach konnten sich von allen Mitteln entblößte unverheiratete Arbeitslose in Adelaide eine geraume Zeit fast ohne Bettel, Betrug oder Spitzbüberei durchschlagen, wenn sie einigermaßen findig waren, allerdings nur auf eine ärmliche, erbärmliche Weise.

Bei meinen häufigen Aufenthalten in Adelaide pflegte ich frühmorgens in dem botanischen Garten an meinem Tagebuche zu arbeiten. Ich beobachtete dann nicht selten Männer und Frauen, die verstohlen den Inhalt der zahlreichen großen Drahtkörbe „for litter" (für Papier usw.) untersuchten, demselben etwas entnahmen, das sie hastig in die Tasche steckten, sich hierauf zu der nächstbesten Bank begaben und gierig zu essen begannen. Woher ihr Frühstück stammte, war mir klar. Um ausfindig zu machen, worin es bestände, untersuchte ich selbst die Körbe auf ihren Inhalt und fand zu meiner nicht geringen

Verwunderung, daß manche derselben gar vielerlei Eßbares enthielten, wie Fleisch- und Speckstücke, Brocken von Brot und tortenähnlichen Kuchen. Obst, gekochte Eier, Klümpchen von Butter und Konfitüren. Es handelte sich der Hauptsache nach um Überbleibsel von Nachmittagsimbissen, die Besucher des Gartens zu sich genommen hatten. So gute Kost werden die vom Hunger gequälten „Naturforscher“ und Hunde, welche zur Kriegszeit und auch später hier in Hamburg die Mülleimer durchwühlten, wohl nicht erbeutet haben!

Einen guten Unterschlupf für die Nacht bei regnerischem oder kaltem Wetter fanden die in Frage kommenden Obdachlosen unschwer in der Stadt oder deren nächster Umgebung.

Daß in Adelaide, trotzdem dort, wie in dem eben Gesagten angedeutet liegt, die Lebensverhältnisse für die Ärmsten der Armen verhältnismäßig günstig waren, auch mittel-, arbeits- und obdachlose Leute vorkamen, die sich nicht längere Zeit auf ehrliche Weise über Wasser zu halten vermochten, davon konnte ich mich wiederholentlich überzeugen. Hierfür ein Beispiel!

Während meines letzten Aufenthaltes in der Landeshauptstadt (1913) ging ich oft in der Morgen- und der Abenddämmerung zu dem zwischen den beiden Hauptstadtteilen, North- und South-Adelaide, gelegenen, durch einen steinernen Damm in einen Stauweiher verwandelten Laufteil des River Torrens, um das reiche, mannigfaltige Vogelleben auf demselben zu beobachten. Bei diesen Gelegenheiten traf ich meist in den auf der nördlichen Flußseite befindlichen Parkanlagen an einer fern von menschlichen Wohnungen gelegenen Stelle einen jüngeren Burschen, dessen Gesichtsbildung auf slavische Abstammung schließen ließ. Er gehörte zu den elendesten, verwahrlosesten Gestalten, die mir in der Heimat und der Fremde zu Gesicht gekommen sind. Eine lebende Vogelscheuche! Rock und Hose waren völlig zerlumpt und buchstäblich mindestens zur Hälfte mit grauen Erdkrusten bedeckt. Mehr als die Kleidung fiel mir das Gesicht auf. Es war hungerbleich, eingefallen und hatte den von Kummer, Sorgen und anderen Lebensnöten herrührenden Ausdruck, den der satte Spießer als „Verbrecherphysiognomie“ zu bezeichnen pflegt, auch konnte man in ihm lesen, daß die beste Freundin des Menschen, die Hoffnung, den Burschen verlassen und völlige Verzagtheit sich desselben bemächtigt hatte. Morgens pflegte der Unglückliche vor einer kleinen Wellblechhütte auf einer Bank zu kauern und sich von den ersten Strahlen der Sonne erwärmen zu lassen. Wo er nächtigte, blieb mir nicht lange verborgen. In der Rückwand der Hütte — sie diente zur Aufbewahrung von Bodenbearbeitungsgeräten und war verschlossen — war eine der Blechplatten losgelöst, und zwar auf die Weise, daß sich leicht eine Öffnung herstellen ließ, durch die ein schmächtiger Mensch schlüpfen konnte. Den Boden vor dieser Stelle hatten menschliche Füsse zertreten und aufgewühlt. Eines Tages traf ich den Menschen in der Stadt. Gleich einem Lebensmüden von der Last der Jahre gebeugten Greis ging er langsam schleppenden Schrittes seines Weges. Ich folgte ihm unauffällig, um ihn in seinem Beginnen zu beobachten. Zweimal blieb er stehen und streckte die offene Hand schüchtern Vorübergehenden hin. Er erhielt nichts. Einige der Leute nahmen scheinbar keine Notiz von ihm, andere warfen ihm einen verächtlichen Blick zu, und wieder andere musterten ihn grinsend von Kopf bis zu Fuß. Daß keine Seele Mitleid mit ihm hatte, lag wohl an seinem Äußern: das Gesicht und die Hände waren nicht gewaschen, das Haar nicht gekämmt, und die Kleider starrten wie früher von Schmutz. Nach diesen mißglückten Bettelversuchen ging er zu einem Bauplatz, setzte sich daselbst auf einen Stapel Holz und starrte, die Ellbogen auf die Knie und den Kopf in die Hände gestützt, unverwandt vor sich auf den Boden. Ich setzte dann meinen Weg fort. Seit diesem Tage sah ich ihn nicht wieder, auch kamen zu den alten menschlichen Fußspuren hinter der Hütte keine frischen. Wo war er geblieben? Hatte er noch genug Kraft des Körpers und des Willens gehabt, einen anderen, gastlichen australischen Ort aufzusuchen? War er aus der Bedrängnis des Erdenlebens dorthin geflüchtet, wo es keine Erinnerung an schuldvolle, leidvolle Tage gibt, wo alle Sorgen, alle Ängste abgetan sind, und ewiger Friede, ewige Ruhe herrscht: in das Reich der Toten?

In dem zu dem Staate Südaustralien und dem Nordterritorium gehörenden Binnenlande fehlte das Bettlertum nicht; wie schon aus der äußerst geringen Dichtigkeit der weißen Bevölkerung geschlossen werden kann, war es dort aber ohne jede Bedeutung. Zwischen Oodnadatta, der Endstation der von Adelaide nordwärts landein bis zum 27 Breitengrade führenden Bahn und dem von ihm in gerader Linie gegen 1400 km entfernten halbinselförmigen Landvorsprunge des Territoriums kam mir nur ein echter swagman zu Gesicht. Er war ein hagerer, sehniger, geistig recht beschränkter Geselle und hatte mit einem swag auf dem Rücken und einem waterbag (Wassersack) in der Hand den Kontinent mehreremal auf dem Wege längs der Überlandtelegraphenlinie durchwandert. Vagabundierte er allein aus Faulheit, Arbeitsscheu? Wohl schwerlich! Auf dem schattenlosen, herzlich schlechten Überlandwege, der das Küstengebiet des Staates mit dem des Territoriums verbindet, war eine langdauernde Fußwanderung außerordentlich anstrengend und entbehrungsreich und überdies auch gefährlich, da an ihm die Stationen 40 bis 220 km voneinander entfernt lagen, und die Wasserstellen äußerst knapp zu sein pflegten, insbesondere in der Zeit von Dürren. Von diesem auffallenden tramp hieß es, er nehme nie Arbeit, und wenn er auf einer Station reichlich beschenkt worden sei, lagere er so lange an einem Brunnen oder Wasserloche (waterhole) bis sein Proviant fast ganz aufgezehrt sei, und er nur unter den größten Entbehrungen die nächste Station zu erreichen vermöchte.

Auf dem rhomboidförmigen Landvorsprunge des Territoriums zeigte sich nur ab und zu ein fechtender Fußwanderer. Fast in allen Fällen war er weither aus Südaustralien oder Queensland gekommen. Lange pflegte er sich nicht in diesem Mittelteil des nördlichen kontinentalen Küstengebietes aufzuhalten, da er wegen der Spärlichkeit der weißen Bevölkerung bloß an wenigen Orten, wie in Port Darwin, auf den

Goldfeldern und den Stationen, die an dem kurzen, von der Küste nach Pine Creek führenden Schienenwege lagen, milde Gaben in hinreichender Menge einsammeln konnte und überdies während der Regenzeit eine Reise zu Fuß fast überall unmöglich war. Ich bin dort nur mit zwei echten swagmen zusammengetroffen. Der eine wollte von Adelaide und der andere aus Südqueensland per pedes apostolorum, auf Schusters Rappen zugewandert sein.

* *
*

Ich gehe jetzt zu der Besprechung der Soldaten der Heilsarmee und der reisenden erwerbslosen Buschleute über, der Leute, die die Bettelei in einer mehr oder weniger verschleierten, versteckten Form betreiben.

Eine weit bedeutsamere Rolle als die eigentlichen Bettler, die Bettler im engeren Sinne, spielten die Heilssoldaten in den einwohnerreichsten Ortschaften des Staates beim Sammeln von Almosen, und zwar sowohl hinsichtlich der Zahl, als auch des Umfanges, in dem sie die Mildtätigkeit in Anspruch nahmen.

Die Heilsarmee begann 1881 in Adelaide ihre Tätigkeit auf australischem Boden und erzielte bald in verschiedenen Teilen des Kontinentes überraschend große Erfolge. Als ich mich anderthalb Jahrzehnte später in der genannten Stadt aufhielt, machte sie dort in „openair-“ und „indoor-meetings“, auf den Straßen und in ihrer „citadel“ auf die bekannte höchst absonderliche Weise Propaganda für ihre Christianisierungsideen, wobei sich die Leiter, die „officers“, selbstverständlich alle erdenkliche Mühe gaben, dem Publikum möglichst viel Geld abzulocken.

Die Angehörigen der Heilsarmee zählt man nicht zu den reinen Bettlern, und mit Recht. Die gesammelten Almosen sind ja in erster Linie nicht für sie selbst, sondern für diejenigen ihrer Mitmenschen bestimmt, welche „mühselig und beladen“ sind, deren Seelen sie den „Krallen“ des Teufels entreißen und Gott zuführen wollen, auch bieten sie in vielen Fällen, wie die Bettelmusikanten, für die milde Gabe eine Gegenleistung.

Das, was die Heilsarmee in Australien dem Spender für sein Almosen zukommen ließ, war im großen und ganzen recht gering. Genau genommen konnte von einem Entgelt, einer beabsichtigten Gegenleistung nur selten die Rede sein: das Dargebotene war zumeist nur ein Mittel zum Zweck, durch welches sie die Leute, auf deren Mildtätigkeit sie rechnete, zu ihren Gunsten suggestiv beeinflussen, in eine gebefreudige Stimmung versetzen wollte.

Wie raffiniert vor etwa zwanzig Jahren in Adelaide von der Heilsarmee beim Almosenerwerb verfahren wurde, mögen die nachfolgenden Tagebuchnotizen dem Leser zeigen.

„Adelaide, 22. Mai. — Am Abend hatte sich auf dem Victoria Square, unweit des Postgebäudes, eine kleine Schar von Heilsarmeesoldaten, männlichen und weiblichen, uniformierten und nichtuniformierten, eingefunden, die, einen ‚ring‘ bildend, auf wunderliche Weise ‚Seelen zu retten‘, vornehmlich aber Geld aus den Leuten herauszuschlagen suchten, welche durch ihr Behaben angelockt waren und sie schweigend umgaben. Sie verstand es meisterlich Vielfältiges zu bieten, die Kundgebungen abwechselungreich zu machen, Aufsehen zu erregen. Bald wurde von einzelnen Personen eine kurze, nichtssagende Ansprache gehalten, bald kniend laut gebetet, bald hastig und schreiend gesungen, bald mit einigen Blechinstrumenten, einer Trommel, einer Pauke, einer Ziehharmonika, einem Tamburin und einem Triangel eine wahre Katzenmusik zum besten gegeben. Die Haupttätigkeit des leitenden Offiziers, eines langen, dürren, fahrigen, redegewandten Gesellen, bestand im Betteln. Er scheint eine große Fertigkeit im Suggerieren zu besitzen. Wenn nicht ein ‚Zeugnis' abgelegt, gesungen, musiziert oder gebetet wurde, forderte er wieder und wieder mit sehr eindringlichen, beweglichen Worten das sein Häuflein umstehende Publikum auf, ‚für Gottes tausendfältigen Lohn auf dem Altar der Heilsarmee zu opfern.' Fast immer waren seine Bemühungen erfolgreich. Fiel die Spende nicht nach seinem Wunsche aus, so suchte er die suggestive Beeinflussung auf das höchste zu steigern, indem er, in dem Ringe hin und herlaufend und mit den Armen fuchtelnd, abwechselnd von Gewissenspflicht, dem jüngsten Gericht, der ewigen Seligkeit, den Höllenstrafen und dergleichen mehr sprach oder zur Belohnung für reichliche Gaben ein interessantes ‚Zeugnis', einen fröhlichen Gesang, eine berauschende Musik, freundlich lächelnd, im Plaudertone verhieß. Bei solchen Gelegenheiten steuerte auch der eine oder der andere Heilssoldat in etwas auffälliger Weise zu der Kollekte bei. Geschah es aus Berechnung? Die große suggestive Wirkung des Beispiels dürfte den Leuten bekannt sein. Das gespendete Geld wurde meist im Bogen über die Köpfe der Soldaten hinweg in die Mitte des Ringes auf das Pflaster geworfen und von Zeit zu Zeit von dem Leiter gesammelt, gezählt und dem Werte sowie der Beschaffenheit des Metalles nach gesondert aufgehäuft. Als sich die Häufchen schließlich erheblich vergrößert hatten, wurden sie auf eine inmitten des freien Platzes aufgestellte riesengroße Trommel gebracht, die sich wie ein ‚Altar der Armee' ausnahm, wenn kniend gebetet wurde. Zu der Zeit schien die Geldquelle versiegt zu sein. Um sie von neuem zum Fließen zu bringen, rief der Offizier mit überlauter Stimme: ‚Der Betrag des Geldes ist jetzt 8 s. 6 d. Er muß auf ein halbes Pfund erhöht werden, bevor wir von der Stelle weichen. Es ist dies eine Ehrensache für uns'. Sodann ließ er von der ‚band' sein ‚Lieblingslied' spielen. Nach Verlauf einer Viertelstunde war sein Wunsch erfüllt, und die Truppe zog mit fliegender Fahne und klingendem Spiel, begleitet von zahlreichen Leuten des Straßenpublikums, nach ihrer ‚citadel'. — Die Truppe bestand aus etwa fünfzehn Personen, und das ‚openair-meeting' dauerte gegen eine Stunde. Meines Erachtens würde es den Leuten nicht schwer gefallen sein, in der gleichen Zeit der Armee mehr Geld als ein halbes Pfund zu erwerben, wenn sie durch ihrer Hände Arbeit wirtschaftliche Werte geschaffen hätte. Nebenbei gewannen sie allerdings die Seele eines betrunkenen Weibes, das sich mit den Ellbogen den Weg durch die Zuschauer und

Soldaten gebahnt hatte und im Ringe laut schlucksend auf die Knie gefallen war. Hoch wird ihnen diese ‚Rettung‘ aber wohl nicht angerechnet werden!“

„Adelaide, 25. Mai. — Am Abend ging ich in die ‚Salvation Army Citadel‘, wo ein meeting stattfand. Wie bei allen derartigen Veranstaltungen, wurde gesungen, gespielt, geredet, gebetet und gebettelt. Die Armee ist stets bemüht, dem Publikum, aus welchem sie Geld herausschlagen will, Neues, Interessantes zu bieten. Heute konnte sie in dieser Hinsicht mit ihren Leistungen zufrieden sein. Eine kleine, unter der Führung eines ‚major‘ stehende Gesellschaft von soldiers und ‚lassies‘ aus Neuseeland gab wohleinstudierte, von einer Art Pantomine begleitete Gesangvorträge zum besten. Die Fremden saßen auf der Bühne reihenweise in einem von den Adelaider Heilssoldaten gebildeten Halbkreis, dessen Öffnung nach der Mitte des weiten Raumes und den nach Hunderten zählenden Gästen gerichtet war. Ihre vorderste, längste Reihe nahmen sechs junge, hübsche Mädchen ein, die eine recht kleidsame dunkelblaue, reich mit Goldborden und Goldschnüren verzierte Uniform trugen. Der ‚major‘ hatte inmitten seiner Getreuen an einem Harmonium Platz genommen. Das Geberdenspiel, mit dem die Gesangvorträge begleitet wurden, führten die sechs jungen Mädchen aus. Es bestand der Hauptsache nach in gleichzeitigen und gleichartigen Bewegungen und Haltungen der Arme und des Kopfes sowie Veränderungen des Gesichtsausdruckes. Bald hatten sie die Hände gefaltet und den Kopf tief auf die Brust geneigt, gleich Leuten, die beten, bald standen sie mit hoch erhobenen Armen und hilfeflehendem Ausdruck im aufwärts gerichteten Gesichte da, bald hatten sie eine Hand ans Ohr gelegt und sahen unverwandt nach oben, als horchten sie auf undeutliche, aus der Höhe kommende Laute, bald machten ihre Hände die Bewegungen eines Harfenspielers, bald zeigten sie mit dem Zeigefinger nach oben und hatten den Blick starr auf das Publikum gerichtet usf. Wie der männliche Teil des Publikums durch sein Verhalten zeigte, gefielen ihm die Mädchen und ihr Spiel ungemein. Die mit dem Sammelteller von Person zu Person gehenden ‚lassies‘ werden danach wohl ein nettes Sümmchen zusammengebracht haben. Zum Schluß teilte der ‚major‘ mit, daß seine Truppe sich auf dem Heimwege von einer Sammelreise in Westaustralien befinde. Unter anderem sagte er, daß sie dort eine Einnahme von £ 718 erzielt hätte, und ihr hiervon nach Abzug sämtlicher Unkosten £ 300 als Reingewinn verblieben.“

Von der großen Zahl der Mittel, deren sich die Heilsarmee in Adelaide bediente, um Leute zu ihren öffentlichen Versammlungen zu locken, den Bettel zu verhüllen oder ihr Publikum freigebig zu machen, will ich hier noch ein recht drastisches anführen.

Eines Tages gelangte ich mit einem Zuge von Leuten, die die Gefolgschaft eines Musikkorps der Heilsarmee bildeten, das spielend durch mehrere Hauptstraßen gezogen war, in die „citadel“, wo gleich darauf ein „meeting“ eröffnet wurde. Die Darbietungen ließen keine Langeweile aufkommen. Die interessanteste unter ihnen war jedenfalls das „Zeugnis“ eines „captain“. Dieser Mann legte es anläßlich seiner wenige Stunden vorher vollzogenen Trauung ab. Wenn man seinen eigenen Worten Glauben schenken durfte, war er, ehe er auf der Bußbank das Heil seiner Seele gefunden hatte, ein arger Sünder gewesen. In solchen kurzen Selbstbekenntnissen pflegen sich die Heilsarmeeleute vornehmlich einer besonderen Sündenart, wie der Trunksucht, der Hurerei, der Spielsucht, des gotteslästerlichen Lebenswandels, zu bezichtigen. Bei unserem neugebackenen Ehemanne hatten geschlechtliche Ausschweifungen die Spezialität im Sündigen gebildet. Hinter mir saßen mehrere Schulmädchen, denen die Beichte viel Spaß machte. Wie mir ihre Bemerkungen verrieten, bedurften sie keiner Aufklärung über das Geschlechtsleben des Menschen. Kollekten wurden selbstverständlich vorgenommen. Schon auf der Straße sah ich „Hallelujahmädchen“ — leicht erkennbar an der Uniform, dem einfachen dunkelblauen Kleide und dem großen, unförmlichen Schutenhute — die, eine Riesensparbüchse in der Hand haltend, voll Eifer die dem Zuge folgenden Neugierigen um eine milde Gabe angingen. In der „citadel“ wurden beim Sammeln solche mit einem in der Mitte geschlitzten Deckel versehene Behälter nicht benutzt, sondern einfache weiße Porzellanteller. Wahrscheinlich geschah es aus Berechnung, in der Absicht möglichst viel Geld aus den Besuchern herauszuschlagen. Wird die Gabe in derartigen Fällen offen dargereicht, so daß der Empfänger und auch andere Leute ihre Größe leicht feststellen können, so pflegt sie bekanntlich ansehnlicher zu sein, als wenn dies nicht geschieht. Die Sucht zu scheinen, beeinflußt ja die allermeisten Menschen hochgradig in ihrem Tun und Lassen!

Der Vollständigkeit halber mögen hier noch einige kurze Angaben über das innere und das äußere Sein der australischen Angehörigen der Heilsarmee Platz finden.

Die Armee rekrutierte sich vornehmlich aus der Gesellschaftsschicht, die die meisten schlechten Streiter im Lebenskampfe, die meisten Knechte der „Sünde“ enthält, der untersten.

Von den Offizieren, männlichen und weiblichen, hatten viele in der Jugend keine oder nur eine höchst mangelhafte Erziehung erhalten, viele ein ausschweifendes Leben geführt und manche schwere gesetzwidrige Handlungen begangen. In ihrem Berufe, dessen Hauptarbeit der Gelderwerb, offener und versteckter Bettel, nicht der Seelenfang, zu sein schien, waren diese Leute durchschnittlich recht tüchtig, was wohl vornehmlich darauf beruhte, daß bei ihrer Auswahl großes Gewicht auf die zu dem Amte erforderlichen Fähigkeiten gelegt worden war, und sie eine sorgfältige Ausbildung erhalten hatten.

Was die gemeinen Soldaten betrifft, so fiel es mir auf, daß das Gros derselben von der Natur stiefmütterlich behandelt war: es hatte einen schwachgebauten oder einen siechen Körper oder einen kleinen, geistige Beschränktheit verratenden Hirnschädel. Meines Erachtens hatten sich recht viele dieser Leute nur in die Armee einreihen lassen, um die Lebenslage zu verbessern. Sicher gehörte zu den australischen Untergebenen des General Booth aber auch ein hoher Prozentsatz von pietistisch oder mystisch veranlagten Naturen sowie psychopatisch Minderwertigen, Personen, die ein sehr geeignetes Material für religiöse Suggestionen bilden.

Bezüglich der weiblichen Angehörigen der Heilsarmee, und zwar nicht allein der gemeinen Soldaten, sondern auch der Offiziere, sei noch erwähnt, daß sich dem Anschein nach unter ihnen zahlreiche unterleibskranke und hysterische Personen befanden.

Dieser von einer religiösen Körperschaft auf eigenartige Weise im großen ausgeübte Bettel machte sich, so weit meine Erfahrungen reichen, im Staate Südaustralien seit dem Tode des Generals öffentlich weit weniger bemerkbar als um die Wende des Jahrhunderts. Während meines letzten dortigen Aufenthaltes sah ich keinen der openair-meetings genannten geräuschvollen Aufzüge mit ihrem zudringlichen Gebettel. Hatte die Armee ihre Erwerbstätigkeit in bessere, ehrenhafte Bahnen gelenkt oder ihr Ausbeutungssystem ein wenig geändert, um zu verhindern, daß es den Reiz der Neuheit einbüßte und dadurch weniger wirksam würde?

Ich werde jetzt einige kurz gefaßte Angaben über die andere genannte Gruppe von Leuten, die reisenden erwerbslosen Buschleute, machen.

Als Buschmann bezeichnet man auf dem ganzen australischen Kontinente alle Männer, die im „bush" leben, d. h. in den Gegenden, deren Vegetation sich noch mehr oder weniger in ihrem ursprünglichen Zustand befindet. Im engeren Sinne wendet man diese Bezeichnung nicht auf die Beamten sowie die in den Ortschaften wohnenden Wirte, Krämer, Handwerker usw. an.

Die Buschleute im engeren Sinne bilden, wie die Heilssoldaten, ein Sammelsurium von Angehörigen vieler Berufe. Zu den Gründen, weshalb sie die Heimat, die Stätten von Familienleben verlassen haben und in den einsamen, unwirtlichen Busch gezogen sind, gehören wohl die Unlust zu dauernder, geregelter Arbeit, die Liebe zu einem ungebundenen Leben, der Drang in die Weite, das Bestreben, Gold und andere Bodenschätze zu suchen, schlechter Erwerb, die Furcht oder Flucht vor gerichtlicher Verfolgung, Abenteuerlust, die Unzufriedenheit mit dem Berufe, zerrüttete Familienverhältnisse, Ungeselligkeit und dergleichen mehr.

Dem Charakter und der Lebensführung nach gehören recht viele von ihnen zu dem Abschaum der menschlichen Gesellschaft. Es liegt dies schon in manch einem der aufgezählten Beweggründe angedeutet, aus denen vermutlich viele Leute ihren Aufenthalt im Busch nehmen.

Durchschnittlich sind die Buschleute wortkarge Gesellen, aber nur solange sie sich im Zustande völliger Nüchternheit befinden; trinken sie einen „nobler" über den Durst, so werden sie gar oft zu geschwätzigen Prahlhänsen. Zumeist bilden Pferde, Rinder und in manchen Gegenden auch Schafe den Gegenstand der Unterhaltung. Auf Weiber kommt auffallenderweise nicht oft die Rede. Wird über die männliche Bekanntschaft gesprochen, was bei längerem Beisammensein in shanties, am Lagerfeuer oder auf den Stationen fast immer der Fall ist, so pflegt das Gesagte voll Gift und Galle zu sein. Viele unter den Buschleuten entblöden sich nicht selbst die Personen auf die schamloseste, niederträchtigste Weise zu schmähen und zu verleumden, die für ihre Freunde gelten, oder denen sie Gutes zu verdanken haben. Hierfür könnte ich zahlreiche Beispiele anführen.

Im Schimpfen und Fluchen sind alle gewöhnlichen Buschleute Meister. Das Wort bloody ist für sie eine Art Epitheton ornans; manche von ihnen setzen es beim Sprechen, namentlich in der Erregung, fast vor jedes Substantiv. Die Eingeborenen, welche sich in ihrem Dienst befinden, verunglimpfen sie auf das schwerste. So z. B. nennen sie gar oft die Männer bloody buggerers und die Weiber bloody rotten cows, whores, bitches usw.

Das Geschlechtsleben der Buschleute, auch das der Beamten unter ihnen, ist nur insofern besser denn das der Hunde, als es ziemlich frei von gröberen Verkehrtheiten bleibt. Eine Eingeborene (Lubra) halten die allermeisten aus, welche ansässig sind und ein gutes Einkommen haben, zumeist mit Wissen und Willen des Ehemannes derselben. Überdies vermischen sie sich fleischlich mit jedem anderen eingeborenen Weibe, das ihre Lüsternheit wachgerufen hat. Der Sündenlohn pflegt in solchen Fällen in einem bißchen Essen, einer halben Stange Rauchtabak oder einer Schachtel Streichhölzer zu bestehen.

Von geistigen Getränken und dem Rauchtabak sind die allermeisten Buschleute große Liebhaber.

Fleißige weiße Arbeiter gehören im Busch zu den größten Seltenheiten. Alle „körperliche“ Arbeit, die schwer ist oder viel Zeit in Anspruch nimmt, wird, wenn möglich, Eingeborenen aufgebürdet.

Die Kleidung ist höchst einfach, und ihr Erwerb hat nur ein paar Pfund gekostet. Sie besteht in einem baumwollenen Hemd, einer Hose aus mole-skin[1]) (von einem einfachen ledernen Leibgurt gehalten), dünnen Socken, groben, mit Nägeln beschlagenen blucherboots[2]) sowie einem grauen, breitrandigen Filzhute. Wie ich vor mehreren Jahren hörte, sei das Tragen von ledernen Gamaschen seit dem letzten Burenkriege im Busch in Mode. Das Hemd bleibt am Halse und auf der Brust offen, und die Ärmel desselben werden bis zu den Ellbogen aufgekrempelt.

Auf Sauberkeit und Ordnung geben unsere Buschleute nicht viel. Am ungünstigsten wirken in dieser Hinsicht zumeist der Hut und die Stiefel auf ihr Aussehen ein. Wenn der Hut ein paar Wochen getragen ist, zeigt er auf und an dem Rande große dunkle, von Staub und fettigem Schweiß herrührende Flecke, und hängt seine Krempe schlaff herab. Das Schuhwerk ist stets mit Schmutz bedeckt und weist in vielen Fällen haselnußgroße runde Löcher oder kurze, in

---

[1]) Weicher Baumwollstoff, der eine entfernte Ähnlichkeit mit dem Maulwurfsfell hat.

[2]) Nach Lebrecht v. Blücher, dem General der Freiheitskriege, benannte niedrige Schnürstiefel, deren Zunge gefaltet und beiderseits wasser- und staubdicht befestigt ist.

geringer Entfernung voneinander befindliche parallele Einschnitte auf, wie das manch eines tramp im Südosten des Staates. Diese Beschädigungen sind ebenfalls absichtlich mit einem Messer gemacht, um den Druck des Leders, das in dem überaus trockenen Klima rasch steif und fast bretthart wird, auf die Hühneraugen möglichst zu vermindern oder ganz aufzuheben.

In der Schießkunst leisten die Buschleute im allgemeinen herzlich wenig, was wohl vornehmlich darauf zurückzuführen ist, daß sie einen sehr starken Tabak rauchen und sich überdies sinnlos zu betrinken pflegen, wenn sich eine Gelegenheit dazu bietet.

Ihrer eigenen Überzeugung nach sind sie „the best riders in the world", „can they ride anything that was ever foaled." Meines Erachtens gibt es unter ihnen mehr mittelmäßige als gute Reiter. Ihre Haltung im Sattel ist ganz ungezwungen. Das Zureiten wilder, ungebändigter Pferde besorgen zumeist die „boys", die der überwiegenden Mehrzahl nach bei einiger Übung eine große Geschicklichkeit im Reiten erlangen und hierin ihre Herren bald weit übertreffen.

In betreff der Buschleute, welche die Bettelei in einer mehr oder weniger versteckten, verschleierten Form betreiben, werde ich nur das mitteilen, was ich vor einer längeren Reihe von Jahren auf meinen Reisen im Inneraustralien über sie in Erfahrung brachte.

Die Buschleute, welche reisten und erwerbslos waren, unterschieden sich in ihrem Äußern, Behaben und innerlichen Wesen sehr wenig oder gar nicht von denen, welche sich ihr Brot als gewöhnliche Arbeiter verdienten.

So weit meine Erfahrungen reichen, waren die meisten von ihnen irischer Herkunft. Deutsche und andere Leute, die nicht aus den „old countries" stammten, traf ich unter ihnen nur ganz ausnahmsweise an.

Sie besaßen mindestens ein Reit- und ein Packpferd. Viele von ihnen reisten mit einer eingeborenen Person. Zumeist war diese ein jüngerer Mann„boy", zuweilen aber eine in Männerkleidern steckende zwölf bis fünfundzwanzig Jahre alte Lubra. Solche Begleiter, seien sie männlichen oder weiblichen Geschlechtes, waren immer beritten gemacht. Ihre Obliegenheiten bestanden darin, die Pferde vor dem morgendlichen Aufbruche herbeizuholen und Feuerholz zu sammeln. Für ihre Dienstleistungen erhielten sie fast nichts als die Kost.

Der Sattel für das Packpferd war der Hauptsache nach aus zwei durch zwei eiserne Bügel miteinander verbundenen viereckigen Polstern und ebenso vielen und ungefähr ebenso großen ledernen Taschen zusammengesetzt. Diese Taschen dienten gemeiniglich nur zu der Aufnahme des Proviantes sowie einiger Werkzeuge und Geräte, wie eines Handbeiles (tomahawk) und einer großen blechernen Schüssel (gold dish).

Einer der Hauptbestandteile des Gepäckes war der swag. Im großen und ganzen unterschied er sich nicht von dem der Fußwanderer unter dem Bettelvolk. Er ward, quer über den Rücken des Pferdes, zwischen die Bügel und auf die Taschen gelegt, an den Sattel geschnallt.

Andere augenfällige, wichtige Gepäckteile bildeten zwei Kochgeschirre, ein großer billy und ein zu der Teebereitung dienender quartpot mit einem pannikin,[1]) sowie eine Büchse (rifel) mit starkem Schafte und kurzem Laufe.

In den Gegenden, wo keine Weißen ansässig waren, wählten unsere Reisenden zum Nächtigen einen Platz, der ihnen Wasser bot, einen Brunnen, ein Wasserloch (waterhole) oder dergleichen hatte. Bei der Ankunft auf ihm wurden zunächst die Pferde, nachdem sie getränkt, ihre Vorderfüße mit einer Koppel (hovel) verbunden waren und einem von ihnen eine Schelle (bell) um den Hals gehängt war, in Freiheit gesetzt, damit sie sich ihre Nahrung selbst suchen könnten. Sodann kam die Bereitung des Abendessens an die Reihe. Bei dieser Gelegenheit ward oft ein für mehrere Tage langender Damper[2]) gebacken. Den Abschluß des Tagewerkes pflegte das Zurechtmachen des Nachtlagers zu bilden, was nur wenige Minuten in Anspruch nahm, da die Schlafdecken einfach auf einer ebenen Stelle des Bodens unter freiem Himmel ausgebreitet wurden.

Die Kost ist in allen regenarmen Binnenlandsteilen des Kontinentes auffallend einförmig. Der Hauptsache nach besteht sie in dem Fleisch von Haustieren (Rind, Schaf, Ziege). Dieser Übelstand ist darauf zurückzuführen, daß dort die Bewohnerschaft Obst und Gemüse nur in einigen wenigen Gegenden und zumeist nur in ganz geringer Menge anbaut, sich mit der Milchgewinnung fast gar nicht befaßt, obwohl sich dieselbe auf manch einer Viehstation unschwer möglich machen ließe, und daß ferner die Verkehrsverhältnisse im großen und ganzen recht viel zu wünschen übrig lassen.

Das Fleisch bildet bei allen Mahlzeiten, morgens, mittags und abends, das oder eines der Hauptgerichte. In sehr vielen Gegenden, wie im ganzen Binnenlande des Nordterritoriums, kommt es zumeist

---

[1]) Der quartpot ist ein aus Eisenblech angefertigtes, annähernd zylindrisches Kochgefäß, das ungefähr einen Liter Wasser faßt, und der pannikin ein tassengroßer Trinkbecher, der in jenen wie ein Stöpsel gesteckt werden kann.

[2]) Den Damper, ihr Brot, bereiten die Buschleute nach einem Verfahren, das jedenfalls schon in grauer Vorzeit manch einem Volke bekannt gewesen ist und gegenwärtig in Inneraustralien auch von Stämmen der Eingeborenen, wie der Diäri an Cooper's Creek, zu der Herstellung eines brotlaibähnlichen Gebäckes aus den auf einem Steine zerriebenen Sporenfrüchten der Nardupflanze (Marsilea spec.) angewandt wird. Das Mehl rühren sie mit Wasser in der gold dish oder auf einem Stücke groben Gewebes zu einem steifen, knetbaren Teig an und backen diesen, nachdem sie aus ihm einen Fladen von 25 bis 30 cm Durchmesser und etwa 10 cm Höhe geformt haben, in einem grösseren Haufen heißer, mit glühenden Kohlenstückchen untermischter Asche. Das auf solche Weise erhaltene Gebäck ist dicht, „speckicht" und infolgedessen schwer verdaubar. Wird vor der Teigbereitung zu dem Mehl ein wenig „baking powder" (doppeltkohlensaures Natron) gesetzt, was heutzutage die meisten Buschleute nicht zu unterlassen pflegen, so unterscheidet es sich fast gar nicht von gewöhnlichem Weizenbrot. Eine andere Brotart, die sich der Buschmann häufig auf der Reise bereitet, ist der „Johnny cake", ein wenig mehr als handgroßer und bleistiftdicker Fladen aus Mehl und Wasser, der aber nicht in heißer Asche, sondern auf glühenden Kohlen gebacken wird.

gekocht und ziemlich salzig auf den Tisch. Um das Fleisch haltbar zu machen, reibt man es nämlich gleich nach dem Zerlegen des Tierkörpers mit Kochsalz ein und bringt es in eine ganz aus Eucalyptenzweigen erbaute Hütte (meat-house) unter, wo es erheblich an Feuchtigkeit verliert, dunkler und fester wird. An Wohlgeschmack büßt es durch dieses einfache Konservierungsverfahren nur wenig ein.

Was unsere fahrenden Buschleute betrifft, so war ihre Kost noch ärmer an Abwechselung und bestand zu einem noch größeren Teil aus Fleisch als die der ansässigen Bewohner des Buschgebietes. Zu dem Fleisch aßen sie meist nichts als ein wenig Damper. Ihr Getränk bildete, wie das aller Buschleute, bei den drei täglichen Mahlzeiten mit braunem, pulverigem Zucker gesüßter starker Tee.

Erwähnt sei, daß sie bei den Mahlzeiten auf den Lagerplätzen zu stehen pflegten, eine Schnitte Damper und ein Stückchen Fleisch, dieses auf jene gelegt, in der Linken hielten und mit ihrem Taschenmesser auf die bekannte Weise mundgerechte Bissen machten.

Gelangten sie nach tagelangem Ritt in Gegenden, wo keine Weißen seßhaft waren, zu einer Einzelsiedlung, einer Vieh-, Telegraphen-, Polizeistation usw., so suchten sie sich auf dem Wohnplatze oder in dessen Nähe eine Stelle zum Lagern, sattelten auf ihr ab, tränkten die Pferde und ließen sie frei, damit sie sich ihre Nahrung selbst suchen könnten. Alles dies taten sie ganz eigenmächtig. Sodann begaben sie sich in ihrem plumpen, langsamen Gange, ihre kurze hölzerne Pfeife qualmend, zu den Leuten, bei denen sie sich zu Gaste laden wollten. Der im Busch herrschenden Sitte gemäß, die niemand unbeachtet zu lassen wagte, wurden sie gastlich aufgenommen und während ihres ganzen Aufenthaltes mit Speise und Trank bewirtet. sowie bei schlechtem Wetter auch beherbergt. Die meisten Reisenden nahmen die Gastfreundschaft nur für kurze Zeit in Anspruch, um nicht für aufdringlich gehalten zu werden. Fiel z. B. ihre Ankunft auf den Nachmittag oder den Abend, so pflegten sie am nächsten Tage nach dem Frühstück oder dem Mittagessen den Ritt fortzusetzen.

Eine Wegzehrung ward von unseren Reisenden in der Regel mitgenommen. Meines Wissens bestand sie größtenteils oder ausschließlich in Rindfleisch, das auf die oben angegebene Weise haltbar gemacht war. Die Vorsteher (station master) der Stationen des Binnenlandteiles der Überlandtelegraphenlinie, die, durch das Herz des Kontinentes sich erstreckend, den Süden des Staates Südaustralien mit dem Norden des Territoriums verbindet, waren übrigens angewiesen, jedem Reisenden, der bei ihnen vorsprach, Lebensmittel unentgeltlich in bestimmter Menge zu verabfolgen, wenn er solcher bedurfte.

Die Größe der Gabe in Fleisch richtete sich im allgemeinen danach, wie weit die nächste Siedelung entfernt war, die erreicht werden sollte, und ob der Empfänger allein oder in Begleitung einer eingeborenen Person reiste. Auf Viehstationen sah ich gar oft, daß ein fahrender Buschmann in seinem meat-bag mehr als 15,20 Pfund Rindfleisch aus dem meat-house nach seinem Lagerplatze trug und es daselbst in eine der großen Taschen des Sattels seines Lastpferdes packte.

Das Mehl für den Damper, der, wie wir sahen, den anderen der beiden Hauptbestandteile der drei täglichen Mahlzeiten bildete, vermochten sich unsere Reisenden weit weniger leicht als das Fleisch und immer nur in geringer Menge ohne Entgelt zu verschaffen. Getreidebau kann ja in dem ganzen weiten Innern des Kontinentes nicht getrieben werden.

Was den Tee und den Zucker betrifft, so gelang es unseren Leuten gewöhnlich, sich von ihm so viel bei den Besuchen von Siedelungen zu erbitten, daß sie zu dem meist kalt genossenen Fleisch und dem Damper für ihre eigene Person ein heißes, süßes Getränk hatten.

Zu den von Gastfreunden und anderen Leuten umsonst erhaltenen Dingen gehörten auch Kleider, Tabak, alkoholische Getränke, Arzeneien[1]), Streichhölzer, Backpulver, Seife, hovels.

Wie wir sahen, bestand die Kleidung fast ausschließlich in einigen wenigen, ganz unentbehrlichen Stücken. Zu ihrer Erlangung wurde zuweilen ein ziemlich glaubwürdig klingendes Geschichtchen erfunden: der Hut war vom Winde entführt, das Fußzeug nächtlicherweile von Dingos gestohlen[2]) und das Hemd oder die Hose auf der Suche nach den Pferden in schier undurchdringlichem Scrub zerrissen worden. Die Freigebigkeit in diesen Kleidungsstücken war aber so gering, daß es gewöhnlich nur Virtuosen im Betteln gelang, das Gewünschte unentgeltlich zu erhalten, und die meisten unserer Leute einen derartigen Bettel ganz unterließen, um sich keiner beschämenden Abweisung auszusetzen.

Da die Buschleute leidenschaftliche Raucher sind, so liegt es auf der Hand, daß Betteleien um Tabak häufig vorkamen. Manch einer unserer Reisenden, mit dem ich zusammengetroffen war, gab mir bei der Unterhaltung am abendlichen Lagerfeuer zu verstehen, daß er Rauchtabak von mir zu erhalten wünsche, indem er sagte, daß ihm dieses Genußmittel ausgegangen sei, und er sich höchst unglücklich fühle, wenn er nicht mindestens mehreremal am Tage sein brennendes Pfeifchen im Munde haben könne.

Die Stätten, wo die bei dem gemeinen Manne beliebten alkoholischen Getränke, Whisky mit Sodawasser („soda"), Rum und Bier, erhalten wurden, waren die berüchtigten Buschschenken (shanty) und die Buschhotels, von denen gar manche ebenfalls einen üblen Ruf hatten. Hier hielten sich gewöhnlich Buschleute, station-hands usw., auf, die sich „on the spree" befanden, ihr Geld in Saus und Braus vertaten und in der Trunkenheit stets geneigt waren, andere freizuhalten (to shout), solange sie noch einen Schilling besaßen. Diese Leute waren es, auf deren Kosten sich unsere Schmarotzer gelegentlich toll und voll soffen.

---

[1]) Ein Konjunktivalkatarrh kommt im kontinentalen Binnenlande ungemein häufig vor. Die reisenden Buschleute führen daher meistens ein Fläschchen eye-lotion (Augenwasser) mit sich, die der Hauptsache nach aus einer schwachen Lösung von Zincum sulfuricum bestehen soll.

[2]) Der Dingo wagt sich nachts dicht an das Lager der im Freien schlafenden Menschen. Seinen allzeit großen Hunger sucht er selbst mit Leder zu stillen, insbesondere, wenn dasselbe eingefettet ist.

Wie nahe liegt, standen sich unter unseren Reisenden gemeiniglich diejenigen am besten, welche nicht schüchtern und feinfühlig waren und gut reden konnten. Im weiten unwirtlichen Innern des Kontinentes wußten sich solche Leute bisweilen selbst frisches Gemüse zu verschaffen, das dort wegen seiner großen Seltenheit sehr geschätzt wird. Waren sie zu einer der wenigen Stationen gekommen, die ein Gärtchen besaßen, so pflegten sie das Gespräch auf die wegen ihrer großen Einförmigkeit recht unzuträgliche Kost des reisenden Buschmannes zu bringen, über häufige Verdauungsstörungen zu klagen und langatmig darzutun suchen, daß Gemüse sie alsbald völlig gesund machen würde.

Die Art und Weise, in der die reisenden Buschleute andere um etwas angingen, war im großen und ganzen wenig bettelhaft und geschah bei Sachen, die sie häufig als Geschenk erhielten, und die für den Geber keinen großen Wert hatten, mit kurzen, dürren Worten. In diesen letzteren Fällen pflegten sie mit „Jam short of" zu beginnen, wenn sie ihr Anliegen vorbrachten, und es bei dem Empfang der Gabe zu unterlassen, danke, thank you, zu sagen.

Von den hier in Frage kommenden Buschleuten lernte ich manche kennen, die im Laufe vieler Jahre einen großen Teil des Kontinentes auf Pferdes Rücken durchstreift hatten und beneidenswerte Kenntnisse von Land und Leuten desselben besaßen. Während dieser Zeit waren sie aber nicht immer unstäte Wanderer gewesen. Ab und zu hatten sie gearbeitet, meist im Dienste von Viehzüchtern. Hierzu sei bemerkt, daß zu unseren Reisenden in Inneraustralien Leute gehörten, die sich gelegentlich durch Pferdediebstahl einen Erwerb verschaften, der jedenfalls völlig ausreichte, ihre Ausrüstung ganz zu erneuern. Näheres über diese Pferdediebe ist in meinem Werke „Die Eingeborenen der Kolonie Südaustralien" auf der Seite 453 angegeben.

Von dem, was ich über meine Begegnungen in Inneraustralien mit reisenden Buschleuten des in Rede stehenden Schlages aufgezeichnet habe, will ich hier zu der Ergänzung des im vorstehenden Gesagten einiges mitteilen.

„Bald nach meiner Ankunft am Katherine River gesellte sich ein schmutziger, verkommen aussehender Kerl zu mir, der in der Nähe seinen Lagerplatz hat. Er erzählte mir, Eingeborene hätten ihm auf dem Wege von den Goldfeldern des nordwestlichen Teiles Westaustraliens bei einem nächtlichen Überfall die Pferde gespeert und die Sättel sowie das Gepäck geraubt, er wäre sodann zu Fuß unter ungeheuren Strapazen nach einer am Victoria River gelegenen Viehstation gewandert, und hier hätte ihn die Freigebigkeit der Insassen derselben instand gesetzt, die Reise zu Pferde fortzusetzen. Im Ausnutzen anderer scheint er ein Meister zu sein. Halb bittend, halb drohend suchte er mich zu bewegen, ihm meine Jagdflinte für seine alte Büchse zu geben, die einen ganz grob angefertigten Schaft hat. Nach dem, was er auf den Goldfeldern erlebt haben will, hat er diese völlig mittellos verlassen. Die Geschichte von dem Überfall wird daher wohl erlogen sein."

„Als ich nach achtstündigem Ritt vom Te-Tree Well[1]) zu der allen Buschleuten des Innern wohlbekannten soakage[2]) kam, die Crow Nest genannt wird, bemerkte ich in geringer Entfernung von ihr ein helles Feuer. Ohne mich erst danach umzusehen, wer es angezündet haben könnte, sattelte ich ab, tränkte die Pferde, aß mein Abendbrot, machte Eintragungen in mein Tagebuch und bereitete mir das Lager für die Nacht. Inzwischen war die Dunkelheit völlig hereingebrochen. Da mich die Langeweile plagte, und ich noch keine Lust hatte, mich schlafen zu legen, so machte ich mich auf den Weg zu dem nahen Feuer, in der Erwartung, an ihm ein weiß- oder schwarzhäutiges Individuum anzutreffen, mit dem ich ein Stündchen plaudern könnte. In wenigen Minuten hatte ich den Platz erreicht, von dem der Feuerschein ausging. Was ich sah, übertraf alle meine Erwartungen. Hell von den flackernden Flammen beleuchtet, lag ein gar seltsames Pärchen in tiefem Schlafe, innig aneinander geschmiegt, unter einer Decke: ein Buschmann mit sommersprossigem, aufgedunsenem Schnapsgesicht und fuchsigem, ungepflegtem Barte und eine pausbäckige, fettglänzende Lubra. Nachdem ich mich eine Zeitlang an ihrem Anblick geweidet hatte, ging ich zu meinem Lagerplatze zurück. Während ich mich am nächsten Morgen zum Aufbruche bereit machte, hörte ich nahendes Getrappel, und aus dem Scrub tauchte eine Person mit drei galoppierenden Pferden auf. Es war die Lubra, die ich am Abend vorher gesehen hatte. Sie saß rittlings auf sattellosem Pferde und trug ein weites Hemd und eine englischlederne Hose. Als sie meiner ansichtig wurde, sprengte sie auf mich zu und bat mich um ein wenig Tabak. Nachdem ich ihre Bitte erfüllt, und sie sich ihr Pfeifchen angezündet hatte, sagte sie kokett lächelnd: ‚Last night you had a look at me and my old man; I see your tracks'. Ihrem, old man' hatte sie meinen Besuch verschwiegen, weil er sie immer schlecht behandle, wenn ein fremder Weißer bemerkt habe, daß sie kein ‚boy' sei."

„Gegen Abend begab ich mich zum Einkauf von Kleinigkeiten nach der an der Horse Shoe Bend[3]) genannten Flußkrümmung gelegenen, äußerst roh aus Kistenbrettern und Wellblechplatten erbauten Hütte, die einem storekeeper und publican als Wohn- und Geschäftsraum dient. Zur Zeit halten sich dort mehrere Fremde auf, ein Viehtreiber von einer inneraustralischen Station, der mit vollem Geldbeutel auf dem Wege nach Adelaide ist, und drei reisende Buschleute. Bei meiner Ankunft saßen sie vor der Hütte auf dem Stamme eines gefällten Baumes und tranken aus ihren pannekins mißfarbigen Rum, der sich in einem Eimer vor ihnen auf dem Boden befand. Sie waren

---

[1]) Dieser Brunnen liegt im Herzen des Kontinentes unter dem 22 Breitengrade.

[2]) Wo in Inneraustralien Oberflächenwasser fehlt, vermag man manchenorts Wasser durch Graben im Sande von Creeks, an Stellen mit mehr oder weniger undurchlässigem Untergrund zu erhalten. Die auf solche Weise hergestellten Brunnen werden soakage genannt. Sie sind trichterförmig und gewöhnlich nur gegen 0,50—1,50 m tief.

[3]) Eine bogenförmige Krümmung des Unterlaufes vom Finke River.

stark angetrunken und machten mit Lubras aus dem nahen Eingeborenenlager einen Höllenlärm. Der Wirt und Krämer ist ein widerlicher, grauhaariger, einäugiger Geselle. Wie ich unlängst von einem trooper des Innern hörte, tue er eine Abkochung von Tabak in den ‚grog'(Rum), um den Gästen leichter das Geld abnehmen zu können."

* * *

Den Schluß dieses Aufsatzes mögen einige kurzgefaßte Angaben über den Bettel bilden, der von Eingeborenen im Verkehr mit Weißen ausgeübt wurde.

Eingeborene, die als swagmen weit umherstreiften und hauptsächlich von dem lebten, was sie durch Betteln erwarben, traf ich nur im Süden des Staates an. Ihre Zahl war verschwindend gering. Um die Wende des Jahrhunderts zogen von Zeit zu Zeit ein paar Familien des Narryngeri, eines dem Aussterben nahen Stammes im Gebiete des Lake Alexandrina und des L. Albert, um Geld und Lebensmittel bettelnd, mit großen Tragnetzen durch die Hauptstraßen Adelaides. Gegen anderthalb Jahre vor dem Kriegsausbruche kamen mir in dem zwischen dem St. Vincent-Golf und Victoria gelegenen Küstenteil des Staates, den ich damals kreuz und quer zu Fuß durchwanderte, keine der Urbevölkerung angehörende Wanderbettler mehr zu Gesicht.

Im Binnenlande des Staates und des Territoriums sprach der Eingeborene den Weißen, der ihm nicht näher bekannt war, gemeiniglich nur um ein wenig Tabak oder Streichhölzer an.

Eine große Neigung zum Betteln zeigte die Urbevölkerung des halbinselförmig vorspringenden Nordteiles des Territoriums. In den Ortschaften und auf den Goldfeldern lebten dort viele eingeborene Männer ausschließlich von dem, was sie durch Betteln und Ausleihen ihrer Weiber erwarben. In Port Darwin, der größten Ortschaft des Territoriums, waren solche Kerle geradezu eine wahre Plage geworden. An den Stellen lebhaften Verkehrs hielten sie einem die offene Hand hin mit der Aufforderung, ihnen einen sixpence (50 Pfg.) zu geben, oder boten einem eine ihrer Lubra an. Wies man sie ab, so machten sie ihrem Unwillen nicht gar selten durch Schimpfworte Luft. Manche von ihnen waren dort Fremde; ganze Horden entfernt wohnender Stämme zogen nämlich im Winter, wo sich ausgedehnte Fußwanderungen wegen der Trockenheit des Bodens leicht ermöglichen ließen, nach dem genannten Hafenorte, um sich Lebens- und Genußmittel usw. zu verschaffen.

Der Löß in China

von

Dr. med. et phil. **Helmuth Kanter**, Groß-Lichterfelde.

Mit 2 Karten auf 2 Tafeln.

Inhalt.

I. Aufgabe und Literatur.

Für die vorliegende Abhandlung ist die Aufgabe gestellt, alles Wissenswerte über den Löß in China zusammenzufassen, zu ordnen und kritisch zu betrachten, ohne auf die übrigen Lößgebiete und die sich etwa an sie knüpfenden Theorien betreffs der Herkunft und Ablagerung der Formation Rücksicht zu nehmen. Um ein möglichst klares Bild über den Löß in China zu erhalten, wird zunächst eine Beschreibung der Oberflächenbeschaffenheit vor der Ablagerung des Löß, dann die Beschreibung der Lößformation selbst, ihrer Verbreitung und der heutigen Oberflächenformen des Lößgebietes geliefert. Es folgen nebeneinander gestellt die einzelnen über die Herkunft, Entstehung und Umbildung des chinesischen Lößes entstandenen Theorien, die in den beiden letzten Abschnitten einer kritischen Betrachtung unterzogen werden.

An Literatur über den Löß in China liegen verhältnismäßig wenig Arbeiten vor. Die älteste Abhandlung, die sich näher mit dem chinesischen Löß beschäftigt, ist die 1867 im 15. Band der Smithonian Contributions to Knowledge erschienene Arbeit Pumpelly's: „Geological Researches in China, Mongolia and Japan". Erst zehn Jahre später erschien der 1. Band des seitdem grundlegend gebliebenen Werkes „China" von Freiherrn von Richthofen, dem 1879 die zweite Arbeit Pumpelly's, „Relations of Secular Rock Disintigration to Loess, Glacial Drift and Rock Basins" im American Journal of Science and Arts, vol. XVII, folgte, in der dieser auf v. Richthofens Ansichten bezug nimmt, sich ihnen anschließt und sie ergänzt. Der 2. Band des v. Richthofenschen Werkes erschien 1882, brachte neben der Beschreibung Nord-Chinas Ergänzungen zu den im 1. Band aufgestellten Erwägungen. Gleichzeitig erschien von demselben Verfasser im Geological Magazine Bd. XV, 1882, eine Abhandlung, „On the Origin of the Loess", welche seine über den Löß aufgestellten Theorien zusammenfaßte und begründete, die in demselben Bande von Howorth, — „The Loess —" angegriffen wurden. Näher mit der Formation beschäftigte sich dann erst wieder v. Lóczy in seiner Abhandlung in dem vom Grafen Béla Széchenyi herausgegebenen Werke „Reise in Ostasien 1877/1880", der mit seinen Ansichten völlig v. Richthofen folgte. Auch Futterer stützte den letzteren mit dem über seine Reise erschienenen Werke „Durch Asien", bis 1907 das Werk der Carnegie Institution of Washington von Bailey Willis erschien, in dem v. Richthofens äolische Theorie durch eine fluviatile ersetzt und gänzlich andere Anschauungen entwickelt wurden, die an Pumpellys erste Ansichten über die Entstehung des Lößes anknüpften. 1911 gab Obrutschew ein Buch heraus über „Die Frage der Entstehung des Lößes", leider russisch, von dem Merzbacher in Petermanns Mitteilungen 1913, I, einen Auszug gab. Die äolische Theorie v. Richthofens wird verschärft, und seine Ansichten stützt wiederum Tafel in dem 1914 erschienenen Werke „Meine Tibetreise". Die neusten Forschungen über den hier behandelten Gegenstand veröffentlichte Solger in einigen jüngst erschienenen Abhandlungen (s. Literaturverzeichnis).

Betreffs der Würdigung der vorliegenden Literatur erhebt sich zunächst die Frage, welche Teile Nordchinas die einzelnen Forscher gesehen haben und wie ihre Reisewege verliefen. Karte 1 (Tafel 3) läßt erkennen, daß im chinesischen Lößgebiet den an Kilometern längsten Weg zwar v. Richthofen zurückgelegt hat, aber daß er das wichtige Gebiet in Schen-si und Kan-su nicht berührte. Er besuchte Schan-tung, die große Ebene, Tschi-li, den Rand der Mongolei, Schan-si, zog im Wei-Tal durch Schen-si und überstieg den Tsin-lin-schan im Westen. v. Lóczy, der Richthofens Ansichten völlig beipflichtet, ergänzt mit seiner Reiseroute die v. Richthofens insofern, als er seinen Weg quer durch Schen-si und Kan-su nahm, auch die Hochtäler des mittleren Kwen-lun und Tibet besuchte und längs dem Nan-schan nach NW ins Innere zog. Entschieden die größten Teile des Lößgebietes hat Tafel kennen gelernt, der besonders auch die Randgebiete besuchte. Er steht völlig auf dem Boden des russischen Forschers Obrutschew, den Merzbacher als den besten Kenner des asiatischen Löß bezeichnet, dessen Reiseweg ich aber leider nicht angeben kann. Futterer, ein weiterer Anhänger v. Richthofens, kennt große Teile von Kan-su, Tibet und Schen-si. Sven Hedin hat hauptsächlich die Außengebiete, Tibet, die Ala-schan-Wüste, das Ordos-Gebiet, bereist und äußert sich nicht weiter zu den Fragen der Lößentstehung.

Der größte Gegner v. Richthofens, und damit auch der übrigen Verfechter der äolischen Theorie, Bailey Willis, lernte den Löß in Schan-tung, in der großen Ebene, Nord-Tschi-li und Schan-si kennen und bewegte sich in Schan-si dazu völlig auf der Route v. Richthofens. Den Tsin-lin-schan überschritt er etwas weiter östlich als dieser, hat also Schen-si auch im Wei-Tale durchzogen. Trotzdem kam er auf Grund seiner Forschungen zu so gänzlich anderen Resultaten.

Die Wichtigkeit der einzelnen Werke ergibt sich schon aus den Reisewegen, es hat jedoch ein Teil der Forscher sich mit einer Beschreibung der betreffenden Länder begnügt und sein Augenmerk anderen Fragen als der der Herkunft und Entstehung des Lößes zugewendet. Es sind deshalb noch kurz die Werke nach ihrem Inhalt, soweit er sich auf unser Thema bezieht, zu betrachten.

Das wichtigste Werk, das sich mit dem chinesischen Löß befaßt, und das auch für die diesbezüglich anknüpfenden Fragen grundlegend geworden ist, sind Bd. I u. II von v. Richthofens: „China“. Wenngleich v. Richthofen nicht alle Lößgebiete persönlich kannte, so zog er doch auf seinen ausgedehnten Reisen genauere Erkundigungen über die weitere Verbreitung und mutmaßliche Mächtigkeit der Formation ein und schloß dann aus der Art der Ablagerung und der Beschaffenheit des Lößes auf seinen äolischen Ursprung und stellte seine Theorie auf, die heute noch mit geringen Abänderungen von vielen anerkannt wird. v. Lóczy, der hauptsächlich die v. Richthofen unbekannten wichtigen Teile des Lößgebietes beschreibt, fand des letzteren Ansichten bestätigt und seine Abhandlung kann als Ergänzung zu v. Richthofen betrachtet werden.

Sehr wichtig besonders für die gegenteilige Beurteilung der Lößfragen ist das Werk von Bailey Willis. Die Abhandlungen dieses letzteren leiden darunter, daß er sich zu fest an den Teil des Lößgebietes klammert, den er selbst bereist hat, und daß ihm infolgedessen, da jenes nur einen kleinen Teil ausmacht, der weite Blick, wie ihn v. Richthofen gehabt hat, verloren ging. Vielleicht wäre Willis in anderem Falle, und wenn er es verstanden hätte, sich als Davis-Schüler mehr von dem von letzterem aufgestellten Schema freizumachen, zu anderen Resultaten gekommen als er sie auf Grund seiner Forschungen niederlegte.

Weiter beansprucht große Beachtung das Werk von Obrutschew, von dem Merzbacher einen Auszug gibt. Obrutschew setzt sich in vielen Einzelheiten mit v. Richthofen auseinander, betrachtet manches von anderen Gesichtspunkten und lehnt auch eine Auffassung, wie Willis sie hat, vollkommen ab. In den Hauptpunkten kommt er zu demselben Resultat wie v. Richthofen.

Weniger wichtig für die in der Abhandlung zu beleuchtenden Fragen, jedoch zur Ergänzung notwendig, sind die Werke von Futterer und Tafel, die Anhänger v. Richthofens bzw. Obrutschews sind, dann das Werk von Sven Hedin, das einen Überblick über die Randgebiete des Lößes gibt, die kleinen Abhandlungen v. Richthofens und die Arbeiten Pumpellys, Solgers u. a., die am Schlusse der Arbeit angeführt sind.

II. Allgemeiner Charakter der Lößlandschaft.

Seine mächtigste zusammenhängende Ausdehnung findet der weit über die Erde verbreitete Löß in China. Er bedeckt hier im Zusammenhang ein Gebiet weit größer als das Areal des Deutschen Reiches und schafft mit den ihm eigentümlichen Bildungen eine Landschaft, die ihrerseits auf den Menschen, Verkehr, Pflanzen einen Einfluß ausübt. An den Grenzen dieses den nördlichen Teil des chinesischen Reiches bedeckenden Lößgebietes, besonders gegen den lößfreien Süden, trifft man infolgedessen auf die größten Gegensätze.

Im Norden Chinas ist die Landschaft, abgesehen von den Kleinformen, einförmig, die Gebirge sind mit Löß bedeckt und eingeebnet, im Süden ragen die Gebirge unverhüllt, steil und zerrissen auf. Hier überzieht ein immergrünes Kleid die Gehänge, dort sind die Gebirge kahl, da der Löß dem Baumwuchs nicht günstig ist. Der Norden ist das Land des Weizens, der Hülsenfrüchte, der Baumwolle, der Süden bringt Reis, Tee, Zuckerrohr hervor und erlaubt die Zucht der Seidenraupe, während Weizen und Hülsenfrüchte wohl noch angepflanzt werden, doch nicht in solchen Mengen wie im Norden.

Daß trotz des immerhin ungünstigen Klimas der Norden die Kornkammer Chinas ist, verdankt er im wesentlichen seiner Bekleidung mit Löß. Bis 2000 m, ja stellenweise bis 2400 m Höhe ist Feldbau möglich und dieses ohne daß eine wesentliche künstliche Düngung stattfindet. Infolge seiner Struktur hält der Löß das Wasser wie ein Schwamm fest, leitet bei Durchdringung mit Feuchtigkeit aus den tieferen Schichten die aufgespeicherten bzw. durch Grundwasser hinzugeführten Salze nach der Oberfläche und führt dadurch eine Selbstdüngung herbei, ohne die ein Ackerbau in jenen Gegenden nicht möglich wäre. Auf ausgelaugtem Boden bedienen sich die Bewohner des von anderen Stellen herbeigeholten Lößes als Düngemittel, indem sie ihn über die Äcker ausstreuen. Die nötigen Regenmengen vorausgesetzt, gibt der Boden reichere Ernten als im Süden, wo durch reichliche Düngung das Land mühsam vorbereitet werden muß; es besteht aber immer die Gefahr großer Hungersnöte bei aufeinander folgenden trockenen Jahren.

Außer der Nahrung bietet der Löß seinen Bewohnern auch Wohnung, und Millionen von Menschen des nördlichen Chinas leben in Höhlen, die in die Lößwände hineingegraben sind. Aus den im Löß auftretenden Kalkkonkretionen (Lößmännchen) wird ein Zement hergestellt, mit dem die inneren Wände bekleidet werden, der ihnen Festigkeit verleiht und den Durchtritt von Feuchtigkeit verhindert. Wärme im Winter, Kühle im Sommer bieten diese billigen Behausungen ihren Besitzern.

Die Auflösung des Lößlandes in verwickelte Schluchtensysteme hat den Bewohnern von jeher zwar Schutz gegen Angriffe äußerer Feinde geboten, erschwert aber den Verkehr, da Straßen nur wenig vorhanden sind, außerordentlich. Der Norden ist das typische Land des Wagenverkehrs, der breiten, einachsigen Wagen, die von Maultier und Pferd gezogen werden, und der Lasttiere Esel und Kamel, während im Süden Pferd und Maultier nur als Lasttiere, nie als Zugtiere benutzt werden, der engen Saum- und Fußpfade wegen.

Die Schiffahrt im Norden ist gering, da die Lößflüsse ihre seichten Betten vielfach mit Sand ausfüllen, der Süden wiederum weist ein weitverzweigtes Netz schiffbarer Ströme auf. Die große Ebene ist erst durch die Anlage eines Kanalsystems für Schiffahrt brauchbar geworden.

Auch den Charakter ihrer Bewohner hat die eintönige Lößlandschaft beeinflußt. Im Gegensatz zum lebhafteren, neuen Anschauungen und Ideen zugänglichen Südchinesen ist der Nordchinese düsterer und verschlossener und hängt starr am Alten.

Eine genauere Kenntnis dieses Gebietes und der Eigenschaften seiner Lößdecken ist für den Europäer noch gar nicht alt. Wohl beschreiben ältere Reisende das unwegsame Gelände und unfreundliche Land, näher in Berührung mit demselben haben uns erst die letzten 50—60 Jahre gebracht, in denen Geographen, neben gründlicher Beschreibung und Durchforschung, auch den weiteren Fragen, besonders der der Bildung des Lößes nachzugehen anfingen. Es entstanden die ersten Theorien über Herkunft und Entstehung des Lößes und diese sind es, mit denen wir uns in der Hauptsache im folgenden zu befassen haben.

III. Anschauungen über den Untergrund des Lösses.

1. Nach v. Richthofen und seinen Anhängern.

Eine eingehende Schilderung der geologischen Geschichte Zentralasiens vor Beginn der Ablagerung des Lößes zu geben, würde zu weit gehen und fällt auch aus dem Rahmen unserer Betrachtung hinaus, doch ist es angebracht, des besseren Verständnisses der Theorien über die Entstehung des Lößes wegen, neben kurzen Hinweisen auf die Geologie eine Beschreibung der Oberfläche und des Klimas Nordchinas vor Beginn der Ablagerung des Lößes zu geben.

Die heutigen festen Gesteinsmassen waren in Nordchina mit Beginn des Mesozoikums bereits abgelagert, das Gebirgsgerüst nach den Forschungen v. Richthofens in seinen wesentlichsten Zügen vollendet. Großen Einfluß haben jedoch auch die lockeren Bildungen der Tertiär- und Quartärzeit, die als ton-, sand- und lehmartige Böden eine weite Verbreitung fanden, auf die Gestaltung des Landes ausgeübt. Nach Forschungen v. Lóczys, und ihm stimmt Tafel bei, ist im letzten Abschnitt der Tertiärperiode ein Ton von meist roter Farbe im nördlichen China abgelagert worden und zwar, wie er annimmt, sicher in Binnenseen, trotzdem er einen starken Gehalt an Salz besitzt. Es erstreckt sich der Ton weit nach Westen, vom Tale des Wei-Flusses bis in die Gebirgszüge des mittleren Kwen-lun hinein, und nach Prschewalski liegen die Quellen des Hwang-ho in demselben Tonboden. Das ganze tibetanische Hochland glaubt v. Lóczy von abflußlosen Seen bedeckt, von denen die jetzigen Salzseen, auch der Kuku-nor, nur Überbleibsel sind. In die gleiche Zeit verlegt er auch die Entstehung der Salzlager Chinas, besonders der von Lu-tsun, die v. Richthofen als Ablagerung des sich zurückziehenden Karbonmeeres erklärt. Die letzte Ablagerung Nordchinas, deren Wachstum auch heute noch nicht abgeschlossen ist, stellt der Löß dar.

Das sich am Ende des Tertiärs, dem Pliozän, darbietende Oberflächenrelief ist nach v. Richthofen und den übrigen Forschern, mit Ausnahme von Willis, fast genau das gleiche, das sich heute darbieten würde, wenn man sich den Löß abgehoben dächte. Die Grenze gegen Südchina bildeten, wie gegenwärtig, die Ketten des östlichen Kwen-lun, Tsin-ling-schan — Fa-nin-schan. Der Steilabfall dieses, in seinen Gipfeln 3—4000 m erreichenden Gebirges liegt im Norden und fällt gegen das Tal des Wei steil ab. In seinem nördlichen Teile tritt Granit und Gneis zu Tage, auch weist er die für China charakteristische alte Formation der Wu-tai-Schichten auf, während man in seinem südlichen Teil Massen geschichteter Schiefer findet. Nur wenige Paßhöhen von 1500—2000 m durchbrechen das Gebirge und schaffen einen schwierigen Übergang nach dem südlichen China. Mit dem mittleren Kwen-lun ist der Tsin-ling-schan durch den ähnlich gebauten Min-schan verbunden, nach Osten zu stellt seine Verlängerung der Fu-nin-schan dar, der gleichfalls durchweg aus den ältesten Gesteinen, Gneis, Granit, kristallinen Schiefern, aufgebaut ist. Genau wie beim Tsin-ling-schan liegt sein Steilabfall im Norden, wo sich auch seine 2—3000 m hohen Gipfel befinden. Nach Osten versinkt das Gebirge in terassenförmigen Absätzen unter der Ebene.

Der Hwai-jang-schan (1500 m) ist vom Fu-nin-schan durch eine 20 bis 30 km breite Furche getrennt, weist nach Kwen-lun-, im Ostteil schon sinisches Streichen auf und zieht in der Richtung auf Nanking. Auch er ist noch als allerdings nicht stark ausgesprochene Scheidelinie gegen Südchina anzusehen.

Zwischen dem nördlichen Abfall des Fu-nin-schan und dem Hwang-ho befindet sich ein zerbrochenes Land mit regellosen Gebirgszügen, die jedoch noch ein Streichen in Kwen-lun-Richtung erkennen lassen. Zwischen ihnen liegen plateauartige, zerklüftete Verebnungen und Kappen aus Eruptivgesteinen. Am mächtigsten entwickelt ist das sonst sehr zertrümmerte Gebiet im Granitstock des Sung-schan (2500 m), das neben Grundgebirge und Eruptiva sinische und Steinkohlenformation aufweist.

Nördlich der oben beschriebenen Gebirgsscheide erstreckt sich das Nordchinesische Tafelland über Süd-Schan-si, Schen-si nördlich des Tsin-ling-schan und fast ganz Kan-su. Es stellt im ganzen eine Hochfläche dar, die durch eine Anzahl von Brüchen und Verwerfungen in Terassen von verschiedener Erhebung zergliedert wird, die einige alte Gebirgszüge und zahlreiche zuweilen in Reihen angeordnete Beckensenkungen unterbrechen. Der Boden des Tafellandes wird, abgesehen von den jüngeren pliozänen Tonablagerungen, durchweg von tafelförmigen Schichten der Steinkohlenformation gebildet.

Am schärfsten tritt der Plateaucharakter an seinem Ostrande in Erscheinung, der jäh zur großen Ebene abfällt. Das sich scheinbar aus der großen Ebene erhebende Gebirge (600—900 m) hat den Namen Tai-hang-schan und zieht sich von dem im Norden gelegenen Gebirgsrost in NzO—SzW Richtung bis gegen 35 ½°, wo es sich in einem Bogen nach Westen wendet, als nördlicher Rand der Ebene von Hwai-king-fu. Es setzt sich zusammen aus Kohlenkalk, kohlenführenden Schichten und Überkohlensandstein. Im Süden biegt der Tai-hang-schan in einer Folge von Terassen abwärts um und fällt annähernd senkrecht zur Ebene ab, während gegen Norden zu die Plateautafeln wirklich in Staffeln zerbrechen und nur noch am Rande gefaltet sind. Solger erklärt den Abfall des Gebirges gegen die Ebene nicht als Zerrungsbrüche, sondern als Ergebnis starker Stauchungen. Ähnliche Verhältnisse herrschen weiter nach Westen zu über das Tafelland hin.

Bevor weiter im Westen das Tafelland von der Spalte, durch die heute der Fön-ho fließt, durchsetzt wird, treffen wir zwischen den Schichten der Steinkohlenformation auf ein aus Gneis und Granit aufgebautes Gebirge in NzO—SzW Richtung, den Ho-schan, der zu etwa 2500 m emporsteigt. Er setzt sich weiter nach Süden fort auch über das Tal des Kwei-ho, der dem Fön-ho seine plötzliche Richtung nach Westen gibt. Hier biegt das kristalline Gebirge hakenförmig nach Westen um und endet in einem gegen SW gerichteten Ausläufer, dem Fön-tian-schan, der seinerseits sein Ende am Knie des Hwang-ho findet.

Die Furche des Fön-ho, die in demselben NzO—SzW Streichen das ganze Gebiet durchsetzt, verbindet eine ganze Kette vertiefter Becken, die zu Ende der Tertiärzeit wahrscheinlich noch von Seen eingenommen wurden. Es reihen sich vier solcher Becken längs der Spalte aneinander, das südlich gelegene jedesmal etwas tiefer. Es sind dieses von Norden ab die Becken von Tai-yüan-fu (560 m), Ping-yang-fu (480 m), von Kiang-tschou und Kiai-tschou (390—260 m). Nördlich schließen sich jenseits des Passes Schi-ling noch drei Becken an, die aber zu einer anders gestalteten Landschaft gehören.

Westlich wird die Spalte begrenzt vom O-schan, einem ähnlich dem Tai-hang-schan verlaufenden massigen Bruchrand aus Schichten der Steinkohlenformation, der ein Plateau begrenzt, das eine Stufe höher liegt als das östliche Land.

Jenseits des Hwang-ho, der eingekeilt zwischen hohen Mauern dahinfließt, liegt ein Gebiet, das im wesentlichen dieselben Züge aufweist wie das heutige südliche Schan-si. Die tiefen Einsenkungen im Plateau von Schan-si setzen sich in der Mündungsebene des Wei-Flusses fort (300 m), und als Fortsetzung des Fön-tian-schan erhebt sich an ihrem Südrand die Granitmasse des Hwa-schan. Weiter nach Westen bildet der Tsin-ling-schan selbst die Südgrenze des Tafellandes. Oberhalb des Beckens durchströmt der Wei tiefe Schluchten, fließt aber noch zweimal durch hochgelegene Becken, das von Tsin-tschou (1100 m) und von Kung-tschang-fu, die auch Seen enthielten. Nördlich der Becken gelangt man auf eine Hochfläche, die als Fortsetzung der Tafeln des Plateaus von Schan-si zu gelten hat, besonders, da sie auch nur aus Schichten der Kohlenformation aufgebaut ist.

Ganz Nord-Schan-si und Kan-su vom Hwang-ho bis zum tibetanischen Gebirgsrande und im Norden bis zu den heutigen Steppen der Mongolei, die wir uns teilweise für die damalige Zeit ebenfalls als Tafelland vorzustellen haben, zerfällt in zwei große Tafeln (v. Loczy), deren Scheidegebirge, der Lo-pa-schan, auch aus Steinkohlenformation besteht. Er trennt zwei große Becken, ein nordwestliches und ein südöstliches, von denen das letztere eine Meereshöhe von 1200—1300 m, das nordwestliche von 2000—2200 m hat. In Kan-su erreicht die Ablagerung roter tertiärer Tonschichten eine beträchtliche Ausdehnung, die sich auch zwischen den Gebirgszügen des mittleren Kwen-lun zeigen; kurz vor dem Einsetzen der Ablagerungsperiode des Lößes waren aber wohl die Seen, deren Ablagerungsprodukte sie sind, größtenteils schon angezapft und ausgelaufen.

Gegen das Kwen-lun-System tritt mehr und mehr Urgestein auf. Von seinen Ketten bildet der Ma-ya-schan (NO—SO-Streichen) eine beträchtliche Strecke die Grenze des nordwestlichen Tafellandes. Dieses Gebirge leitet hinüber zu den mächtigen Hochgebirgen des Nan-schan, den nördlichen Kwen-lun-ketten, an deren Nordfuße sich heute Wüste ausdehnt, damals die Reste des Han-hai-Meeres brandeten.

Nördlich des Beckens von Tai-yüan-fu, jenseits des Passes Schi-ling, liegen in seiner Fortsetzung die Becken von Hsin-tschou, Tai-tschou und Ta-tung-fu. Abgesehen davon, daß sie nicht zum Hwang-ho, sondern gegen die große Ebene hin entwässern, unterscheiden sie sich dadurch von den Becken Süd-Schan-sis, daß sie nicht in ein Tafelland, sondern in den nordchinesischen Gebirgsrost eingesenkt sind. Im Westen wird allerdings das Becken von Ta-tung-fu vom Hwang-hwa-schan (1800—2200 m) begrenzt, der ähnlich dem Tai-han-schan ein durch jähen Abbruch der Gesteinstafeln bedingter Abfall eines Plateaus ist. Streckenweise besteht er aus Kalken der sinischen Formation, aber hinter ihm liegt ein Tafelland, das aus Gesteinen des Mesozoikums, wahrscheinlich des unteren Jura zusammengesetzt ist. Am Nordrand des Beckens treffen wir auf die Lavaschichten großer vulkanischer Decken, die hier fast das ganze Grenzgebiet der Mongolei ausfüllen. Im Osten und als Grenze gegen das Becken von Tai-tschou liegt der Man-tou-schan, ein altes, hohes Gebirge des nordchinesischen Gebirgsrostes, und in die Becken von Tai-tschou und Hsin-tschou greift der Wu-tai-schan mit seinen Ausläufern.

Der nordchinesische Gebirgsrost selbst hat sinisches, d. h. SW—NO-Streichen. Wahrscheinlich bildete er, ehe er in dieser Richtung zerbarst, bis weit hinein in die Mongolei eine Hochfläche sinischer Gesteine. Längsbrüche schufen erst den heutigen Gebirgsrost, während Querbäche die einzelnen Ketten zerlegten und Flüssen, wie dem Hun-ho, Pai-ho, Lwan-ho u. a., den Weg schufen.

Das Nan-kon-Gebirge (800—1000 m) begrenzt die Ebene von Peking im Norden. Es schließen sich im SW der ähnlich gebaute Wu-tao-schan an, das höchste Gebirge Nordchinas, mit breiten, flachen Gipfeln (3000 m). Größtenteils besteht es aus Wu-tai-Schichten, die älter als die sinische Gesteinsgruppe sind, doch treten auch kristalline Gesteine zu Tage. Nordrand und Westrand umfließt der Hu-to-ho in tiefen, steilen Cañons. Südlich streicht in parallelen Ketten aus Gneis, Granit und sinischer Formation der Si-tschou-schan (über 2000 m), dessen westliche Ausläufer bis zum Schi-ling-passe, der Grenze zwischen Nord- und Süd-Schan-si, reichen. Er endet bei dem Durchbruche des Hu-to-ho und setzt jenseits fort im Höng-schan und Pang-yang-schan, Gebirgen mit scharfen Profilen und eckigen Konturen. Diese brechen an der Ebene von Peking plötzlich ab und setzen im Pan-schan (1000 m) jenseits dieser nach NO fort.

Das Gebirgsland Schan-tungs kommt für unsere Betrachtungen weniger in Frage. Das westliche Schan-tung erinnert in seinem geologischen Aufbau an das Nordchinesische Tafelland und stand auch wohl, ehe der Einbruch der großen Ebene erfolgte, mit jenen Gebieten in Zusammenhang. Das Gebirge weist wilde, unruhige Formen auf, deren Details einander unähnlich sind, da einige aus Gneis oder Granit, andere von Schichtgesteinen zusammengesetzt sind. Im Tai-hang-schan (1545 m) erreichen die Ketten, die ohne Ausnahme eng und tief zerschnitten sind, ihre größten Höhen.

West-Schan-tung ist von Ost-Schan-tung durch das Kiau-lai-Tal getrennt, das die ganze Halbinsel durchsetzt. Jenseits zeigt das Gebirge einen völlig veränderten Charakter und weist in seinem ganzen Aufbau nach der Halbinsel Liau-tung. Jedenfalls ragte Schan-tung ebenso wie das Hwai-schan als Inseln aus dem Meere, das gegen Ende der Tertiärzeit die große Ebene bedeckte. Auf letzterer lagerten die vom Gebirge kommenden Flüsse ihre Sedimente ab und versuchten im Kampf mit dem Meere die Landgrenze weiter nach Osten hinauszuschieben. Nach Solger entstand die große Ebene erst nach der letzten Faltung im wesentlichen durch flächenhafte Abtragung.

Dieses kurz beschriebene Gebiet besaß zur Zeit des Tertiärs ein feuchtes Klima, jedenfalls ein feuchteres als die darauf folgende Periode der Lößaufschüttung. Hierfür spricht besonders der große Kontrast zwischen dem gelben Löß und den roten Tonablagerungen, der Hung-tu, der nur durch große Klima- bzw. Feuchtigkeitsschwankungen erklärt werden kann, durch eine Regenzeit, der eine trockene Periode folgte. Die roten Tone weisen eine deutliche Schichtung auf, können also nur unter Mitwirkung des Wassers entstanden sein, während der reine Löß eine homogene Masse ohne Schichtungen darstellt. In der feuchten Zeit, der Erosionsperiode v. Richthofens, hatten die heute fließenden Ströme Nordchinas zum größten Teil ihr Bett schon gegraben, das sie heute wieder bzw. noch einnehmen.

2. Nach Willis.

Zu ganz anderer Auffassung der Oberflächengestaltung als alle übrigen Forscher, die sich mit der Geologie Chinas befaßt haben, gelangt auf Grund seiner Beobachtungen Willis. Seine Tang-hien-Zeit, die der Erosionsperiode v. Richthofens gleichzusetzen ist, also bis zum Ende des Tertiärs sich erstreckt und mit einer Schwankung des Klimas vom feuchten zum trockenen endet, setzte Nordchina für längere Zeit der Erosion bei mäßiger Höhe über dem Meeresspiegel aus. Die verworfene und gefaltene Oberfläche verwandelten die Kräfte der Zerstörung und Abtragung in eine Landschaft mit weiten offenen Tälern, mit schwachem Gefälle und gerundeten, meist mit einer Schuttdecke überzogenen Hügeln von 150 bis höchstens 300 m Höhe. Die Täler durchflossen große Ströme, die in völlig anderen Betten flossen als die heutigen und die in südwestlicher Richtung vom Plateau der Mongolei herabkamen. Eine Umgestaltung der Oberfläche zu den heutigen Formen fand nach Willis erst in einer späteren Epoche statt, der Fön-ho-Zeit, welche auf das Hinchou-Stadium, der ersten Epoche der Lößablagerung, folgt und unten beschrieben wird.

IV. Beschreibung und Verbreitung des Lößes.

1. Beschreibung des Lößes nach v. Richthofen.

Den Löß von China beschreibt v. Richthofen als eine Erde von braungelber Farbe, die man mit Leichtigkeit zwischen den Fingern verreiben kann. Reibt man ihn in die Poren der Haut ein, so bleiben nur noch einige eckige, ungerollte Sandkörnchen zurück, zu denen als drittes Element kohlensaurer Kalk tritt. Sand und Ton sind ganz homogen verteilt. Die große Fruchtbarkeit bewirken Salze.

Am Landlöß läßt sich eine bestimmte Textur wahrnehmen, die darin besteht, daß die Erde von z. T. feineren, z. T. gröberen gestreckten Röhrchen durchzogen ist, die sich nach Art der Faserwurzeln einer Pflanze verzweigen und meist mit einer dünnen Rinde von kohlensaurem Kalk bekleidet sind. Die meisten dieser Kanälchen stehen senkrecht, die zwischen ihnen liegende Erde ist locker und porös. Wasser saugt der Löß wie ein Schwamm auf. Charakteristisch für ihn ist seine Neigung zu vertikaler Zerklüftung. Gegen Flüsse oder in Schluchten verlaufende Wege fällt er in mehr oder weniger hohen Lößwänden, nie in Böschungen ab.

Die sonst homogene Masse des Lößes enthält Einschlüsse, von denen am meisten hervorzuheben sind die Lößmännchen, feste mergelige Konkretionen von knolliger Gestalt und wechselnder Größe — bis zu 30 cm Länge — die meist in die Länge gezogen sind. Sie fehlen selten ganz und liegen meist in Mengen zusammen. Daneben finden sich gewöhnlich zusammenhängende, in ihrem Vorkommen beschränkte Schuttmassen von eckigen, nicht gerollten Gesteinsstücken verschiedener Größe. An fossilen Resten werden fast überall die gebleichten Gehäuse von Landschnecken gefunden, an einzelnen Stellen auch die Knochen von Landsäugetieren.

Dem Seelöß v. Richthofens fehlt die beim Landlöß beschriebene Porosität und vertikale Kapillarstruktur. Wasser läßt er deshalb schwer durch, es fließt auf ihm ab und bleibt in Seen und Tümpeln stehen. Sein Salzgehalt ist hoch, und wo er in Wänden ansteht, ist er mit Salzausblühungen bedeckt. Wo die Talsohle aus ihm besteht, wird häufig Kochsalz und Natron aus ihm gewonnen und dieses seines hohen Salzgehaltes wegen ist er für Ackerbau unbrauchbar.

Der Landlöß zeichnet sich in seiner Lagerung durch einen gänzlichen Mangel an Schichtung aus. Lößwände haben meist nicht eine einzige Schichtfläche, man bemerkt in ihnen nur eine gewisse Absonderung von Bänken, die durch Lößmännchen, die in horizontalen Ebenen angeordnet sind, hervorgerufen werden. Die Abstände dieser Lagen sind verschieden. Alle Mergelknauern sind mit ihrer Längsachse senkrecht gestellt, sie müssen deshalb an Ort und Stelle entstanden sein. Betrachtet man ihre Verteilung in einem Lößbecken, so findet man, daß ihre Verbreitung an die Lagen des Gebirgsschuttes, der eckigen Gesteinsstücke geknüpft ist, und daß die Trennungsflächen, die diese zwischen den einzelnen Lößbänken bilden, durch die Mergelknauern noch weiter fortgeführt werden, ohne daß diese jedoch bei sehr großen Becken immer die Mitte erreichen. Diese Tatsachen beweisen, daß wir es hier nicht mit Schichtflächen zu tun haben. Der Seelöß, der in Lößmulden immer die tiefste Stelle einnimmt, besitzt im Gegensatz zum Landlöß eine Schichtung.

2. Beschreibung des Lößes nach Willis.

Bailey Willis faßt die Lößablagerungen unter dem Namen Huang-tu-Formation zusammen und bezeichnet diese als eine Ablagerung von Löß, Sand und Kiessand, in der der Löß vorherrscht. Sie ist eine Formation von vertikaler Struktur, die sich durch mehr oder weniger grobe Teile vom reinen Löß unterscheidet. Sie enthält auch salzige Substanzen.

Der wasserabgelagerte (d. h. in Überflutungsebenen abgelagerte) oder vom Winde zusammengebrachte Huang-tu Boden ist sehr porös, die Zwischenräume füllt in der äolischen Huang-tu Luft, in der Alluvial-Huang-tu Wasser. Solange die Huang-tu trocken ist, bleiben die Ablagerungen inkohärent und strukturlos, wie man es bei trockenem Wetter bei neugebildeten Windwehen beobachten kann. Sie sind wie pudriger Schnee.

Die Poren machen ungefähr 40—60% des Volumens der Ablagerung aus. Vielfach zeigen sich auch die oben beschriebenen nach Art eines Fasergeflechtes sich verzweigenden Röhrchen. Infolgedessen kann Regen nicht ablaufen, wird aufgenommen und durchfeuchtet die Massen bis zu einer größeren Tiefe aber nur dann, wenn er länger anhält. Ist die Huang-tu nur auf Feuchtigkeit von oben angewiesen, so wird ihr unterer Teil lange trocken bleiben.

Überall tritt beim Löß die Neigung zu vertikaler Spaltung zu Tage. Diese findet sich in ungeschichteten und in geschichteten Massen, in vom Wasser abgelagerten und vom Winde zusammengetriebenen Ablagerungen, in Ebenen und an Berghängen, in älteren und jüngeren Ablagerungen. Nicht vorzukommen scheint sie in unkonsolidierten Wehen frischer Staubstürme, unsicher ist es, ob sie sich unter dem Grundwasserspiegel befindet; besser als in den Wasserablagerungen, die Mengen unsortierten Restlehmes enthalten, tritt sie auf in vom Winde zusammengetriebenen Ablagerungen. Wo der Löß von Lehm oder mit Kies vermischt ist, fehlt sie.

Die Einschlüsse im Löß beschreibt Willis wie v. Richthofen und auch hinsichtlich der Lagerungsverhältnisse bringt er nichts neues, nur daß er einen Seelöß im Sinne v. Richthofens nicht kennt und die Huang-tu als eine Formation bezeichnet, die manchmal geschichtet, manchmal ungeschichtet ist.

3. Analyse des Lößes nach Keilhack.

Vielleicht ist es interessant, noch kurz die Zusammensetzung des Lößes, die Keilhack letzthin in einem Vortrag, gehalten in der deutschen Geologischen Gesellschaft, gibt, anzuführen. Keilhack steht allerdings auf dem Standpunkt, daß der Löß überall die gleiche Zusammensetzung besitze. Er findet bei der Schwemmanalyse:

	Grobsand	0,0— 0,5%
	mittelkörniger Sand	0,5— 3 %
	Feinsand	1,0—40 %
	Staub	50,0—65 %
	Ton	16,0—36 %
mineralogisch:	Kalkgehalt (schwankend)	10—25%
	Quarz	60—70%
	tonerdige Silikate	10—20%
chemisch:	Kieselsäuregehalt	70%

als Hauptbestandteile des Lößes also Quarz und Kalk. Ob der chinesische Löß mit diesen Angaben völlig übereinstimmt, steht nicht ganz fest. Obrutschew weist besonders darauf hin, daß die Qualität des Staubes von dem petrographischen Charakter seines Entstehungsgebietes abhängt.

4. Verbreitung des Lößes und Oberflächenformen.

a) Verbreitung, Grenzen.

Aus der heutigen Verbreitung des Lößes läßt sich das Gebiet seiner größten Ausdehnung im großen und ganzen wiederherstellen; zugegeben muß werden, daß Nester und Teile, die sich weiter in das regenreiche Gebiet des Südens erstreckten, abgetragen sind und stellenweise der Staub kaum zu längerem Verweilen kam.

Die schärfste Grenze gegen Süden bildet der Tsin-ling-schan — Fu-nin-schan, wenn auch Lößnester sich noch jenseits der Wasserscheide finden und in früheren Zeiten sicher Massen des Staubes noch den Kamm überschritten haben. Vom Nordfuße dieser zum östlichen Kwen-lun gehörenden Ketten erstreckt sich die gelbe Erde fast zusammenhängend über das Tafelland der Provinzen Kan-su, Schen-si und Schan-si, nur die höheren Gebirge ragen über sie hinaus. Die Steppen der Ordos bilden die Grenze gegen Norden.

Im nordchinesischen Gebirgsrost, in Nord-Schan-si und -Tschi-li, ist der Löß schon zerstörter; er steht meist in Terassen gegen die Flußtäler an, läßt die Gebirgsketten unbedeckt und geht nach Norden in die Steppenmulden der Mongolei über. Die Grenze des abflußlosen Gebietes Zentralasiens ist hier gleichzeitig die Grenze der Verbreitung des Lößlandes.

In ähnlicher Weise wie im Gebirgsrost bedeckt der Löß, am Nordfuße des Nan-schan beginnend, die Täler und Berghänge des mittleren Kwen-lun, etwa bis zum Tale des Tau-ho. In Nestern reicht er noch weiter nach Süden und weit nach Tibet hinein.

Auf der großen Ebene wechselten Alluvialebenen mit Flächen windabgelagerten Lößes. Hier findet der Löß seine Grenze nach Osten am Bergland von Ost-Schan-tung in der Hiau-lai-Furche bzw. dem allerdings mit Löß stark durchsetzten Alluvialstreifen gegen das Meer zu. Nach Süden überzieht er noch den Hwai-schan, liegt in geringerer Mächtigkeit in der Ebene des Han und endet am Gebirge zwischen Nan-king und Tshön-kiang, um mit einigen kleineren Teilen noch die Ebene am Po-yang- und Tung-ting-hu zu erreichen. Im Norden bedeckt der Löß noch in dünner Schicht die Ebene des unteren Liau-ho, ohne daß eine Verbindung mit dem Löß der großen Ebene längs des Meeres besteht.

Den Boden des Golfes von Pe-tschi-li und eines großen Teiles des Gelben Meeres bedeckt Löß, den die Flüsse hinabgebracht und Meeresströmungen weiter verteilt haben.

Es ist die Verbreitung des Lößes unabhängig von der Höhe über dem Meeresspiegel, und die Formation wird ebenso wenige Meter wie 3000 m über d. M. gefunden. Ihre Mächtigkeit schwankt zwischen wenigen Zentimetern und einer Dicke von 50—60 m, welche v. Lóczy als stärkste durchschnittliche Entwicklung angibt, erreicht stellenweise aber auch eine Mächtigkeit von 500—600 m.

b) Übersicht und Oberflächenformen der einzelnen Landschaften.

Bei der Betrachtung der Landschaftsformen, die durch das Vorhandensein des Lößes geschaffen worden sind, sollen die verschiedenen Auffassungen v. Richthofens und Willis bezüglich der einzelnen Gegenden von Tschi-li und Schan-si kurz gegenübergestellt werden. Außer an diese beiden Autoren schließt sich die Beschreibung noch an v. Lóczy, Futterer, Tiessen, Tafel und Sven Hedin an.

Im nordchinesischen Gebirgsrost trennt nach v. Richthofen das Nan-kon-Gebirge Länderstrecken von ganz peripherem Charakter von solchen, die einen halb zentralen Typus haben. Westlich Peking tritt in den scharf gegliederten, von zahllosen Tälern und Schluchten tief zerrissenen Gebirgszügen der Löß nur sporadisch auf, ohne die Formen zu verdecken oder ihre Schroffheit zu mildern. Vom Nordrand des Nan-kon-Gebirges jedoch findet man den Löß in voller Reinheit, und fast jede Einsenkung hat noch die Gestalt eines großen Steppenbeckens. Neben normalen Formen treten hin und wieder auch einseitige Lößmulden auf. Die Lößbekleidung geht oft so hoch hinauf, daß sie über die Pässe hinwegreicht; jedenfalls füllt der Löß die Vertiefungen aus und ist selbst in schroffe Schluchten zerrissen.

Am ausgesprochensten trägt den Charakter des Übergangsgebietes das Flußsystem des Hun-ho (Sang-kan-ho und Yang-ho), der in enger Schlucht das Nan-kon-Gebirge durchbricht, und ähnlich verhalten sich die Flußgebiete des Pai-ho und Lwan-ho. Die Flüsse durchströmen häufig mehrere Lößbecken, indem sie durch uralte Felsriegel ihren Lauf nehmen, die in der Steppenperiode verstopft waren; oft aber gehört ein Becken nicht einem Flusse allein an, sondern in seinen höheren Teilen entspringen andere Bäche, die durch Felsspalten in der Einfassung entweichen.

Die Betten der Flüsse sind innerhalb der Becken breit und sandig, oft auch bei rascher Strömung in mehrere Arme geteilt. Der Durchbruch zum nächstfolgenden Becken ist oft sehr eng, teils durch Felsen, teils durch sehr hohe Lößwände eingeengt. Ebene Ausbreitungen der Täler sind besonders an den Stellen, die vor einer Durchbruchsstelle liegen.

Nach Norden tritt man aus dem zerrissenen Lößland auf eine wellige, einförmige Hochfläche. Die natürliche Grenze zwischen ihr und dem peripheren Gebiet ist die Linie, bis zu der die Steppengebilde in den Bereich des Meeres gebracht sind. Annähernd entspricht sie der Grenze zwischen China und der Mongolei. Am besten und mächtigsten ist der Löß in den Schluchten, die dem Plateaurand am nächsten liegen, erhalten; hier bedeckt er die niederen Einsattelungen auf den Kämmen der Höhenzüge und liegt deren Flanken überall auf. Von den Steppen aus gesehen, macht das zerschnittene Land völlig den Eindruck einer Lößmulde.

Der Löß selbst setzt sich in die Mongolei fort und bedingt deren Charakter. Hier finden wir die flachgeböschten Salzsteppenmulden, hier ist die Bildung des Bodens im Fortschreiten begriffen, das Wasser spült die Hänge ab und der Wind führt der Vegetation Staub zu, den diese festhält. Erst in Runsen erkennt man, daß der Boden Löß ist. Bei feuchterem Klima würden schnell mehr Steppenbecken in den Bereich der Lößländer gezogen.

Als mächtigster Gebirgsklotz hebt sich aus den peripheren Teilen des Gebirgsrostes der Wu-tai-schan heraus mit steilen Abhängen. Löß findet sich nur in fünf Kesseln, die nach Süden zu in seine Ausläufer eingesenkt sind. Sie sind teils mit Seelöß, teils mit Landlöß erfüllt und von vielen Lößrunsen durchzogen. An die Gebirgshänge, die nach Westen gegen die Becken auslaufen, lagert sich bereits Lößland an.

Willis hat diesen Teil des Gebirgsrostes durchzogen, ohne das Übergangsgebiet und die Mongolei zu berühren. Huang-tu tritt nach ihm in diesem Gebiete so gut wie gar nicht auf. Die Gebirge an der Grenze zwischen Tschi-li und Schan-si sind, wo sie flach sind, mit Erdresten, die z. T. aus der Tang-hien-Zeit stammen, bedeckt und im Wu-tai-schan hat er den Löß nur an der Flußgabel des Tai-schan-ho nahe Schang-ho-miau gefunden, zusammengeweht durch örtliche Winde, dann beim Orte Wu-tai-hien infolge örtlicher topographischer Bedingungen und endlich im SO der Abdachung des Nan-tai in einer Erhebung von 2000 m als Überbleibsel einer frischen Ablagerung vor der gegenwärtigen Höhe des Wu-tai-schan. Am Nordfuße dieses Gebirgszuges beobachtete Willis Bänke aus ganz feinem Löß im Sing-ho Tal, die er als Zusammenwehungen des Nordwindes auffaßt. Das Alluvium der Flußbetten ist nur von den Flüssen abgelagert und mit Sand und Kies durchsetzt.

Das Becken von Ta-tung-fu ist im allgemeinen eben, die Seiten senken sich allmählich gegen den Sang-kan-ho. Im NO ist der Boden salzhaltig, strichweise mit ausblühenden Salzen bedeckt, teilweise derart, daß man sie zur Sodagewinnung benutzt. Südlich vom Sang-kan-ho bedecken strichweise dünne Schichten beweglichen Sandes die Oberfläche.

Die Talebene ist nach v. Richthofen wahrscheinlich die Oberfläche eines tiefen, ausgefüllten Beckens, dessen oberste Massen aus einem Salzsee abgesetzt sind. Die Hauptausfüllung fand zur Zeit der Erosionsperiode statt, der Überrest des Sees muß abflußlos und salzig gewesen sein, als mit Eintritt des Steppenklimas die zuführenden Flüsse vertrockneten. Nach der Steppenperiode, in der der Löß gegen die Gebirgsränder anstieg, wuchs der Sang-kan-ho in das Lößbecken hinein, denn die gelösten Salze wären fortgeführt worden, wenn der Salzsee übergeflossen wäre.

Ähnlich verhält es sich mit der Entwicklung der Becken von Tai-tschou und Hsin-tschou. Ersteres stellt einen breiten vom Hu-to-ho durchflossenen Talboden dar, nach dessen umgebenden Gehängen der Löß flach hinansteigt, überragt von den steilen Kuppen des Gebirges (bes. Man-tou-schan); letzteres ist ein ovales Becken zwischen lößbedeckten Bergen, das der Hu-to-ho im Norden berührt. Salz wird in ihm an einer Stelle ausgelaugt. Nach Süden besonders entwickeln sich die Lößgehänge bald zu einem gegliederten Lößschluchtensystem, das nach dieser Richtung zum Schi-ling-Passe hinaufführt.

Willis kennt nur das Hin-chou (Hsin-tschou)-Becken. Er erklärt es nicht als Seeablagerung, vielmehr ist nach ihm die Huang-tu von allen höheren Erhebungen herabgespült worden und der Kies als Alluvialkegel über die alte Huang-tu gelagert. Der Löß ist in die Ebene herabgeschleppt und ihr einverleibt. In der trockenen Jahreszeit bringen die Winde immer wieder einen Teil des Lößes die Abhänge hinauf.

In Nord-Schan-si, nordwestlich der Ebene von Ta-tung-fu, wird der Löß allmählich geringer, die Bergzüge werden lößfrei, weiter nach Norden zu treten Dünen auf in breiten Tälern zwischen flacheren Bergen. Jenseits des Hwang-ho wird Löß seltener und auf den pliozänen Tonen liegt gleich Treibsand. Das Land gegen die Ordos zu verebnet sich.

Bis an den Abfall des Tafellandes gegen die große Ebene, den Tai-hang-schan, reicht von der Ebene aus eine langsam ansteigende Lößfläche. Es folgt die von engen tiefen Schluchten zerrissene Stufe, auf den welligen Flächen des Plateaus liegt wieder eine dicke Lößschicht. Sie ist stellenweise rotbraun und eisenreich und enthält eisenreiche Kalkkonkretionen. Über diesen liegt typischer gelbbrauner Löß mit Landschneckeneinlagerungen. Überall findet man die sanften Formen des Lößes mit Terrassenabfällen und tief eingerissenen Schluchten, die aus der Zeit der Erosionsperiode stammen. In ihnen lagert der Löß teilweise sehr mächtig, indem er die flachen Nischen in den Gehängen füllt und bis zu deren oberen Rande aufsteigt.

Nach Westen dacht sich das Gelände ganz allmählich ab nach den in das Hochland eingesenkten Becken. Es ist von typischen, sich unendlich verzweigenden Lößschluchten durchschnitten. Jenseits der Becken überzieht die folgende Stufe des Tafellandes mit Ausnahme der höchsten Erhebungen Landlöß.

Das nördlichste der in das Tafelland eingesenkten Becken, die Hochebene von Ta-yüan-fu, ist eine beinahe vollkommene Ebene, die vom Fön-ho in breitem, sandigem Lößbett durchströmt wird. Im SO und NW wird sie von Plateauabfällen mit starker Lößentwicklung umgeben; der Löß bedeckt auch völlig die Gehänge und grenzt unmittelbar an die Ebene. Auch sie war nach v. Richthofen vor der Lößperiode ein Süßwassersee mit Abfluß, der in der Steppenperiode zum Salzsee zusammenschrumpfte. Als die regenreiche Periode einsetzte, wurde der Löß in den wachsenden See von den Gehängen hinabgeschwemmt, so der See ausgefüllt und in eine Ebene verwandelt. Teilweise trifft man noch auf sumpfige Strecken, die andeuten, daß die Ausfüllung noch nicht ganz vollendet ist.

Nach Willis besteht das Zentrum des Beckens aus Löß und sehr feinem Sand mit wenig Kiesel und grobem Sand. An den Flußmündungen in die Ebene ist grobes Geröll weithin zerstreut zwischengelagert von Löß, der sonst rein die Abhänge bedeckt. Die Ablagerungen auf der Ebene sind durchaus alluvialen Ursprungs, ausgenommen, wo lokale Bedingungen das Aufhäufen von Lößdriften des Alluviums gestattet haben. Willis findet keinerlei Anhaltspunkte, die für Seelöß sprechen könnten, und lehnt infolgedessen die Entstehung der Ebene aus einem alten Seenbecken rundweg ab.

In das Becken von Ta-yüan-fu tritt der Fön-ho aus einem zerschnittenen Plateau durch ein Cañon. Die Oberfläche der Ebene ist von autogenen Cañons durchschnitten, durch das Becken fließt nur der Fön-ho. Die Länge seiner Nebenflüsse ist relativ kurz und dieses spricht nach Willis dafür, daß die Bedingungen für ihre Entwicklung nicht günstig gewesen sind. Es hat sich also die Ebene in unserer Zeit entweder relativ zum Strömungsniveau des Fön-ho gehoben, oder ein Wüstenklima ist durch ein weniger trockenes abgelöst worden, oder beide Veränderungen haben stattgefunden. Der Ausgang des Fön-ho ist ein scharfes V, die Ebene senkt sich gegen den Ausgang wie ein Alluvialkegel aus feinem Material.

Der Cañon des Fön-ho ist bis 120 m tief, seine Wände sind deutlich steil zum Unterschiede der hohen Abhänge, die sich schnell zu den lößbedeckten Höhen darüber ausweiten. Unter der Huang-tu befindet sich ein Einschnitt bis in die Kohlenschichten, die am Grunde und zu Seiten des Cañons häufig freigelegt sind. Die Huang-tu, welche die ganze Oberfläche beiderseits des Fön-ho zwischen den Becken bedeckt, ist ein unebener Mantel von 30—50 m Mächtigkeit und beträgt nicht, wie v. Richthofen annimmt, mehrere 100 m. Die Huang-tu ist in diesem Gebiete gehoben und infolgedessen schnell erodiert worden.

v. Richthofen ist der Ansicht, daß der Fön-ho jetzt in seinem alten, schon zur Zeit der Erosionsperiode geschaffenen Bett fließt, das während der Steppenperiode wasserlos war und infolgedessen ganz von Löß bedeckt wurde..

Aus dem Cañon gelangt der Fluß in das Becken von Ping-yang-fu mit ebenem Talboden, der das Merkmal seiner Entstehung im Salzgehalt enthält, und dessen umgebende Berge mit Löß bedeckt sind. Über eine geringe Bodenschwelle, die der Fön-ho in einer Schlucht durchschneidet, führt Landlöß über in das Becken von Kiang-tschou, in dem der Fluß seinen Lauf nach Westen nimmt. Auf ähnliche Entstehung, wie die eben genannten Becken, blickt das von Kiaitschou zurück, das heute den Salzsee von Lu-tsun enthält. Der Landlöß bedeckt in tiefer Schicht die umliegenden Höhen, den Föngtian-schan im Süden bis hoch hinauf. Dieser Gebirgszug bricht steil gegen den Hwang-ho hin ab. Seine unterste Terrasse bildet hier Seelöß, darüber liegt Landlöß, der über Tung-kwan hinaus den Hwang-ho abwärts begleitet.

Auch Willis hat im Becken von Ping-yang-fu horizontal geschichtete Huang-tu gefunden, die nach ihm aus Alluvialaufschüttungen wie im Becken von Ta-yüan-fu bestehen. In einem Cañon durchfließt der Fön-ho die Aufwerfung, die in NW—SO Richtung das Becken von Kiai-tschou trennt. Unter der Huang-tu tritt der Boden nicht zu Tage. An der Mündung des Kü-ho befindet sich ein niedriger Paß, durch den, wie auch v. Richthofen annimmt, früher der Fön-ho in das Becken von Kiai-tschou floß. Eine frische Verwerfung lenkte den Fön-ho nach Westen ab. Das umgebende Land ist ganz mit Löß bedeckt.

Am Hwang-ho scheint die unterste Terrasse nach Willis aus alten Flußablagerungen zu bestehen, die aus der Zeit vor der Huang-tu-Ablagerung herrühren. Das Tal von Tung-kwan ist ganz jung. Die Huang-tu wurde hier über einem niederen Hügellande mit breiten Tälern ausgebreitet und begrub völlig die alten Formen. Diese Oberfläche wurde geneigt, so daß die NW-Gegend höher lag als die SO-Gegend, und gegen die Ebene abgebogen. Vor der Neigung pendelte hier ein breiter Fluß in einem von der Huang-tu geebneten Tale, der erste Hwang-ho. Es ist auch möglich, daß ein breiter Fluß hier erst durch die Neigung entwickelt wurde, der einen konsequenten Lauf durch die geneigte Oberfläche nahm und trotz späterer Verwerfungen seinen Lauf beibehielt. Letztere Annahme hält Willis für die wahrscheinlichste.

Im Tale des Wei-ho fällt die unterste, aus kalkreichem, mit Kies und Schottern wechselndem Seelöß bestehende Terrasse steil zum Alluvialboden des Wei- und Hwang-ho ab. Auf dieser Terrasse findet man Tümpel und Lachen, auch treten auf ihr eine Anzahl Quellen zu Tage und strömen über sie nach dem Alluvialboden hinab. Sie wird von v. Richthofen als alte Seeablagerung aufgefaßt, doch gibt er auch zu, daß man sie als Flußablagerung des alten Hwang-ho vor der Steppenperiode auffassen könne. Salze blühen stellenweise reichlich aus, und diese Schichten sind wohl sicher als Seeablagerung in Anspruch zu nehmen.

Löß begleitet im Süden ununterbrochen das Tal des Wei. Unterbrochen wird er nur durch den Steilabfall des Hwa-schan, aus dessen Schluchten zahlreiche Bäche hervorströmen, die Schuttmassen aus dem Gebirge mitgebracht haben und in sandigen Betten fließen. Die Ausläufer des Tsin-ling-schan, die sich mehrere 100 m über die Ebene erheben, sind so vollkommen mit Löß bedeckt, daß sie aus demselben zu bestehen scheinen.

Bei dem Orte Wei-nan-hsien hört die Terrasse aus Seelöß auf, und der Landlöß tritt bis an den Alluvialboden des Flusses heran, der ihn mit einzelnen Windungen berührt, unterwäscht und zum Abstürzen bringt. Weiter nach Westen senkt sich die Terrasse allmählich zum Fluß, der Stufenabfall hört auf.

Im Norden des Wei sind die Verhältnisse ähnlich, nur wächst hier die Stufe des Landlößes in einer Anzahl von Steilabbrüchen schnell bis zu einer Höhe von über 100 m. Nach Norden und Westen steigt die Oberfläche sanft als echter Steppenboden an. Die flachen sich erhebenden Gebirge sind ganz von Löß bedeckt, ihr Untergrund an einzelnen Stellen bloßgelegt. Absonderungen des Lößes in einzelnen Lagen und Lößmännchen sind hier selten, da kein Material von den Bergen zugeführt wird. Kleinere, stärker durchfurchte Lößbecken durchsetzen das Land, wie sie z. B. die vom Wei-ho durchströmten Becken von Tsintshou und Kung-tschang-fu darstellen.

Das ganze Lößplateau südöstlich vom Lo-pa-schan gleicht nach v. Lóczy in jeder Beziehung den südlichen Gegenden der Provinz Schan-si. Zwischen den Talschluchten zieht sich bis zum Lo-pa-schan ein ganz ebenes, sorgsam bebautes Terrain hin. In den Schluchten selbst erblickt man die horizontal gelagerten Schichten, die oft eine 25—30 m hohe Talwand bilden, über der sich dann noch ebenso hohe Lößwände erheben, auf die sanftere Böschungen und Terrassen folgen, die allmählich in die Plateauebene übergehen.

Der Lo-pa-schan ist ein fast völlig vom Löß bedecktes Gebirge, den nur noch Felsenhöhen überragen. Im Gebirge ist dieser nicht mehr zusammenhängend, in den hohen Talmulden oft horizontal geschichtet und mit Salzeffloreszenzen bedeckt.

Auch jenseits des Lo-pa-schan bedeckt der Löß überall die Höhen, die nicht mehr so gleichförmig wie im SO sind. Vorherrschend sind wellenförmige Rückenlinien und kuppenbesetzte Ketten mit steilen Lehnen. Die Talsohlen sind regelmäßiger und nicht mehr so verzweigt, da ihre Böschungen zuerst, da sie aus tonigem Schiefer bestehen, mit dem Berggehänge parallel ansteigen, und dann erst die senkrechten Lößwände beginnen. An der Schichtfuge zwischen dem Löß und dem tonigen Schiefer tritt Süßwasser zu Tage.

Die Kuppen und Rücken des vom Hwang-ho unterhalb Lan-tschou-fu durchschnittenen Gebirges sind völlig mit Löß bedeckt. Im Flußtal unterscheidet man drei deutliche Terrassen mit Schotterlagern, auf denen wiederum 12—40 m Löß liegen, die beweisen, daß die Lößablagerung bis in die jüngste Zeit hinein stattfand.

Nördlich Lan-tschou-fu geht das Lößgebiet innerhalb des Hwang-ho-Knies in die öden Steppen der Ordos über. Flache Talsysteme durchziehen das Grasland, deren Bäche den größten Teil des Jahres fast versiegt sind. Zerstreut findet man größere und kleinere Seen. Am Rande der Steppe befinden sich Dünen feinsten Staubes, Lößneuland, die unbewachsen schon hier und da von steilen und engen Schluchten zerlegt werden.

Westlich des Hwang-ho dehnt sich die Ala-schan-Wüste, eine ebene, mit gelbem Staub bedeckte Grassteppe, aus. In sie dringen vereinzelt Flüsse, die Sümpfe und Oasen an ihren Ufern bilden, und zwischen den Sanddünen bald ein Ende finden.

Der Nan-schan bildet gegen die Han-hai zu eine ziemlich scharfe Grenze des Lößvorkommens. Als Berglöß tritt er im Gebirge in einer dicken, zusammenhängenden Decke auf, am Fuße ruht auf grobem Geröll eine dünnere Decke. Zwischen die letztere sind ab und zu größere Kiessteppen gelagert und Flugsandhügel, die sich auch über den Lößboden fortschieben. Resultate des Windes sind die 0,80 bis 1,00 m hohen Lößhügel am Rande des Lößgebietes, wo diese ein Kiesfeld überlagern. Der über die Sandwüste dahinstreichende Wind greift die weichen Lößwände an und schneidet in dieselben Furchen ein, aus welchen der Löß durch den Wind bis auf die Kiessohle fortgeblasen wird. Auf diese Weise findet eine schrittweise Zerstörung der Lößdecke statt.

In die westlichen Längstäler des mittleren Kwen-lun reicht das Lößterrain nur kanalartig, doch erstrecken sich die subaerischen Gebilde von der Gobi und den chinesischen Lößgebieten ununterbrochen bis zum tibetanischen Hochlande. Trotz der großen klimatischen Unterschiede, die auf der Gobi und den Steppen am Kuku-nor oder am Quellgebiet des Hwang-ho herrschen, gibt es zwischen dem Charakter der hoch- und tiefgelegenen Steppe keinen wesentlichen Unterschied. Die Täler sind vielfach breite Alluvialtäler, deren umgebende Berge lößbedeckt sind, mehr nach dem Hochlande zu werden die Täler flacher. Dünne Lößdecken bedecken die Ebene am Bayan-nor, die Ebene Tala, weiter im Inneren Tibets findet man nur noch einzelne Lößnester. Am Dsaring-nor beobachtet man neben Sumpf und flachen Seen einen lößähnlichen Staub. Lößterrassen weisen fast alle nach Osten fließenden Ströme auf. Bis in die Gegend von Ta-tsien-lu im Dsa-tschü-Tale kennt man ihr Vorkommen und nördlich von Sung-pan-ting wies der auf Geröllen und Tonen lagernde Löß auf ein altes Seebecken hin. In dünner Lage, spärlichen Resten und Windwehen ausgebreitet ist der Löß in der ganzen Landschaft Amdo. und erst vom Tau-Tal nach Osten wird der Löß schnell stärker und geht in die dicke Lößdecke der Provinz Kan-su über.

Gegen den Tsin-ling-schan zieht sich der Löß flach ansteigend bis in die Höhe von 1000 m ü. d. M. hinan, bis er plötzlich abbricht. In den Schluchten vermehrt aber doch noch der hin und wieder auftretende Lehmboden mit Lößcharakter die Steilheit des Gebirges. Mit senkrechten Wänden steigt er aus dem Talgrund auf und hält zwischen felsigen Vorsprüngen sich auch in größeren Höhen. Jenseits der Wasserscheide ist er hin und wieder in Becken zu finden.

Der Nordabhang des Fu-nin-schan, sein Ostabsturz und das Gebirgsland nördlich von ihm bis zum Hwang-ho ist wieder typisches Lößland, und zwar erreicht dieses schon unmittelbar am Gebirge eine bedeutende Mächtigkeit. Von den Bergen gegen die Ebene senkt sich der Löß allmählich in Muldenform hinab und bricht gegen den Hwang-ho in einer bis über 100 m hohen Mauer ab. Diese hohen Lößwände engen den Hwang-ho von Tung-kwan bis zum Austritt in die Ebene ein und machen einen Verkehr längs der Ufer unmöglich. Im Inneren des Gebirgslandes trifft man vielfach Seelöß in den Becken an, teilweise überlagert von Landlöß, der sich in steilen Terrassen über den Alluvialebenen der Flüsse erhebt. Die Gipfel des steil aufragenden Gebirges ragen vielfach weit über den Löß hinaus. Auch das Hwai-Gebirge ist bis weit hinauf mit Löß bedeckt.

Ebenfalls recht gut entwickelt ist der Löß am Rande und in den Tälern West-Schan-tungs, jedoch geht er nicht in die Gebirge hinauf, vielmehr ragen diese wild und zerklüftet empor. Ost-Schan-tung muß zur Zeit der Steppenperiode reichliche Niederschläge erhalten und Waldvegetation besessen haben, denn Spuren einer Lößbedeckung sind nirgends nachzuweisen.

Beim Eintritt in die große Ebene ist der Hwang-ho, nach Schilderung v. Richthofens, ca 4 km breit, in mehrere Arme geteilt, die durch Sandbänke von einander geschieden werden. Er fließt zunächst auf seinem alten Anschwemmungskegel. Die Ufer bestehen an seiner Nordseite aus Triebsand und sumpfigem Grund, südlich begleiten ihn weiter hohe Lößwände. Die Bäche, die von Norden zum Fluß hinabströmen, sind fest eingedämmt, um den fruchtbaren Lößboden zu schützen, da teilweise ihr Bett höher liegt als die umliegende Gegend.

Vom Ende seines Aufschüttungskegels wendete der Hwang-ho sich nach Schluß des Steppenklimas gegen Norden, durchfloß den Sumpf Ta-lu, um östlich Yung-ping-fu das Meer zu erreichen. Allmählich wurde er durch die Schuttkegel der Flüsse, die im Norden und Westen vom Gebirgsrande herabkamen, nach Süden abgedrängt, so daß er gezwungen wurde, weiter und weiter in die Lößanhäufungen des rechten Ufers einzugreifen und diese zu zerstören. So hatte der Fluß rechts Lößwände, links flachen Sandstrand. Bei Hochwasser überschwemmte er weithin die Ebene und bedeckte die Niederung mit Sedimenten, die zum größten Teil aus zerstörtem Löß bestehen. Ungeheure Massen Löß sind auf diese Weise über die Ebene ausgebreitet worden.

Das Bett im Norden verließ der Hwang-ho, wahrscheinlich abgedrängt durch die Schuttkegel seiner Nebenflüsse, und wandte sich zunächst von dem Knie, das ihn bisher gegen Norden lenkte, nach Osten bis in die Gegend des heutigen Kai-föng-fu. Dieses Bett hat er bisher behalten, hat aber seinen Unterlauf mehrfach gewechselt, indem er sich nach NO und SO wendete. Von Kai-föng-fu an, wo die Lößwände an seiner rechten Seite aufhören, begleiten ihn teils mehrfache Dämme, die das Hochwasser, aber damit auch die fruchtbare Erde, von dem umgebenden Lande fernhalten. Das alte Bett des Hwang-ho nach Norden nehmen heute z. T. die Flüsse ein, die ihn vom Gebirgsrande fortdrängten, der Wei-ho, Tschang-ho, Huto-ho, Pai-ho u. a.

Die Flüsse der südlichen Täler der großen Ebene gehören zum Flußsystem des Hwai-ho. Löß überzieht das Flachland in großer Ausdehnung, besonders entlang den Gebirgsrändern und von diesen nach den zentralen Teilen hin. Durch die Lößfläche ziehen sich die Flüsse meist mit breiten Alluvialstreifen, die z. T. mit Sand, z. T. mit fruchtbarem Talboden erfüllt sind. Lößwände lehnen sich an die Talstufen.

Jenseits des Hwai-Gebirges trägt das Tal des Han-kiang und seiner Zuflüsse noch eine Lößdecke, die mit einer Stufe an die breiten Alluvialebenen ansetzt. Die letzten Reste des Lößes gegen Süden findet man in der Nähe von Nan-king und am Po-yang- und Tung-ting-hu. Sie prägen aber der Landschaft nicht mehr den Lößcharakter auf.

Nach Willis besteht die monotone Ebene aus von den Flüssen herbeigebrachter Huang-tu-Formation, bei der der Löß überwiegt. Die Flüsse sind nur oberflächlich eingeschnitten. Der mit Mengen groben Sandes vermischte Löß wird abgelagert und aussortiert vom Winde über die weite Fläche verteilt. So kommt es, daß Sand sich nahe den Flüssen findet, und die weiten Strecken zwischen denselben von Löß eingenommen werden. Am Rande der zusammenhängenden Höhen ist im Norden ein Zug losgelöster Hügel, die sich aus der Ebene wie Inseln aus dem Meere erheben und Charakteristika einer früheren Erosion darstellen. Sie sind ganz von Löß umgeben, der durch Wind auf die Abhänge der Berge hinaufgeweht ist. Wo Wind und Wasser den Löß wieder entfernten, erheben sich die Felsen steil, wo Bäche hinabkommen, sind tiefe Schluchten in den Löß gerissen.

Ganz verschieden sind die Ansichten v. Richthofens und Willis, auch über die Entstehung der Bucht von Peking, welche beide genau erforscht haben und deren Ergebnisse zum Schluß noch angeführt werden sollen. Nach v. Richthofen verhält sich der Boden des Einbruchsbeckens von Peking in Form und Zusammensetzung wie der eines sehr flachen Lößbeckens oder einer Salzsteppenmulde. Nach Analogie dieser nehmen nach Norden ungerollte Gesteinstrümmer vermischt mit Löß zu. Man könnte auch glauben, daß die Auffüllungsmassen des Beckens durch Flüsse herbeigebracht sind, dagegen spricht aber, daß der Gebirgsschutt nicht gerollt hinabgebracht wurde, außerdem schlägt sich der Löß nicht nieder. Zweitens müßten die Flüsse heute noch nachzuweisen sein, da eine geologische Veränderung seit langer Zeit nicht stattgefunden hat. Der kleine Scha-ho kann so gewaltige Massen kaum je herangeführt haben, zumal er nur ein kleines Gebiet entwässert, und der Hun-ho kommt nicht in Betracht, da sein Bett tiefer liegt als die Ebene. Endlich hätten die Flüsse das Material nach der Größe anders verteilt und auch durch Schuttkegel beim Austritt aus dem Gebirge Ungleichmäßigkeiten im Relief hervorgebracht, die aber nirgends vorhanden sind. Vielmehr findet sich nur ein ganz gleichmäßiges Ansteigen des Bodens nach den Gehängen hin, wie es nur durch Herabspülen des Schuttes bei Steppenmulden vorkommt. Die Gewässer haben sich erst später eingegraben und breite steinige Betten im Schutt geschaffen. Es fehlen völlig Flußterrassen. Ähnliche Gebilde, wie die Pekinger Bucht, kommen nach v. Richthofen in der Zone am Gebirgsrande in weiter Verbreitung vor.

Ganz anderer Ansicht ist Willis. Durch die Ebene von Peking fließen Pai-ho und Hun-ho, die viele Sedimente mitbringen und deren Umgebung Sand und Kies bedeckt. Die Ebene besteht aus demselben erdigen, sandigen und kiesigen Material, welches die Becken in den Bergen erfüllt. Der Hun-ho hat bei seinen Überschwemmungen groben Kies bis fast an die Stadt Peking heran abgelagert, der mit feinem Sand vermischt ist. An der Basis des Gebirges ist eine Zone groben Kieses, innerhalb dieser ein Sandgürtel, der auch aus den Bergen gewaschen ist, und im Zentrum befindet sich sandiger Lehm von ziemlicher Festigkeit. Dieser wird vom Winde wieder verteilt und ergibt die lokalen Sandzonen und die Staube der Stürme. Die Depression wird also von Bergmaterial und Schwemmland von Flüssen erfüllt, und nur die Lokalformen verdanken ihre Entstehung dem Winde. Das Land, das früher in bezug auf den Meeresspiegel höher stand, hat sich allmählich gesenkt. Im Kampfe der Flüsse mit der See ist die Auffüllung des Beckens erfolgt. Allzu tief wird das Becken, das als ein durch Wasser ausgewaschenes, gesunkenes Tal zu betrachten ist, nicht sein, vielmehr werden sich die Abhänge der Berge ziemlich flach unter der Ebene fortsetzen. Nach Willis' Annahme muß man bis ca. 80 m Tiefe überall auf gutes Wasser stoßen. v. Richthofen führt gerade den alkalischen Geschmack des Wassers der Brunnen als Charakteristikum für ein Lößland an und braucht diesen Umstand als Stütze für die Richtigkeit seiner Ansichten über die Bucht von Peking.

V. Die Hypothesen über den Löß in China.

1. Theorie Pumpelly.

Die ersten Theorien über die Entstehung des Lößes entwickelte Pumpelly. Er kannte die Formation nur aus Nord-Tschi-li und Nord-Schan-si und beschrieb sie als eine Ablagerung aus Süßwasserseen, wofür die Gegenwart von Muscheln sprechen sollte, die in den Terrassen gefunden wurden. Vor ihm hatte Howorth sich die Entstehung des Lößes durch das Auswerfen gewaltiger Massen vulkanischen Staubes gedacht, der vom Meere bedeckt wurde. Pumpelly zieht eine Klimaänderung nicht in Betracht.

Dieser Süßwassersee, bzw. die Kette großer Seen, bedeckten den Norden der Provinzen Tschi-li und Schan-si südlich des Plateaus der Mongolei und zogen sich über die Ordos bis in die Gegend von Ning-hia hin, worauf Pumpelly aus den Beschreibungen des Abbé Huc schließt. In sie mündeten eine Anzahl Flüsse, welche die Sedimente, deren Reste jetzt noch den Boden bedecken und die nicht lokalen Ursprungs sein konnten, herbeibrachten. Der bedeutendste und wichtigste dieser war der vom Hochlande Tibets herabkommende Hwang-ho mit seinen Nebenflüssen. Im Laufe der Zeit entstand ein Abfluß direkt nach Osten, die ausfließenden Wassermassen nagten die Schlucht des Yang-ho (Hun-ho) aus und ergossen sich in das Gelbe Meer. Zu gleicher Zeit, wahrscheinlich aber später, erhielt der See noch einen Abfluß nach Süden, und hier schuf das Wasser die Schlucht des heutigen Hwang-ho. Die große Ebene schütteten die beiden den See entwässernden Flüsse auf.

Nachdem v. Richthofen seine Theorie über Herkunft und Entstehung des Lößes aufgestellt hatte (s. u.), ließ Pumpelly seine früheren Anschauungen fallen und nahm die äolische Hypothese an. Für den schwächsten Punkt der Ansicht v. Richthofens hielt er seine Erklärung der Herkunft des Staubes, da er die Verwitterung allein in Zentralasien als laufende Quelle nicht anerkennen konnte, weil die Anhäufung des Lößes in einer, geologisch gesprochen, kurzen Zeit stattgefunden hatte. Er bezeichnete zwei Quellen als die wichtigsten. Erstens den durch die Flüsse mitgebrachten Schlamm, von dem ein großer Teil von den Produkten glazialer Zerstörung stammte. Wo diese Flüsse versiegten, oder die Seen, die sie aufnahmen, austrockneten, wurden die feineren Produkte der Erosion eines großen Gebietes den Stürmen preisgegeben und verschleppt. Als zweite, wohl noch bedeutendere Quelle des Staubes bezeichnete er die Produkte der säkularen Verwitterung. Wo Gegenden reichlicheren Regens mit dichterer Vegetation bedeckt waren, zerstörte die Kohlensäure den Boden mehrere Meter tief. Ihn hielten die Pflanzen fest und gaben ihn erst nach ihrem infolge der Trockenheit erfolgten Untergange dem Winde preis, der diese Massen dann versetzte und als Löß ablagerte. Die übrigen Punkte der v. Richthofenschen Theorie machte Pumpelly sich ohne Einschränkung zu eigen.

2. Theorie v. Richthofen.

a) Erklärung der Struktur.

v. Richthofens und auch Pumpellys Ansicht über die Entstehung der Textur des Lößes, jener feineren und gröberen gestreckten Röhrchen, ist die, daß sie durch den Verfall von Graswurzeln und Gräsern entstanden sind, die unter den dauernden Ablagerungen des Lößes erdrückt wurden. Vor völligem Verfall der pflanzlichen Gebilde hatte der kohlensaure Kalk eine Kruste um sie gebildet, so daß Röhrchen erhalten blieben. Diese Kapillartextur bewirkt dann ihrerseits die Neigung zur vertikalen Zerklüftung des Lößes.

Das Regenwasser, das der poröse Boden nicht zum Abfließen kommen läßt, dringt in den lockeren Boden und vermittels der Röhrchen in die Tiefe und bewirkt dadurch, daß nach dem Diffusionsgesetz aus dem unter dem Niveau der Flüsse gelegenen noch nicht ausgelaugten Teilen der alten Salzbecken die gelösten Bestandteile nach der Oberfläche steigen. Hier werden letztere von den Pflanzen aufgenommen und bewirken die große Fruchtbarkeit des Landes. Seen und Tümpel trifft man infolge der Durchlässigkeit der Formation auf dem Landlöß nie an, und Quellen treten erst dort zu Tage, wo er festem Boden auflagert.

Der Durchdringungsfähigkeit des Lößes mit Wasser verdanken auch die Lößmännchen ihre Entstehung. Durch die Tatsache, daß letztere so eng an die Lagen des Gebirgsschuttes, der zwischen den einzelnen Lößbänken liegt, gebunden sind, und diese nach der Mitte der Becken zu weiter fortführen, ist bewiesen, daß von Zeit zu Zeit Bedingungen eintraten, die eine Änderung in der homogenen Beschaffenheit des Materials an der Oberfläche hervorriefen und die Ursache dafür abgaben, daß in einer späteren Zeit das Wasser bei seiner Durchdringung des Bodens hier einen Widerstand fand, der den Absatz chemisch gelöster Stoffe und damit die Bildung der Konkretionen begünstigte.

b) Steppenperiode.

α) Übergang von der Erosions- zur Steppenperiode.

Die Bedingungen für die Entstehung der Lößformation wurden erst durch eingreifende geologische Veränderungen gegeben. Am Ende der Erosionsperiode gegen Ende des Tertiärs hob sich nach v. Richthofen im Osten des Kontinents langsam die große Ebene aus dem Meere und zwang dieses sich zurückzuziehen. An ihrem Ostrande wiederum stieg ein hohes Gebirge auf, das sich von den Inseln an der heutigen Yang-tse-Mündung über Ost-Schan-tung nach Liau-tung erstreckte. Durch letzteres wurden die feuchten, von SO in das Land eindringenden Seewinde abgehalten. Die Folge davon war eine Trockenheit in NO- und Zentralasien, das Zurückgehen und schließliche Austrocknen des Han-hai-Meeres und der großen Binnenseen Zentralasiens — Vorgänge, die den eintretenden Klimawechsel noch verschärften. Aus der Erosionsperiode ist die Steppenperiode geworden und diese letztere ist es, welche die Bedingungen für die Entstehung und Ablagerung der Lößmassen Chinas bot.

β) Entstehung und Herkunft des Staubes.

Für die Abtragung der Gebirge und die subaerische Ausfüllung der von ihnen eingeschlossenen Becken in den abflußlosen Gebieten ist am wichtigsten die chemische Zersetzung und mechanische Auflockerung der Gesteine, welche die Gebirge zusammensetzen. Wärme und Kälte, Feuchtigkeit und Trockenheit der Luft wirken hierbei zusammen, und so werden an jedem Ort, wo Gesteine anstehen, geringe Mengen von Material bloßgelegt, die gröberen Teile vom Wasser, die feineren vom Winde davongeführt.

Gerade in Gegenden, wo der Niederschlag gering zu sein pflegt, spielt bei der Fortführung und Ablagerung der Zersetzungsprodukte der Wind die wichtigste Rolle. Wo er den Boden aufwirbelt, führt er denselben Seigerungsprozeß aus wie das fließende Wasser, scheidet die Bestandteile nach ihrer Größe und führt sie mit verschiedener Geschwindigkeit vorwärts. Der leichte tonige Staub wird weithin über die Länder geführt, der Sand wälzt sich langsam vorwärts und bildet Sandwüsten. Wo Massen größerer Gesteinsstücke vorkommen, werden diese abgeschliffen, es entsteht die Kieselwüste, und halten diese Steine Staub zwischen sich fest, so entstehen die Kieselsteppen. Dort, wo dichte Steppenvegetation den sich senkenden Staub festhält, was in unserem Falle in Nordchina der Fall war, entstehen die Lößsteppen.

Nachdem Pumpellys zweite Abhandlung über den Löß erschienen war, machte sich v. Richthofen als Ergänzung zu seiner Theorie über die Herkunft und Entstehung des Lößes des ersteren Ansicht hinsichtlich der säkularen Verwitterung der Gesteine zu eigen und gab zu, daß eine Annahme der massenhaften Lößaufschüttung nur aus dem dauernd entstehenden Schutt der Gebirge nicht ausreichend sei. Auf Pumpelly fortbauend, rechnete er das Gebiet Zentralasiens und Nordchinas vor Eintritt der Steppenperiode zu den Regionen akkumulierender lehmiger Zersetzung, d. h. zu Gebieten mit gemäßigtem Klima, wo die säkulare Zersetzung nach der Tiefe fortschreitet und ihre Produkte durch die Vegetation an Ort und Stelle festgehalten werden. Nach Eintritt des trockenen Klimas wurden die wüstenhaften Gebiete Inneras'ens zu Denudationsgebieten, d. h. aus ihnen wurden durch den Wind die Produkte säkularer Zersetzung fortgeführt bis der darunter liegende Fels bloßgelegt war. Es entstanden hier Felswüsten und Wüsten aus grobem Kies. Nordchina, wo die Trockenheit durch periodische Regengüsse unterbrochen wurde, und das Klima geringfügigen Schwankungen unterworfen war, wurde nur vorübergehend zum Denudationsgebiet, in der Hauptsache zu einer Region der Aufschüttung, d. h. der aus dem Denudationsgebiet herausgeblasene Staub schlug sich in ihr nieder und schützte den Untergrund vor Verwitterung und Abtragung. Staub wurde aber auch hier aufgewirbelt und davongetragen. Zu diesem Gebiet der Aufschüttung gehören die salzigen Steppenbecken, die aus fliegendem Staub bestehenden Wüsten an ihrem Rande und die von peripheren Flüssen durchzogenen Steppen.

γ) Aufschüttung des Lößes.

Nordchina trug Steppencharakter, als der Staub Zentralasiens sich über es senkte. Zwischen die Grasvegetation fiel er nieder, wurde festgehalten und so vor dem Weiterführen geschützt. Infolge der Trockenheit schrumpften die Wasserläufe des bisher peripheren Nordchinas zusammen, kleinere Quellbäche trockneten allmählich aus, ihr Bett wurde vom Winde durch Sand und Staub verschüttet, und wo Gebirge dieses noch einengten, verwehrten bald der von geringem Regen herabgespülte Schutt das Weiterfließen. Derartige Hindernisse förderten die Abschnürung von Becken, die mit dem Augenblick, in dem der Zufluß geringer war als die Verdunstung, abflußlos wurden. Ähnliches spielte sich flußabwärts ab, wo die verringerte Strömung den Sand langsamer fortschob, und der Wind ihn in der trockenen Zeit zu Dünen zusammenwehte, die schließlich das Wasser am Weiterfließen verhinderten. Alles Material, das sonst die Flüsse forttrugen, diente nur noch zur Ausfüllung der Unebenheiten des Bodens.

Feuchtigkeit, Wärme und spärliche Vegetation im Sommer, Kälte und Eisbildung im Winter dienten neben der Windwirkung dazu, die Ränder der so entstandenen abflußlosen Becken zu zerstören. Der gesamte Gebirgsschutt häufte sich am Fuße der Gehänge an, füllte die Vertiefungen aus und wurde bei periodischen wolkenbruchartigen Regen fortgerollt, wobei feinere Teile weiter gelangten als grobe. Auf diesem weit verstreuten eckigen Schutt lagerten sich während längerer Trockenheit wiederum die durch Staubstürme herbeigeführten feinerdigen Bildungen, welche, durch Vegetation festgehalten, ebenfalls zum Wachsen des Bodens beitrugen.

δ) Entstandene Formen.

Auf diese Weise entstanden die eintönigen Formen, die den Charakter der abflußlosen Gebiete ausmachen, in denen das Streben nach Ausgleich und Verdecken alles Schroffen vorwaltet. Es sind in fortgeschrittenem Stadium sanft gerundete Höhenzüge mit gegen die tiefste Stelle sich allmählich abflachenden Depressionen. Ihre Oberfläche gleicht einem Becken von der Gestalt eines zwischen den Gehängen schlaff ausgespannten Seiles, und noch heute trifft man diese Formen in größerer Zahl in der Mongolei an. Das wenige fallende Wasser fließt gegen die Mitte und bildet hier unter günstigen Bedingungen einen Salzsee oder auch nur Salzsumpf, der unter Umständen in der heißen Jahreszeit austrocknet. Die ausfüllenden Massen bestehen an den Rändern aus einem Gemisch erdiger Bestandteile und Schutt und gegen die Mitte zu mehr und mehr aus gleichmäßigen feinerdigen Gemengen toniger und sandiger Teile, die wir als Löß bezeichnen, und die in größeren Becken z. T. mit Sand bedeckt sind. Mit Ausnahme des fortgetragenen Staubes kommen sämtliche Zerstörungsprodukte innerhalb des Beckens zur Ablagerung, dafür wird gleicher Staub aus anderen Gebieten wieder hinzugeführt, dessen Ursprung letzten Endes, wie oben erwähnt, die Wüsten Innerasiens sind. Der Wind entführt aus jedem Becken leichte tonige Substanzen und läßt Sand zurück. Es scheint keinem größeren Steppenbecken ein Stück Sandwüste zu fehlen.

Neben diesen normalen Formen gibt es auch einseitige Lößmulden, bei denen die lange geschwungene Abdachung sich nur von einer Flanke herabzieht, wo am anderen Ende entweder eine durch Seeauffüllung entstandene vollkommene Ebene bis an das jenseitige Gebirge reicht oder eine schmale Lößaufschüttung den zweiten Muldenflügel gewissermaßen andeutet. Der ebene Boden oder rudimentäre Teil grenzt gewöhnlich an steile, hohe Felswände und erklärt sich durch atmosphärische Strömungen.

Auch die oben erwähnten Salzseen bzw. Sümpfe im Zentrum jedes Beckens müssen in Lößgegenden den Beweis ihrer vormaligen Existenz hinterlassen haben. Wird Material nach den tiefsten Teilen der Depression hinabgeführt, so wird es sich in trockenem Lande als Löß ablagern, der Teil jedoch, der in den See gelangt, wird hier in horizontalen Schichten abgelagert. Die horizontalen Ablagerungen werden also auf die Mitte beschränkt und von ungeschichtetenMassen umgeben sein. Mit dem Nachweis der Salzseeablagerungen im Boden der Lößmulden wird die Annahme, daß es sich in der Regel um Salzsteppenbecken handelte, bekräftigt.

ε) Verbreitung des Lößes in der Steppenperiode.

Gegen Ende der Steppenperiode bildeten die Gebirge Nordchinas eine flachgewellte, einförmige, mit Löß bedeckte Hochfläche, über die nur die Scheidegebirge höher und schroffer aufragten. Ihr Detritus hatte mit dem Löß geholfen, die Becken auszufüllen, deren Tiefe oft mehrere 100 m, deren Breite aber meist viele Kilometer ausmachte In den tiefsten Punkten der Depressionen befanden sich Salzseen bzw. -sümpfe. Die räumliche Ausdehnung erstreckte sich vom Tsinling-schan bis weit hinein in die heutige Mongolei und in die Gebirge Tibets. In gleicher Weise bedeckte der Löß die Höhen des Wu-tai-schan wie die tiefen Einschnitte des Hoang-ho. Auch das jetzige Zentralasien besteht aus mit Löß mehr oder weniger angefüllten Becken. Hier hat der Prozeß der Lößbildung später begonnen, weil es noch lange der Boden des Han-hai-Meeres gewesen war und der Löß daher keine solche Entwicklung erfuhr wie in Nordchina. Die Lößbecken waren mit einer Steppenvegetation bedeckt, die den Lößstaub festhielt, und sie und die Salzseen bedeuteten für den Lößstaub das Ende. In dieser räumlichen Gebundenheit liegt für letzteren die Möglichkeit, sich zu einem mächtigen geologischen Gebilde aufzuhäufen. Die Mächtigkeit des Lößes ist recht wechselnd und schwankt um mehrere 100 m.

Auch die heutige große Ebene war einst eine Grassteppe mit Steppenklima, über die sich einige bald versiegende Steppenflüsse, die von den angrenzenden Gebirgen kamen, schlängelten. An sie erinnern noch die Trümmermassen an den Nord- und West-Hängen der Ebene. Auf ihr lagerte sich der von den Wüsten- und Steppenbecken hergeführte Staub ab und wurde durch die Vegetation festgehalten. Er drang im Osten bis in das westliche Schan-tung ein und fand an dem hypothetischen Gebirge Liau-tung — Ost-Schan-tung -- Inseln der Yang-tse-Mündung seine Grenze. Im Süden trieb der Staub bis an das Gebirge Nan-king—Tschön-kiang, stieg über das Hwai-Gebirge und gelangte bis in die Ebenen am Po-yang-hu und Tung-ting-hu, wo man ihn heute noch in Nestern findet.

c) Lößperiode.

α) Übergang von der Steppen- zur Lößperiode.

Wenig Anhalt ist für die Bestimmung der Zeit des Überganges von der Steppen- zur Lößperiode, womit v. Richthofen die Zeit der Zerschneidung der Lößmassen durch die Tätigkeit des Wassers und damit der Einbeziehung der Lößbecken in das periphere Gebiet bezeichnet. Sie brachte wieder ein feuchteres Klima und dauert heute noch an. Jedenfalls wurde das feuchtere Klima hervorgerufen durch das Absinken und Zerbrechen des hypothetischen Gebirgszuges im Osten und ein Vordringen des Meeres von SO nach NW. Noch heutigen Tages ist die Küste Chinas in langsamem Sinken begriffen, das allerdings heute im Norden, vielleicht nur für kurze Dauer, durch ein geringes Heben unterbrochen ist. Am Ende der Steppenperiode war das Meer jedenfalls noch weit von der heutigen Küste entfernt und drang dann langsam gegen den Lauf der Flüsse vor. Soweit es reichte, hat es den Löß zerstört, welcher der Brandungswelle keinen Widerstand entgegensetzen kann.

β) Oberflächenveränderung infolge des Klimas.

Für Nordchina brachte die Lößperiode ergiebigeren Regen, während aus dem NW die Winde wie in unseren Tagen noch Staub heranführten. Vom Osten anfangend und allmählich nach Westen fortschreitend, wurde erst ein, dann ein anderes Becken durch Überfließen ihrer Seen in Stand gesetzt, einen Abfluß für seine Gewässer zu schaffen und so eine Vereinigung mehrerer Becken in eines herzustellen. Der Abfluß blieb permanent, erhielt einen Anschluß zum Meere, und das entstehende Flußsystem entwickelte sich allmählich zu steigender Vollkommenheit meist in die alten von der Erosionsperiode vorgezeichneten Betten hinein.

Infolge der Kapillarstruktur des Lößes, die ein vollkommenes Durchdringen des Wassers gestattete, war es nicht möglich, daß sich in den Lößbecken ein Flußsystem nach Gesetzen entwickelte, die für schwer durchlässigen Boden gelten. Eine Entwicklung von Zuflüssen von oben her findet nicht statt, es dringt vielmehr das Regenwasser zunächst bis auf die erste durch die Häufigkeit ihrer Lößmännchen bezeichneten Fläche und beginnt hier mit seiner zerstörenden Tätigkeit. Die Lößmasse wird unterminiert, schafft zunächst ein Gewölbe, das infolge der Vertikalstruktur nach oben wächst und endlich die Oberfläche erreicht. So entstehen im Löß Klüfte, die an ihrem Ende von oben nach unten weiter wachsen und sich labyrintisch verzweigen.

Jede derartige Trennungsfläche von Gesteinsfragmenten und Lößmännchen bildet den Boden eines Schluchtensystems, und der Zerstörungsprozeß schreitet von der jeweils tiefsten Bank nach der höchsten fort. Über der untersten Bank ist eine breitere oder schmalere Verebnung, nach der eine zweite Lößbank etwas weiter zurück wieder mit senkrechtem Terrassenabfall abfällt. Die Verzweigungen der unteren Bank setzen in der oberen sich fort, während in dieser selbst wiederum ein neues Schluchtensystem hinzukommt. So geht es fort bis zur obersten Bank, und es entsteht ein äußerst kompliziertes Gewirr ineinandergeschachtelter Systeme.

Entspringt das Wasser schon in anstehendem Gestein und dringt dann erst in den Löß ein, so bringt es in erhöhtem Grade die Seitenwände in senkrechten Schollen zum Absturz und fließt meist in einer tiefen Kluft. Den Löß verläßt es erst dort wieder, wo der übrige Teil des Gefälles gerade noch hinreicht, um den Hauptfluß zu erreichen.

Durch diese Entwicklung des Abflusses kann es vorkommen, daß z. B. eine Lößmulde in eine Anzahl von Schluchtensystemen geteilt ist, deren jedes einen besonderen Abfluß hat, oder daß ein System in ein anderes Becken übergreifen und auf diese Weise eine mächtige Gebirgsscheide durchbrechen kann. Gewöhnlich aber fließen die Gewässer einer Mulde nach einem mittleren Abzugskanal zusammen und verlassen sie an der geöffneten Seite.

Während der Lößperiode entwickelten sich in Nordchina die heutigen Flußgebiete des Fön-ho, Wei-ho u. a., deren Hauptabflußader der Hwang-ho wurde, der ein Steppenbecken nach dem anderen in seinen Bereich zog. Noch heute ist die Entwicklung seines Stromgebietes nach der Steppe nicht abgeschlossen. Im Norden blieben die selbständigen Gebiete des Hun-ho, Hu-to-ho, Lwan-ho u. s. f.

Die wesentlichste Folge der Herstellung eines Abflusses aus den Steppenbecken ist die Auslaugung der Salze aus der ganzen Lößmasse, die über dem Niveau des Abzugskanals gelegen ist. Am langsamsten geschieht sie beim Seelöß, da er Wasser schwer durchläßt. So entwickelte sich in den vorher abflußlosen Steppenbecken jetzt auch eine andere Vegetation; mit ihr änderte sich die Tierwelt, und der Mensch findet einen für Ackerbau günstigen Boden.

Das Steppenland der großen Ebene wurde durch das Wasser der wieder dauernd fließenden Ströme zerrissen, die Lößablagerung auf weite Strecken zerstört und weite Auswaschungen geschaffen. Der leicht zerstörbare Löß der Gebirge wurde in Massen auf die Ebene hinabgeschwemmt, so daß man annehmen könnte, daß der Löß der Ebene nur durch Überschwemmungen über sie gebreitet worden sei. Gegenbeweise sind aber die Art des Vorkommens der Bodenart in Schan-tung und bei Nan-king, der Mangel jeder Spur der Seigerung der Bestandteile, das Auftreten zahlloser Landschnecken und das Auftreten des Lößes auf der Höhe der beiden Berge Fang-schan und Tschang-schan. Flüsse und Meer zerstörten große Teile der alten Lößdecke der großen Ebene, und im Osten setzten erstere im Kampf mit dem Meere ein flaches Küstenland an.

d) Gründe für die Richtigkeit der äolischen Theorie.

Nach v. Richthofen ist der Löß also eine äolische Ablagerung, das Wasser hat bei seiner Verbreitung und Ablagerung nur eine sekundäre Bedeutung, insofern als es bei starken Regengüssen den auf exponierten Stellen abgelagerten, noch nicht verfestigten Staub wieder abspülte und über Strecken ausbreitete oder aber in Seen festhielt und hier Seelöß bildete.

Als Gründe für die Richtigkeit seiner äolischen Theorie führt v. Richthofen an:

1. daß nur Landschnecken mit gut erhaltenen Schalen, nie Süßwasserschnecken durch die ganze Mächtigkeit des Lößes gefunden werden,
2. daß Knochen von Landsäugern im Löß gefunden werden,
3. daß vegetabilische Spuren zwar nicht in wirklichen Pflanzenresten, jedoch in Millionen von Hohlräumen, die Form und Verzweigungsart der Pflanzenwurzeln bewahrt haben, vorhanden sind.

3. Theorie Obrutschew-Merzbacher.

Zu ähnlichen Resultaten wie v. Richthofen kommt in seiner Theorie über Herkunft und Ablagerung des Lößes der russische Forscher Obrutschew. In einzelnen Punkten baut er die Ansichten des ersteren aus, mehrfach wendet er sich gegen seine Anschauungen, dieses jedoch, weil er ihnen eine falsche Auslegung beilegte.

a) Erklärung der Schichtung.

Obrutschew, der scheinbar in seinem Werke auf die Textur des Lößes nicht näher eingeht, ihr aber, wie aus der Abhandlung Merzbachers zu schließen ist, dieselbe Entstehung zu Grunde legt wie v. Richthofen, bezeichnet den typischen Löß, also auch den Landlöß des letzteren, nach Art und Weise seiner Lagerung als ein geschichtetes Gestein, da die Ablagerung nicht ohne Unterbrechung vor sich geht. Regenwasser schwemmen die Zerstörungsprodukte der anstehenden Felsen herab, schwache Regen die feineren Teile, stärkere größere Geschiebe. Infolgedessen finden sich in solchem Löß stets auskeilende Schichten von Geschieben und Sand. Wo die örtlichen Bedingungen ungünstig sind für die Herbeischaffung dieses Geschiebematerials und nur Löß auf Löß geschüttet wird, unterbricht jeder Regen den äolischen Ablagerungsprozeß, vereinigt den angesammelten Staub mit dem Boden und bildet eine Schichtung an der Oberfläche des Lößes aus, die aber nicht scharf hervortritt, weil die Lößschicht, die sich zwischen zwei Regengüssen ansammelt, nur dünn ist und sich deshalb nicht von den darunter legenden Schichten aus gleichem Material unterscheidet. Nur ein sehr starker Regenguß wird, wenn er über weitere Strecken Sand und Geschiebe hinführt, eine deutlich erkennbare Schichtung hinterlassen.

b) Klimawechsel am Ende des Tertiärs.

Einen ausgesprochenen Klimawechsel am Ende der Tertiärzeit, also das Steppenklima v. Richthofens, lehnt Obrutschew, und in Übereinstimmung mit ihm auch Merzbacher, Tafel u. a., ab. Damit ist dann auch eine Angliederung Nordchinas an das abflußlose Gebiet Zentralasiens abzuweisen. Das Klima Nordchinas und Zentralasiens, wo die Niederschläge von der Ebene nach Norden, NW und Westen abnehmen, war vielleicht etwas trockener als das heutige. Als Beweis für die Ähnlichkeit mit dem heutigen Klima führt Obrutschew an, daß die Vegetation an den Lößgehängen Steppencharakter trägt und daß heutzutage noch eine Ablagerung von Löß stattfindet. Infolgedessen können sich die heutigen Ablagerungen im Laufe der Jahrtausende gebildet haben, und bei trockenem Klima ist die Anhäufung immer schneller als die Auswaschung. An Zeit hat es seit dem Tertiär für die Ablagerung des Lößes nicht gefehlt, sie begann, als die Wassermengen des zentralasiatischen Süßwassermeeres oder Seenkomplexes geringer wurden und sich auf den trocken gewordenen Flächen Wüsten bildeten. Falls Nordchina abflußlos gewesen wäre und mit Zentralasien zusammengehangen hätte, so müßte unter den angenommenen klimatischen Verhältnissen nicht Anhäufung, sondern Verwehung des Staubes von dort stattgefunden haben.

c) Entstehung und Herkunft des Staubes.

Die nur mit spärlicher Vegetation bedeckte bzw. vegetationslose, allen Einflüßen der Witterung ausgesetzte Oberfläche Zentralasiens lieferte den feinen Lößstaub, den der Wind davonführte, und bedeutend mehr Material als der heutige Auswitterungsprozeß der Gesteine boten den Stürmen der bloßgelegte Seegrund. Die rötliche Farbe und der große Tongehalt des Lößes in Schan-si und Kan-su erklärt Obrutschew durch die verwehten Ablagerungen des Gobi-Meeres.

Trotzdem sich weite Strecken in Zentralasien ausdehnen, auf denen sich nach der Theorie v. Richthofens Löß ablagern müßte, findet man auf ihnen selten typischen massigen Löß. Seine größte Mächtigkeit erreicht er erst außerhalb der Grenzen Zentralasiens, nur die hohen Gebirge halten auch in den abflußlosen Randgebirgen größere Mengen Staubes zurück. Typische Steppenbecken im Sinne v. Richthofens sind in Zentralasien nicht vorhanden, vereinzelt nur in den Randgebieten.

Auch gröbere Auswitterungsprodukte, z. B. Sand, wurden aus den zentralen Gebieten durch den Wind hinausgetragen und sammelten sich in den Randgebieten an. Es entsteht hier die Form II. der v. Richthofenschen Aufschüttungsgebiete.

d) Veränderungen der Oberfläche Nordchinas und Lößablagerung.

Nur in peripheren Gebieten kann sich nach Obrutschew der Löß niedergeschlagen haben; es flossen also die meisten Flüsse Nordchinas, wenn auch spärlicher und z. T. nur periodisch. Er erklärt es damit, daß viele Flüsse sich mehr oder weniger tief ins Urgestein eingeschnitten haben und nicht überall den Charakter von Schluchten aufweisen. Zum Beispiel würden sich seiner Ansicht nach die rechten Nebenflüsse des Hwang-ho unterhalb der Wendung nach Süden die in der Ebene der östlichen Ordos entspringen und das Lößplateau, welches höher als ihr Quellgebiet liegt, durchschneiden, dieses nicht vermocht haben, wenn sie sich erst nach Ablagerung des Lößes entwickelt hätten. Es müßten sich dann zwei Flußsysteme entwickelt haben nach entgegengesetzter Richtung, eines nach den Ordos, deren Wasser im Sande versiegen müßte, und eines nach dem Hwang-ho.

Auf der uns bekannten Oberfläche wurden die Lößmassen ausgeschüttet. Täglich lagerte sich der Staub ab auf den Gebirgen, den Plateaus und Rücken, festgehalten vom Steppengras. Monatelang fiel kein Regen, die abtragende Arbeit des Wassers setzte völlig aus, die wasserarmen Flüsse flossen träge dahin, führten aber nach Regen viel Löß mit sich. Plötzliche heftige Regengüsse schwemmten teilweise den Löß an steileren Hängen ab, auf den flachen Hängen entstanden neue Schluchten, alte wurden vergrößert.

So kam es, daß in den gebirgigen Teilen des nordchinesischen Gebirgsrostes durch das Relief die Auswaschung begünstigt wurde, trotzdem die atmosphärischen Niederschläge nicht besonders stark waren, da wir hier viele steile Hänge finden. Es bildeten sich also nicht die von v. Richthofen beschriebenen Steppenbecken, sondern auf dem von den Gebirgen herabgespülten Schutt lagerte sich schichtweise der Löß auf, und die Ränder fielen terassenförmig zu dem im Tale fließenden Fluß ab. Die Mächtigkeit des Lößes ist durchweg gering. Eine Bildung von Steppenbecken war nur dort möglich, wo wirklich der entwässernde Bach versiegte. Hier füllte der hinzugeführte „exotische" Staub bald im Verein mit dem Verwitterungsschutt das Becken aus.

Im südlichen Teile von Schan-si war das von Verwerfungen durchzogene tafelförmige Land durch die Erosion vor Ablagerung des Lößes zergliedert. Der massige Löß liegt hier nicht nur in den breiten Tälern, sondern auch an den Böschungen und den obersten Teilen der Plateaus. Bei Rekonstruktion ergibt sich ein Land mit breiten Tälern und Kesseln, getrennt von noch breiteren flachen Erhebungen.

Im westlichen Schan-si und östlichen Kan-su ist das von wenigen Schluchten und Rinnen durchfurchte Plateau von massigem Löß bis zu 400 m bedeckt. Nur an den Gehängen der flachen Rücken ist der Löß denudiert, sonst ist er nur wenig von Rinnen und Runsen durchzogen. Gegen Süden wird die Mächtigkeit des Lößes geringer, hier zeigen sich vereinzelte Bergzüge, und das Plateau geht in ein niederes Hügelland über. Es fangen an, sich ähnliche Formen der Lößablagerung zu zeigen wie im nordchinesischen Gebirgsrost.

Aus dieser Ablagerungsart des Lößes schließt Obrutschew, daß der Staub, der die Becken anfüllt, von anderen Gebieten hergebracht sein muß, also eine Fremdlingsform ist, und nicht durch Verwitterung im Lande selbst entstanden ist. Aus v. Richthofens Beschreibung der Auffüllung der Lößbecken war er zu der Überzeugung gelangt, dieser habe geglaubt, die Becken füllten sich in der Hauptsache aus den Verwitterungsprodukten der sie umgebenden Randketten. Eine Beleuchtung dieser Frage erfolgt im letzten Teil.

e) Zusammenfassung.

Obrutschew verschärft letzten Endes die äolische Theorie v. Richthofens, indem er bei der Ablagerung des Lößes dem Wind die fast ausschließliche Rolle zuschiebt. Die Beteiligung des Wassers hält sich nur in ganz engen Grenzen. Ganz auf seinem Boden stehen Merzbacher, Tafel, Futterer u. a., und auch sie sind der Ansicht, daß die Lößbildung und -ablagerung heute noch im großen und ganzen in der gleichen Weise auf den ungeheuren Räumen Asiens stattfindet wie seit Jahrtausenden, und daß sie einen einheitlichen niemals unterbrochenen Vorgang darstellt.

4. Theorie Willis.

a) Erklärung der Struktur.

Die Ansichten von Bailey Willis hinsichtlich der Entstehung und Verbreitung des Lößes weichen von der äolischen Theorie um ein beträchtliches ab. Schon ganz anders als v. Richthofen erklärt er die Entstehung der den Löß durchziehenden feinen Röhrchen. Die Huang-tu enthält zwei Arten von Material, das die Oberfläche verkittet. Dieses sind erstens die feinen Lößpartikelchen und zweitens die chemisch gelösten Salze des Grundwassers. Wird die Masse durch Verdunstung von oben trocken, so läßt diese die Feuchtigkeit steigen, ebenso läßt ein tiefes Grundwasser oben ein trockenes Lager. Die Masse bleibt trocken, wenn auch der Untergrund trocken ist. Die schwankende Feuchtigkeit bedeckt nun die Wände der Spalte mit einem Überzuge feiner Lößpartikelchen und mit Salzen, die bei der Verdunstung zurückgeblieben sind, die schmalen Zwischenräume werden verstopft, die großen bleiben offen. Bei einer Durchfeuchtung der Masse dringt durch die Kanälchen feuchte Luft oder Wasser, und durch Lösung des Salzes und Erweichung der Lößpartikelchen werden eine Anzahl Kanälchen wieder geöffnet, die sich bei der Austrocknung dann wieder schließen. Durch Wiederholung dieses Vorganges erklärt Willis die Entstehung jener rauhen vertikalen Röhrchen, wie sie oben beschrieben sind, und damit die Neigung zu vertikaler Zerklüftung. Stellenweise kann auch, wie er zugibt, die v. Richthofensche Erklärung zutreffen.

Die Verklebungen, die durch die Verdunstung der Flüssigkeit hervorgerufen sind, geben auch den Grund ab für die Verhärtung des Lößes in steilen Mauern. Sehr fest sind diese Verklebungen nicht, aber es kann jedes Röhrchen als ein Säulchen angesehen werden, deren Anordnung eine größere Festigkeit bedingt. Werden die Verklebungen bei Feuchtigkeit gelöst, so bleibt die Festigkeit in der Struktur dennoch bestehen, weil die Zwischenräume gefüllt sind. Bei Austrocknung stellt sich die Verklebung wieder ein.

Tritt einmal der Fall ein, daß die Menge des Wassers genügt, den Boden zu übersättigen, dann fließt die Masse wie eine Flüssigkeit. Bedeckt sie einen Berghang, so gleitet der jetzt flüssige Schlamm hinab, und auf der Ebene findet man kleine breiige Hügel, zwischen ihnen oft ungeheure Felsblöcke, die die Huang-tu mit sich führte. Unter dem Wasserspiegel, besonders in Überflutungsebenen, dient die Huangtu als Wasserreservoir.

Die Entstehung der Lößmännchen, die sich bei weniger vollständiger Sättigung der porösen Massen gebildet haben, entsprechend der vertikalen Kapillarität der Huang-tu und der Oszillation der Feuchtigkeit der Oberfläche, erklärt Willis ähnlich wie v. Richthofen.

b) Klimawechsel am Ende der Tang-hien-Zeit.

Am Ende der Tertiärzeit, also am Ende seiner Tang-hien-Zeit, nimmt Willis einen Klimawechsel an, der nicht eine völlige Trockenheit nach sich zog, aber doch im Inneren Asiens den Grund für die Vernichtung der Vegetation abgab. Das auf die feuchte Zeit folgende kalte, dem heutigen ähnliche Klima erlaubte den bisher aus der heutigen Mongolei gegen SW fließenden großen Strömen zum mindesten zeitweise ihren Fortbestand. Verbunden mit dem Klimawechsel war eine Hebung des nördlichen Chinas und des Plateaus der Mongolei. Es war der Beginn der Hin-chou-Zeit.

c) Entstehung und Herkunft der Huang-tu.

In Zentralasien war die Oberfläche, deren Mantel zerstörter Gesteine bisher die Vegetation festgehalten hatte, schutzlos den Atmosphärilien, besonders dem Winde, preisgegeben. Dieser entführte aus den Steppen- und Wüstengebieten Zentralasiens den Staub in die entwässerten Gebiete, und auch hier gab die Austrocknung dem Winde die Kraft eines sortierenden Agens jährlich während einer längeren oder kürzeren Zeit, und während der entsprechenden Zeit des Restes des Jahres wirkte die zerstörende Kraft des Wassers auf den Boden — ähnlich den jetzt über weite Teile Ost- und Nordasiens herrschenden Verhältnissen. Während der trockenen Zeit transportierte der Wind das feinere Material, während der feuchten Zeit sammelten Gußregen in den kurzen Stunden ihrer Tätigkeit das gröbere Material der Gesteinszertrümmerung und transportierten es in großer Menge zu den Alluvialkegeln und in die Niederungen der Gießbäche. Die vom Plateau der Mongolei herabkommenden Flüsse waren, besonders da sich jenes Gebiet hob, zur Regenzeit schwer mit Schlamm beladen, der sich von dem gewöhnlichen Schlamm der Flüsse dadurch unterschied, daß er teilweise schon durch den Wind sortiert war und das charakteristische Lößmaterial darstellte. Ströme, die in der Mongolei entsprangen, waren z. B. der Hu-to-ho, der seinen Lauf über Hin-chou durch den Schi-ling-Paß zum Tön-ho nahm, und ebenso Teile des mittleren Hwang-ho.

d) Ablagerung der Huang-tu.

Das von den Flüssen mitgeführte Material wurde auf dem Lauf abwärts wieder und wieder auf den Überflutungsebenen abgelagert. Die leichtesten Teile wurden an die Gehänge geblasen und hier unter Windstrudeln oder in geschützten Löchern gesammelt. So entstanden längs der Flußläufe meist Sandstrecken, aus denen der Wind den Löß abgeblasen hatte. Der Sand blieb zurück, der wandernde Staub trieb wie Schnee nahe der Oberfläche, erhob sich bei heftigem Wind auch in braungelben Wolken und ließ sich dann irgendwo, ohne Bezugnahme auf die Oberfläche, oft im Schutze von Hügeln, meist auf der Leeseite nieder. Stand eine Bergkette quer zur vorherrschenden Windrichtung, so bewirkte der Kamm einen Wirbel an der Luvseite und der niedere Teil des Gebirges wurde in einer konkaven Fläche mit Löß bedeckt. Von den Berghängen wurde der Löß durch das Wasser vielfach als Alluvium in die Ebene zurückgebracht. Soweit nun die Täler der Flüsse von Hügeln umgeben waren, wurde der reine Löß wechselweise geschichtet mit den Ablagerungen der Alluvialkegel, die von den Hügelseiten aus herabgewachsen waren. Diese beiden Konstituanten der Huang-tu, der Löß, ein äolisches Produkt, und der Kies und Sand, ein fluviatiles Produkt, wurden durch die wechselseitige Tätigkeit von Wind und Wasser zusammengebracht.

Die Täler des Fön-ho, Hu-to-ho u. a. waren bedeckt mit Überflutungsablagerungen und die Hügel versanken ganz oder teilweise in der Huang-tu. Ganz Ostchina bestand zum Ende der Hin-chou-Zeit aus einer Ebene, die aus zusammenfließenden Überflutungsebenen der Flüsse entstanden war, die aus dem Inneren kamen und Massen von Löß und Alluvialsand mitgebracht hatten. In welchem Umfange gebirgige Inseln von der Ebene umschlossen wurden, die sich nordöstlich über die gegenwärtige Lage der nördlichen Lößbecken erstreckte, steht nicht fest. Jedenfalls ist der Wu-tai-schan seit der Tang-hien-Zeit nicht mehr tief erodiert worden und noch mit Resten seiner alten Schuttbedeckung bedeckt.

e) Übergang von der Hin-chou- zur Fön-ho-Zeit.

Infolge Neigung des Landes südostwärts und infolge des Wachstums der Huang-tu fingen die Flüsse an, ihren Lauf zu ändern, und ganz besonders mögen hierzu die Verwerfungen, durch die das Fön-ho-Stadium eingeleitet wurde, beigetragen haben. Es ist die Zeit des Gebirgswachstums, und es entwickelten sich jetzt der Wu-tai-schan, Ho-schan, O-schan, Tsin-ling-schan u. s. f. zu Erhebungen von 2000 bis 3000 m. Hierdurch gelangte der Löß in die Höhen, die er heute noch einnimmt. Die äolischen Wehen, die in vielen Tälern vorkommen, werden tief durch wachsende Cañons durchschnitten, und dieses und das Hinabgeschwemmtwerden des Lößes von vielen exponierten Stellen läßt auf eine Änderung des Klimas, ein Feuchterwerden, in der letzten Epoche schließen

f) Die große Ebene.

Trotzdem die große Ebene aus größtenteils feinem, windsortiertem Alluviallöß besteht, so folgert Willis doch nicht hieraus, daß er durch den Wind in seine jetzige Lage gebracht ist. Im Gegenteil verdankt die Ablagerung nach ihm ihre Verbreitung über die weit ausgebreitete Ebene den schlammbeladenen Flüssen, welche sehr flache und breite zusammenwachsende Alluvialkegel aufbauten. Unter den gegebenen klimatischen Bedingungen ist jedoch auch die Aktivität des Windes wirkungsvoll gewesen, ebenso wie heute noch, da die Ebene ohne Vegetation und Schnee fast ein halbes Jahr jährlich den Winden ausgesetzt ist. Der feine Löß, der hier mit hartem quarzigem Flugsand gemischt ist, wird von letzterem durch den Wind getrennt und schwebt in Staubwolken über die Ebene, während der so gereinigte Sand sandige Strecken und Dünen bildet

g) Zusammenfassung

Willis betrachtet also die Lößformation als eine Talablagerung und schreibt den Flüssen den Hauptanteil an der Verbreitung zu, dem Winde nur eine sekundäre Rolle, ganz im Gegensatz zu v. Richthofen

5. Theorie Keilhack.

In dem schon anfangs erwähnten Vortrag, gehalten in der deutschen geologischen Gesellschaft, hat Keilhack die Frage der Entstehung des Lößes auf extratellurischem Wege aufgeworfen und gleichzeitig auf die Bildung der Saturnringe hingewiesen. Abgesehen davon, daß der Löß auf der Erde nicht die gleiche Beschaffenheit überall aufweist, so vergrößert doch, wie Weissermel richtig entgegnet, diese Auffassung die Schwierigkeiten der Entstehung des Lößes außerordentlich. Zur Klärung dieser Frage müßte man die Ansichten der Astronomen in erster Linie berücksichtigen.

VI. Kritische Betrachtung der Hypothesen.

Nach der Auseinandersetzung der Theorien handelt es sich nun darum, die einzelnen Ansichten gegeneinander abzuwägen und zu prüfen, welche von ihnen den gegebenen Verhältnissen am meisten entspricht

1. Entwicklung des Untergrundes.

Hinsichtlich der Entwicklung des Untergrundes greift Obrutschew v. Richthofens uns bekannte Ansichten scharf an und macht ihm zum

Vorwurf, daß er noch in jüngster Zeit, d. h. gegen Ende des Tertiärs, und dann noch später Krustenbewegungen annimmt, die einmal ein Gebirge im Osten Asiens an der Küste sich erheben lassen, um es nach einiger Zeit bis auf geringe Reste wieder zu versenken, und daß v. Richthofen diese Bewegungen nur aus dem Grunde geschehen läßt, um das Vorkommen des Lößes in Gebieten und Becken mit Abfluß zu erklären. Diesen Vorwurf gegen v. Richthofen zu erheben, der für die geologische Geschichte Chinas erst den Grund gelegt hat, ist nicht gerechtfertigt, denn er schließt auf jenes hypothetische Küstengebirge aus geologischen Gründen, indem er damaligen Anschauungen folgt, und nicht, um seiner Lößtheorie eine Stütze zu geben. Jedenfalls ist seine Annahme die, daß gegen Ende des Tertiärs die Hauptentwicklung des heutigen Bodenreliefs mit Ausnahme des im Quartär abgelagerten Lößes als vollendet zu betrachten ist, und daß die Bewegungen an der Küste nur lokaler Natur sind. Obrutschew, Merzbacher und Tafel erklären die Oberflächenbildung zu Ende des Tertiärs als völlig abgeschlossen, was Tafel im besonderen aus den wenigen Verwerfungen der älteren und geschichteten Hung-tu (roten Erde) schließt, und lehnen das hypothetische Gebirge v. Richthofens als unbegründet ab.

Die Entwicklung der heutigen Oberfläche war nach Willis gegen Ende des Tertiärs noch nicht abgeschlossen. Es näherte sich die Oberfläche den „alten Landformen", der Fastebene des Davis'schen Schemas, d. h. dem Endstadium eines Erosionszyklus. Die Landschaft zeigte weite offene Täler mit langsam dahingleitenden Strömen und abgerundeten Hügeln. Die Lößablagerung brachte den völligen Stillstand des Erosionszyklus. Um nun zu den heutigen Formen zu kommen, der Erosion wieder Leben zu geben, mußten tektonische Veränderungen angenommen werden, und diese verlegt Willis in die jüngste Zeit. Auf diese Weise wird der flächenhaft abgelagerte Löß zu den heutigen Höhen gehoben, und hierdurch erklärt sich auch die Ablenkung der Flüsse aus ihren früheren Betten. Da Willis Anhänger von Davis ist, neigte er zu sehr zum Schematisieren, dazu, seine Beobachtungen in einen der vorgeschriebenen Zyklen hineinzupressen, und darunter leiden die Ergebnisse seiner Beobachtungen. Nirgends lassen sich die Spuren dieser jüngsten Veränderung des Reliefs nachweisen. Er schließt auf sie hauptsächlich aus der Lagerung des Lößes in verschiedenen Höhen und aus Flußablenkungen.

Die neuesten Forschungen über die Geologie Chinas veröffentlichte Solger. Er faßt die quartären Ablagerungen, darunter hauptsächlich den Löß, unter der Bezeichnung „Talschichten" zusammen. Nach seinen Beobachtungen in Tschi-li und Schan-si erfolgte die Lößablagerung nach dem Hauptakte der Gebirgsbildung, die Ende des Tertiärs beendet war, nur die ältesten Ablagerungen des Lößes wurden noch von den jüngsten Zusammenschiebungen betroffen.

Wie heute noch die lange nicht abgeschlossenen Beobachtungen über die Entstehung des Oberflächenreliefs Nordchinas stehen, können wir zusammenfassend sagen, daß die Entwicklung des Lößuntergrundes im großen und ganzen mit dem Ende des Tertiärs abgeschlossen war.

Die jüngsten Zusammenschiebungen Solgers scheinen an dem Bilde nicht zuviel zu ändern. Jedenfalls kann wohl mit völliger Berechtigung die durch nichts bewiesene jüngste Gebirgsbildung Willis' abgelehnt werden. Die Flußablenkungen erklären v. Richthofen und Solger durch starke Lößaufschüttungen.

2. Klimaänderungen.

Einig sind alle Forscher darin, daß gegen den Ausgang des Tertiärs, also vor Ablagerung des Lößes, das Klima feucht war, jedenfalls feuchter als zur Zeit des Lößentstehens. v. Richthofen schließt es daraus, daß die Erosion der Flußbetten in eine längst vergangene Zeit fällt, derselbe Grund gilt auch für Obrutschew, und ganz besonders Tafel setzt noch auseinander, daß die geschichtete Hung-tu (rote Erde) und die Huang-tu (gelbe Erde) zwei klimatische Perioden anzeigen, vor denen schon durch eine lange und feuchte Zeitfolge die Hauptzüge der Täler angelegt worden waren. Da zur Zeit der Hung-tu-Bildung der Löß fehlt, so kann die geschichtete rote Erde nur unter Mitwirkung von Wasser entstanden sein. Für eine Lößbildung fehlte auch noch die Wüste im NW, denn auch dort waren noch Süßwasserbecken. Bei Willis kommen in der Tang-hien-Zeit große, wasserreiche Ströme aus der Mongolei, die das Gebiet Nordchinas durchziehen und das Vorhandensein eines feuchten Klimas beweisen.

Vor Beginn der Ablagerung des Lößes erfolgte im Klima ein Umschwung zur Trockenheit, und sofort gehen die Anschauungen hinsichtlich der Stärke der Trockenheit auseinander. Bei v. Richthofen ist diese fast vollkommen, nur hin und wieder befeuchtet ein kurzer Gewitterregen die Oberfläche und gibt einer kümmerlichen Steppenvegetation neue Lebenskraft. Nur dieser fast vollkommenen Trockenheit, unterbrochen durch geringfügige Schwankungen, was aus der Anordnung des Schutts und der Lößkindelbänke hervorgeht, hat nach seiner Ansicht der Löß die Ablagerung während der Steppenperiode zu verdanken. Es entstehen die abflußlosen Steppenbecken, denen erst das Absinken des hypothetischen Gebirges im Osten des Kontinents ein feuchteres Klima bringt und damit den versiegten Flüssen neue Lebenskraft. Obrutschew, Merzbacher, Tafel und Futterer gehen in diesen Ansichten viel zu weit. Ihrer Anschauung nach ist eine vollkommene Trockenheit in Nordchina gar nicht möglich, da der Löß sich dort dann nicht niedergelassen hätte, sondern ein Verwehungsgebiet wie in Zentralasien entstanden wäre. Bei den Massen von Löß, die in Nordchina zur Ablagerung kamen, hätten viele Flüsse bei völliger Verschüttung ihres Bettes nicht vermocht, die Betten wieder einzunehmen, die sie vorher innegehabt hatten, und Obrutschew führt als Beispiel die Nebenflüsse des Hwang-ho an, die südlich des NO-Knies aus den Ordos kommen. Nach Tafel hat sich hier allerdings das zweite Flußsystem nach den Ordos zu entwickelt, und es würden gerade diese Flüßchen, die das höher als ihr Quellgebiet liegende Lößplateau durchschneiden, für v. Richthofen sprechen. Aus den angeführten Gründen nehmen Obrutschew und seine Anhänger nur ein wenig trockeneres Klima an als heute, jedoch unterbrochen von Schwankungen, daneben ein dauerndes, bzw. periodisches Fließen der Gewässer, und als stärkste Stütze für diese ihre Ansicht führen sie die Tatsache ins Feld, daß heutzutage noch der Staub abgelagert wird. Sämtliche Reisende erzählen von dem Staub, der die Luft bei NW-Wind erfüllt, und v. Lóczy beschreibt Tromben, die auch bei sonst ruhiger Luft den Staub mit emporreißen. Stürme bringen oft mehrere Zentimeter Staub in wenigen Stunden zur Ablagerung, und Tafel bringt ein anschauliches Bild. wie bei aufziehendem Regen die Wolken dick und braun erscheinen, so daß man glaubt Massen verdichteten Staubes näherten sich. Geht dann der Regen nieder, sagen die Chinesen: „es regnet Erde“, derart sind die Wassertropfen mit gelbem Staub überladen. Wo unter dem heutigen Klima noch diese relativ großen Mengen Staubes abgelagert werden, wofür nicht nur die Kulturgüter und Gräber aus der alten chinesischen Geschichte bei Si-ngan-fu sprechen, die mehrere Meter unter derselben gefunden werden, und die Lößablagerungen auf den Terrassen des Hwang-ho nördlich Lan-tschou-fu (v. Lóczy), wird man nicht fehl gehen, wenn man das Klima der Steppenperiode doch nicht so extrem annimmt wie v. Richthofen. Gerade dieser Staubablagerungen und des nachgewiesenen noch jetzigen Wachsens des Lößes besonders in Kan-su und Schen-si wegen ist Obrutschews Ansicht der Vorzug von v. Richthofens Theorie zu geben. Auch nach ersterem ist heute das Klima etwas feuchter geworden.

Willis' Klima zur Hin-chou-Zeit bringt Trockengebiete wechselnd mit feuchten Perioden, die den von der Mongolei kommenden Flüssen zum mindesten ein periodisches Fließen gestatteten. Erst das Fön-ho-Stadium bringt einen durchgreifenden Wechsel zu Gunsten der Niederschläge und d mit eine lebhaftere Erosionstätigkeit, wie wir sie bei v. Richthofen seit Beginn der Lößperiode kennen. Eine völlige Trockenheit im Sinne v. Richthofens lehnt Willis auch ab und nähert sich mehr den Obrutschewschen Anschauungen.

Nach Solgers neuesten Forschungen umfassen die Talschichten des Quartärs einen mindestens dreimaligen Wechsel von feuchten und trockenen Perioden, und zwar schließt er dieses aus dem übereinandergelagerten Vorkommen von Rotlöß, Braunlöß und Gelblöß. Der rote Löß ist in einer trockenen Periode abgelagert, dann folgt eine feuchte Periode, die jenen Löß zerschnitt. Damals entstand die rote Farbe durch Verwitterung. Es folgte eine trockene Periode, die gelben Löß ablagerte, dessen Farbe durch die nächste Periode dunkler wurde, die aber weniger regenreich war und den Löß nicht zu zerschneiden vermochte. Endlich folgte wieder eine Trockenperiode mit Gelblößablagerung, den heute die Erosionstäler der feuchteren Periode zerschneiden. Die Lößarten bilden deutlich verfolgbare Terrassierungen in den Tälern. Auch v. Richthofen und Obrutschew beobachteten die verschiedenen Färbungen des Lößes. Wie Solger näher ausführte, erfolgten mehrfache Flußablenkungen dadurch, daß besonders der Rotlöß mit seinen Massen Flußtäler verstopfte, und in der feuchteren Periode die Gewässer nicht fähig waren, die letzteren fortzuräumen, sondern sich einen neuen Weg suchen mußten. Hinsichtlich der Bildung und Abflußlosigkeit der Steppenbecken steht Solger völlig auf dem Boden v. Richthofens.

Betrachten wir die verschiedenen Ansichten über das Klima in der Zeit vom Tertiär bis zur Jetztzeit, so scheint die Solgersche Ansicht als die in der Mitte liegende am entsprechendsten zu sein. Sie wird sowohl v. Richthofen wie Obrutschew gerecht. Es entstehen die abflußlosen Steppenbecken wie v. Richthofen sie annimmt, und es gibt dauernd fließende Gewässer, wenn auch nicht in dem Umfange wie Obrutschew sie verlangt. Schwankungen des Klimas werden von keinem geleugnet, und das heutige Klima, feuchter als die früheren Perioden, erlaubt doch ein Wachsen des Lößes in dafür günstigem Gelände.

3. Herkunft des Staubes.

Was die Herkunft des Lößstaubes anbelangt, so stimmen sämtliche Forscher darin überein, daß er in der Hauptsache aus den zentralen Gebieten Asiens stammt. v. Richthofens Darstellung der chemischen und mechanischen Zersetzung befindet sich mit den heute in den verschiedensten Wüsten und Steppen beobachteten Tatsachen in Übereinstimmung, und er gibt, besonders indem er sich Pumpellys Anschauungen zu eigen macht, ein völlig klares Bild der Verhältnisse. Obrutschew weist noch auf den Boden des Gobi-Meeres als Quelle des Staubes hin, aber auch v. Richthofen hat den Boden der ausgetrockneten Seen als Verwehungsgebiet in seinem „Origin of the Loess" bezeichnet. Die wiederholten Klimaänderungen haben besonders die ausgedehnten und tiefgreifenden subaerischen Flächenabtragungen Zentralasiens veranlaßt. Die Anschauungen Obrutschews hinsichtlich der gesetzmäßigen Beziehungen zwischen Verwehung und Ablagerung des Staubes (Pet. Mitt. 1913, I. S. 70) bringen m. E. gegen v. Richthofens Ansichten nichts Neues.

Bei Willis wird der Staub auch in den trockenen zentralen Teilen des Festlandes aufgewirbelt, es bemächtigt sich seiner bald das Wasser und besorgt an Stelle des Windes die Fortführung in die mehr peripher gelegenen Gebiete. Hier erst ist das endgültige Entstehungsgebiet des Lößstaubes, der aus den Flußablagerungen durch den Wind aussortiert wird.

4. Art der Ablagerung.

Auf die größten Gegensätze der einzelnen Anschauungen treffen wir bei der Betrachtung der Art der Ablagerung des Lößes. v. Richthofen weist in seinem Werk zunächst die Annahme Pumpellys einer Entstehung des Lößes als Ablagerung aus großen

Seen oder gar Meeresüberflutungen nach dem Muster von Howorth als völlig unhaltbar zurück, stellt die Unmöglichkeit der Ausdehnung solcher Seen, bzw. des Meeres über derartigeHöhenunterschiede, wie sie die Lößablagerung aufweist, dar und lenkt die Aufmerksamkeit nochmals auf die Einschlüsse im Löß, ganz besonders auf die Gehäuse der Landschnecken. Von Transgressionen des Meeres in jüngster Zeit sind keinerlei Spuren zu bemerken.

Mit Obrutschew haben sich hinsichtlich seiner Angriffe auf v. Richthofen schon Merzbacher und Passarge auseinandergesetzt. Es handelt sich hier zunächst um die angebliche Annahme v. Richthofens, daß die Lößbecken durch Verwitterungsprodukte ihrer eigenen Randketten ausgefüllt worden seien. Dieses hat letzterer auch gar nicht behauptet, vielmehr hat er klar gesagt, daß der Löß aus dem Inneren Zentralasiens herbeigebracht sei. Wo es sich teilweise um Becken mit vielen Kilometern Durchmesser handelt, dürfte die Idee einer Ausfüllung nur von den Randketten aus allerdings absurd erscheinen. Lößstaub ist auch aus den Verwitterungsprodukten dieser Randketten entstanden, wie das Stück Sandwüste in den meisten größeren Steppenbecken beweist, auf das v. Richthofen besonders aufmerksam macht. Eine Verwehung von Lößstaub aus den Becken Nordchinas ist nicht völlig von der Hand zu weisen, und vielleicht stammt ein Teil des Staubes der großen Ebene von hier. Falls v. Richthofen wirklich nur durch „entopisch“ entstandenen Staub die Lößdecken Chinas sich entstanden dächte, wäre allerdings nicht zu verstehen, wie der Löß eine mächtige Decke auf den Hochplateaus hätte bilden können. v. Richthofen und Obrutschew stimmen also völlig darin überein, daß der Löß in China zum größten Teil eine Fremdlingsform ist.

Obrutschew ist fernerhin zu der Überzeugung gekommen, daß der typische massige Löß in Zentralasien keine große Verbreitung gefunden hat, weil die festen Verwitterungsprodukte aus den Grenzen des Gebietes hinausgetragen wurden. v. Richthofens typische Lößbecken erweisen sich nach ihm in Zentralasien als nicht vorhanden. Diese m. E. richtige Behauptung Obrutschews, v. Richthofen sei der Ansicht gewesen, Zentralasien werde von Lößbecken eingenommen, weist Passarge mit aller Schärfe zurück unter der Begründung, daß v. Richthofen den Löß als Fremdlingsform aufgefaßt habe und dann, daß auf Tafel 2 in Band 1 China die Darstellung der Kiessteppen, Löß- und Sandgebiete deutlich zum Ausdruck komme, wie es auch Obrutschew als richtig hinstellte. Ich möchte dagegen S. 33, Band 1, „China“, anführen, wo v. Richthofen zusammenfassend sagt, daß „das östliche Han-hai eine wohlgezeichnete, aber vielfach durch west-östlich gerichtete parallele Höhenzüge unterbrochene Einsenkung darstellt, deren tiefste Teile durch jugendliche, horizontal geschichtete Sedimente ausgefüllt sind und eine teils mit quarzigen Rollsteinen und Löß, teils mit Sand bedeckte Oberfläche haben. Im Süden, Osten und Norden hebt das Land allmählich aus ihr heraus. Nach den beiden ersten Richtungen hat es die Gestalt eines Plateaus, in welchem schwach gerundete Höhenzüge, die teils lang muldenförmige, teils kesselförmige und meist verzweigte mit Lößsteppen bedeckte Depressionen von einander scheiden" und S. 110 (nicht wörtlich): „An den Rändern des Han-hai und in diesem selbst begann das Wachstum der Steppenbecken später und sie sind daher auch geringer entwickelt". Wer denkt bei dieser Beschreibung nicht sofort an die Steppenmulden der Mongolei an der Grenze gegen das periphere Gebiet, die bei Anschneidung durch Flüsse ihren Lößcharakter offenbaren? Es denkt v. Richthofen sich diese bis weit nach Zentralasien hinein entwickelt, und auch im Kap. IV, Band 1, „China" tritt diese Ansicht zu Tage. Selbst im „Origin of the Loess" (S. 298) sagt v. Richthofen: „There are, howewer, chiefly two great classes of places where the dust of continents will rest permanently, and continue to accumulate through ages. The first are what may be termed the central regions of continents, that is, those regions where, notwithstanding some rain, which chiefly falls in one season of the year, the water has no drainage towards the sea, but is collected in inland basins from which it evaporates. This is the case in .... Central Asia from the Pamir to Khingan range, and from the Himalaya to the Altai."

Jedenfalls nahm v. Richthofen selbst nach 1882, dem Jahre der Veröffentlichung des 2. Bandes „China" und des „Origin of the Loess" an, daß die Becken Zentralasiens bis weit hinein in das Innere Lößstaub enthielten. Später ist wohl v. Richthofen auch von dieser Ansicht abgewichen, es macht schon im letzten Kapitel von Band 2 „China" den Eindruck, als ob er nicht mehr an Lößbecken bis tief ins Innere hinein glaubte. Auf jeden Fall hat aber Obrutschew mit seiner Zurückweisung der v. Richthofenschen Annahme recht.

Die Art der Ablagerung des Lößes nach v. Richthofen und Obrutschew stimmt in den wesentlichsten Punkten eigentlich vollkommen überein. Läßt es Obrutschew besonders im nordchinesischen Gebirgsroste nicht überall infolge der dauernden Entwässerung zur Entstehung von Lößbecken kommen, so hat doch die dauernde schwache Entwässerung auf dem flachgewellten Tafellande kaum etwas zu sagen, und schließlich ist der Hauptpunkt, in dem beide Forscher sich völlig einig sind, der, daß der Löß eine Ablagerung des Windes ist und das Wasser nur eine sekundäre Rolle durch Abschwemmen, Durchsetzung mit Gebirgsschutt, Bildung von Lößkindeln, Verfestigung und Bildung von Seelöß spielt.

Ganz anders denkt sich Willis die Ablagerung. Die schlammbedeckten Flüsse brachten aus dem Inneren schon das windsortierte Material mit, das auf den Überflutungsebenen abgelagert wurde. Hier wurde erst endgültig in der trockenen Periode des Jahres der feine Staub von Sand und Kies gesondert. An Flüssen entstanden sandige Strecken, der Staub wurde an den verschiedensten Stellen abgelagert.

Erinnern wir uns der Auffassung Willis' über die Entstehung der Textur des Lößes. Die v. Richthofensche Ansicht kann nach ihm nur dort Geltung haben, wo Steppengras vorherrscht neben dauerndem Wachstum des Lößes, nicht für die Massen der Huang-tu, die unter den verschiedensten Bedingungen abgelagert sind. Hier muß also die Willis'sche Ansicht der Texturentstehung die richtige sein. Betrachten wir diese Ablagerungsverhältnisse und ob diese mit seinen sonstigen Ergebnissen in Einklang zu bringen sind.

Willis führt als solche an:

1. Gegenden, in denen die klimatischen Bedingungen von Zeit zu Zeit mehr oder weniger trocken gewesen sind,

2. die Stellen, wo die Oberfläche eine Windwehe, eine Überflutungsebene oder ein Seeboden gewesen ist,

3. die ausgedehnten Lößmassen, in denen sich dieselbe Struktur von der Spitze bis zum Boden erstreckt, wie dick sie auch immer ist, und sich mit der Formation über Hunderte von Quadratmeilen hinzieht.

Die in Punkt 1 angenommenen Gegenden sind sicher nicht vegetationslos gewesen, da die hin und wieder fallende Feuchtigkeit zum mindesten einer Steppenvegetation das Fortkommen ermöglichte. Diese Vegetation hielt den in den Trockenperioden angewehten Lößstaub fest, er wurde, wie es Obrutschew ausführt, durch Feuchtigkeit verfestigt, allmählich erhöht, und das Wurzelgeflecht der abgestorbenen Pflanzen bildeten dann eben die Röhrchen nach der v. Richthofenschen Entstehungsart, die Willis selbst nicht für falsch hält.

Betrachten wir Punkt 2, so erhebt sich die Frage, warum dort, wo Windwehen entstanden, nicht auch Pflanzen gewachsen sein sollten. Es sind dann dieselben Verhältnisse gegeben wie bei Punkt 1. Seeböden kommen für größere Ablagerungen nicht in betracht, da Willis dort, wo v. Richthofen Seelöß gefunden haben will, keinerlei Anzeichen einer Seeablagerung fand, solche auch sonst nicht in seinem Werke erwähnt. Wie kann sich weiter, da Willis sich vorstellt, daß zur Regenzeit die Flüsse weithin das Land überschwemmen und den mit Sand und Kies vermischten Löß des Inneren auf den Überflutungsebenen ablagern, auf letzteren Löß in größeren Massen absetzen, da er ja sofort vom Winde ausgeblasen und davongeführt wird? Es können m. E. sich gar nicht die ausgedehnten Lößmassen des Punkt 3 gebildet haben, denn zur Regenzeit wurde der feine Staub leicht durch flächenhafte Abtragung des Wassers zu den Flüssen zurückgespült, hier weitergeführt oder doch wieder mit Sand und Kies vermengt. Wir hätten als hauptsächliche Ablagerungsart eine Formation zu erwarten, die aus einem Gemenge von Sand, Kies und Löß bestand und nicht reine Lößablagerung in solcher Ausdehnung, wie sie tatsächlich vorhanden ist. Für diese kämen nur lokalere Stellen in betracht.

Wo, so müssen wir weiter fragen, sind die Sand- und Kiesmassen, aus denen doch der Löß ausgeblasen sein soll, geblieben? Da sie schwerer durch Wasser zu transportieren sind als der leichte Löß, müßten sie gewaltige Strecken Landes bedecken, besonders da nicht anzunehmen ist, daß eine spätere Erosion sie erst fortgeführt haben sollte. Diese Sandmassen müßten genau so wie der Löß gehoben sein durch die Verwerfungen der Fön-ho-Zeit, sich also in allen Höhenlagen, in denen Löß gefunden wird, auch finden. Von derartigen Ablagerungen meldet aber kein Forscher. Selbstverständlich kommen streckenweise Gemenge von Sand, Kies und Löß vor, die sich aber aus örtlichen Ursachen eher erklären lassen, als daß sie Reste einer größeren Decke wären.

Ziehen wir diese Einwände in betracht, so scheint zunächst einmal die Erklärung der Entstehungsart der Textur nach v. Richthofen einfacher und den gegebenen Verhältnissen mehr Rechnung zu tragen, weiterhin erscheint ein Herbeibringen des Lößes durch die Flüsse und ein sekundäres Ausblasen des Staubes aus den abgelagerten Flußsanden unmöglich für die Lößmassen, die wir heute kennen. Kleinere lokale Vorkommen können unter Umständen hierdurch erklärt werden.

Für die äolische Theorie der Lößentstehung möchte ich noch zwei Beobachtungen von Futterer und Tafel anführen. Ersterer beobachtete im Tau-Tal an der Grenze Tibets, auf der Südseite des W-O gerichteten Tales, die also gegen Norden der Herkunftsrichtung des vorherrschenden Windes schaut, das typische Bild einer Lößterrassenlandschaft mit fruchtbarer Ackererde, zerrissen von tiefen Schluchten mit senkrechten Wänden. Auf der nördlichen Talseite dagegen nur hin und wieder Lößterrassen ganz unten am Fluß, sonst nackte Gehänge mit breiten, steilen Rinnen. Futterer schließt hieraus, daß die vorherrschenden NW-Winde den Lößstaub herbeigebracht haben. Die nach Norden gerichteten Abhänge fingen den Staub ab, die nach Süden gerichteten erhielten mehr Niederschläge, und diese spülten die geringen Lößansätze ab und versetzten sie in die Täler. So entwickelte sich eine typische Lößlandschaft nur an den Südhängen des Tales. Nach den dortigen geologischen Verhältnissen kann der Löß auf einem anderen Wege als durch den Wind kaum dorthin gelangt sein, und es dürfte für Willis gerade hier, wo es sich um ein Grenzgebiet der Lößablagerung handelt, schwer sein, seine Theorie zur Anwendung zu bringen.

Die Beobachtung Tafels führt uns weiter nach dem Norden in das Grenzgebiet gegen die Ordos. Zwischen den Dünen dieses Steppengebietes und dem Lößland befindet sich eine schmälere fruchtbare Ebene, aus der unvermittelt ein gewaltiger Lößwall von über 500 m Höhe und Breite sich auf eine Länge von 100 km in WSW—ONO Richtung erhebt. Schon nach 10 km zeigt dieser Wall seine höchste Erhebung und größte Anhäufung des Lößes, um südlich langsam in das Lößland von Schan-si und Kan-su überzugehen, wo Lößmächtigkeiten von 50 m und mehr die Norm bilden. Mit vollem Recht ist dieses Lößgebirge auch von Obrutschew als Beweis für die äolische Bildung des Lößes angeführt worden. Um 500 m überragt hier der Löß das anstehende horizontale Gestein des Untergrundes, und auf Hunderte von Kilometern ist kein irgendwie höheres Land, von dem aus Löß abgelagert, von dem er hereingeschwemmt sein könnte.

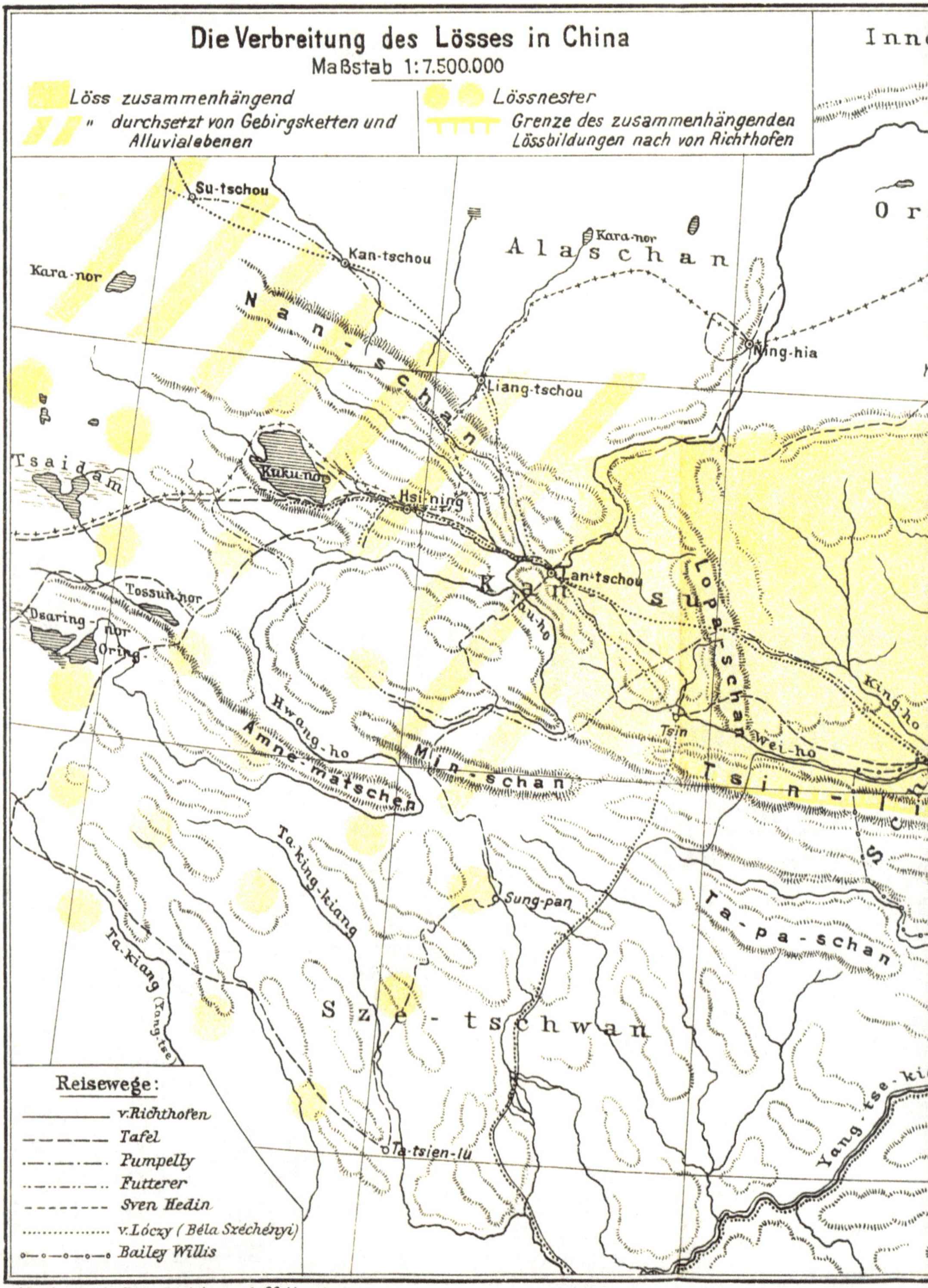

Verlag v. L. Friederichsen & Co, Hamburg.

Druck. v. Carl Griese, Hamburg.

Kanter: Der Löss in China.

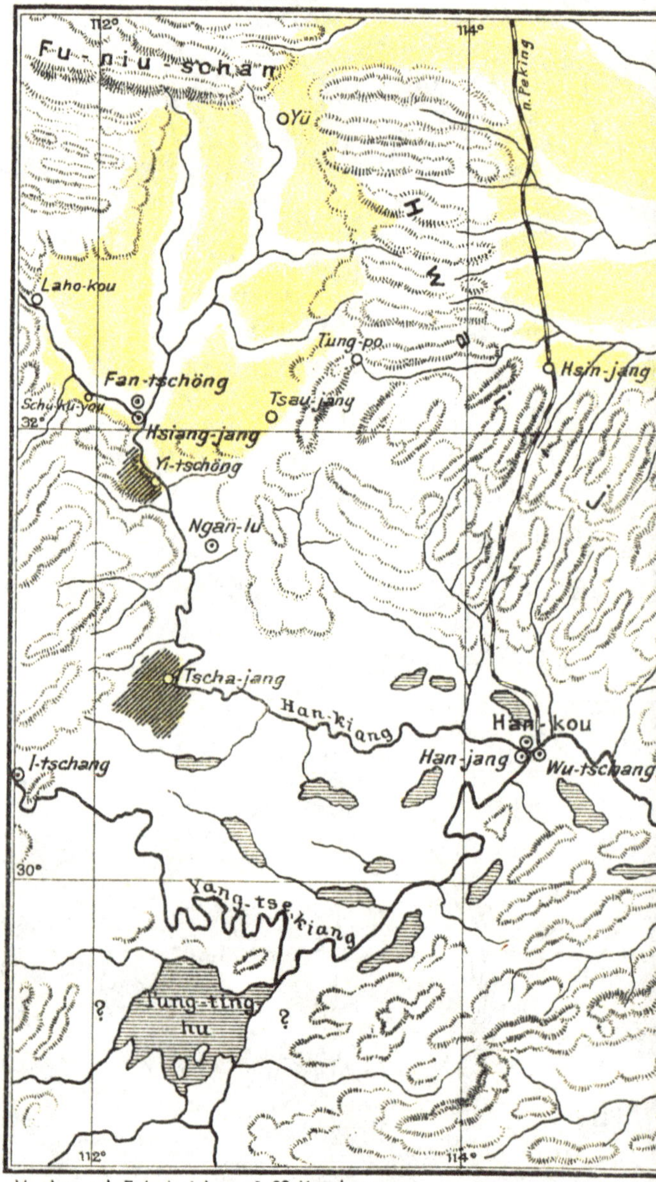

Verlag v. L. Friederichsen & C°, Hamburg.

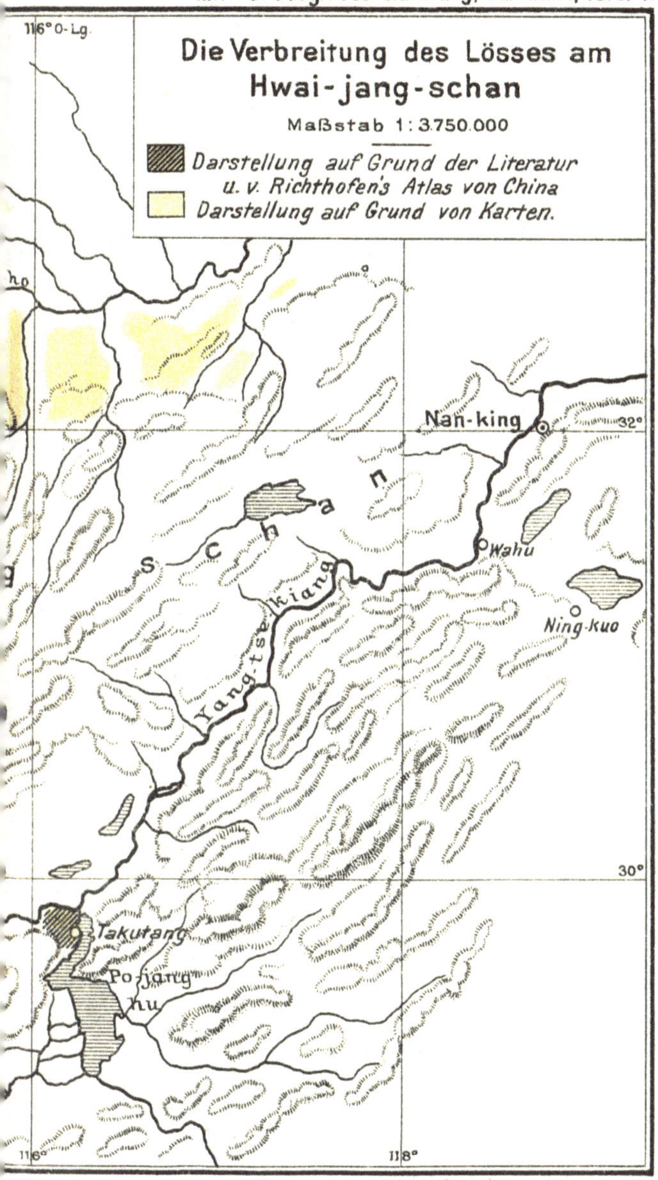

Druck v. Carl Griese, Hamburg.

Die Beobachtungen auch dieser Forscher stützen außerordentlich die äolische Theorie, und gerade bei den zuletzt angeführten Beispielen sind die Ablagerungen eigentlich nur durch den Wind zu erklären. Schwächen bzw. Unmöglichkeiten der Willis'schen Theorie sind oben schon angeführt worden, und so bleibt uns nur übrig, für die Entstehung und Ablagerung des Lößes die Windtheorie anzunehmen. Vielleicht hätte Willis sich nicht so in Gegensatz zu v. Richthofen-Obrutschew gesetzt, wenn er Schen-si, Kan-su und die Randgebiete kennen gelernt hätte.

5. Erklärung der heutigen Oberflächenformen.

In der Erklärung der heutigen Formen stimmen v. Richthofen, Obrutschew und auch Solger völlig überein. Nach ihnen hat die Erosion der letzten feuchten Perioden die heutigen Formen des Lößes geschaffen. Die Täler und Höhen waren schon vor der Zeit der Lößablagerung fertig und hier haben natürlich die jetzt wieder vermehrt fallenden Wasser, soweit nicht der Löß den Boden bedeckt, weitergearbeitet. Bei Willis ist das ganze heutige Relief erst seit der letzten Gebirgsbildung durch die Erosion geschaffen und er betrachtet die heutigen Formen, schon um seiner Theorie willen, mit ganz anderen Augen, und seine anders geartete Auffassung der Beobachtungen ist in einem der oberen Abschnitte neben die von v. Richthofen gesetzt. Besonders fällt dieses auf bei der Reihe der Becken, die Schan-si durchziehen, die nach ihm früher einer der von der Mongolei kommenden Ströme durchfloß. Er erklärt deshalb den Boden der Becken nicht wie v. Richthofen als Seelöß, sondern betrachtet vielmehr den dort auftretenden Löß als von den Bergen herabgespült und im Becken mit Geröllen vermischt. Es müßten aber gerade diese Becken Reste der alten Überflutungsebenen enthalten, also mit dicken Massen fluviatiler Sande und Kiese ausgefüllt sein. Stellt sich heraus, daß der Boden doch Seelöß bis in größere Tiefen ist und keine Flußablagerungen erkennen läßt, so würde auch diese Tatsache für die Willis'sche Theorie einen schweren Schlag bedeuten. Außer Willis halten alle Forscher die Becken für alte Seebecken, und sehr spricht dafür auch der im Becken von Su-tsun erhaltene Salzsee. Die große Ebene ist nach Willis erst dadurch entstanden, daß nach dem Einsetzen der Fön-ho-Zeit abgespülte Lößmassen über ihr ausgebreitet wurden. Anhänger der äolischen Theorie nehmen auch hier eine primäre äolische Ablagerung an, die durch die Flüsse später zum Teil zerstört wurde. Die Tatsachen, die v. Richthofen als Beweis für die Richtigkeit seiner Annahme auch für die große Ebene anführt, sind oben erwähnt.

6. Ergebnisse.

Fassen wir die Ergebnisse zusammen, so kommen wir zu dem Schluß, daß die von v. Richthofen aufgestellte äolische Theorie in ihren Hauptzügen die richtige ist. Abzulehnen ist seine Annahme eines hypothetischen Gebirges im Osten und damit eine vollkommene Trockenheit in Nordchina. Es hat in jenem Gebiet jedenfalls ein trockneres Klima mit einem feuchteren mehrfach gewechselt, vielleicht dreimal, wie Solger annimmt. Auch innerhalb dieser Perioden fanden kleinere Schwankungen statt. Ein großer Teil der Flüsse floß zum mindesten streckenweise periodisch. Die Ablagerung des Lößes erfolgte auf äolischem Wege, größtenteils wohl in abflußlosen Steppenbecken, und der Staub wurde aus den Steppen und Wüsten Zentralasiens herbeigebracht. Ein feuchteres Klima schuf den heutigen Oberflächencharakter. Eine hauptsächlich fluviatile Ablagerung des Lößes mit der Windtätigkeit als sekundärem Merkmal ist zu verwerfen. Annehmbar wäre diese Annahme höchstens für Teile der großen Ebene.

VII. Die diluvialen Windverhältnisse.

Zum Schluß soll noch ein kurzer Blick auf das Vorkommen des Lößes im Yang-tse—Han-Becken geworfen und die sich an diese Tatsache knüpfenden Fragen erörtert werden.

Abgeschlossen wird das Yang-tse-Becken gegen Norden vom Tsin-ling-schan—Fu-nin-schan, gegen Westen durch den unteren Han begleitenden Gebirgsrand, im Süden durch das südchinesiche Hügelland, dessen nördliche Grenze im großen und ganzen der Yang-tse bildet, und gegen NO und Osten durch den Hwai-jang-schan. Zwischen diesem letzteren Gebirge und dem Fu-nin-shan klafft eine 20—30 km breite lößbedeckte Furche. Durchflossen wird das Becken, abgesehen von kleineren Nebenflüssen, vom Yang-tse-kiang im südlichen Teile von West nach Ost; quer von NW nach SO durch den Nebenfluß des letzteren Han-kiang. Beide Ströme werden von Alluvialebenen, die vor der Mündung des Han in einander übergehen und weite Flächen einnehmen, begleitet.

Der Aufbau des Fu-nin-schan ist oben kurz skizziert worden; seine Streichrichtung ist die des Kwen-lun-Systems, also von WzN—OzS. Der Aufbau der das Becken im Westen und Süden abschließenden Gebirge hat für uns weniger Interesse, es bleibt also nur noch der Hwai-jang-schan, der sich nach Osten bis in die Gegend von Nan-king erstreckt.

Soweit bisher das Gebirge bekannt ist, besteht es wohl durchweg aus vorwiegend alten Gesteinen, zerfällt aber hinsichtlich der Streichrichtung derselben in zwei gänzlich verschiedene Teile. Während im Norden die Ketten die Kwen-lun-Richtung beibehalten, streichen plötzlich, ungefähr von dem Oberlaufe des Hwai-ho an, die Gesteinsschichten in sinischer, d. h. SW—NO-Richtung. Nach Beschreibungen, die aus der Gegend nördlich von Han-kou stammen, ist der Hwai-jang-schan ein hübsches Bergland mit tief eingeschnittenen Tälern; die

Höhen erheben sich hier 13—1500 m, erreichen weiter im Norden etwa 1800—2000 m. Hügeliges Land breitet sich am Südhange des Gebirges aus, das dann in die Überschwemmungsebene übergeht.

Von NO her dringt durch die den Fu-nin-schan von Hwai-jang-schan trennende Furche Löß nach Süden vor. Er liegt in der Ebene des Pai-ho, auf den den Fluß und seine Nebengewässer begleitenden Terrassen (R. II 496). Han-aufwärts wird er bis La-ho-kou gefunden, wo v. Lóczy ein 7,5 m hohes aus gelbem lößähnlichem Material gebautes Ufer kurz vor der Verengerung des Flußbettes bemerkte. Von demselben Forscher stammen die Beobachtungen Han-abwärts, wo die Formation bei Schu-ku-you eine Felswand bedeckt. Die Hsian-schan benannten Höhen des rechten Han-Ufers überlagert bis zu 150 m ihrer Höhe eine mächtige Lößschicht, durchfurcht von zahlreichen Wasserrissen und bei Yi-tschöng-hsien erheben sich ebenfalls am rechten Ufer 15—18 m hohe Terrassen, deren Material gelbe Erde ist. Bei Tscha-yang-hsien, dort wo der Han endgültig seine Richtung nach Osten nimmt, ist das rechte Ufer höher, besteht aus gelbem, lößähnlichem Material und unterscheidet sich wesentlich von den gegenwärtigen schlammigen Flußablagerungen (v. Lóczy S. 388 u. 392/393). Letzte isolierte Reste des Lößes sollen noch weiter südlich nach v. Richthofen am Tung-ting-lu vorkommen. (v. R. 1. 64). Auf dem rechten Ufer des Yang-tse wird Löß außer im Nan-king-Gebirge noch am Po-yang-Lu gefunden und zwar in den Vorbergen nordwestlich Ta-ku-tang (v. R. III, 581/b).

Wie weit nun das Hügelland südlich des Hwai-jang-schan von Löß bedeckt ist, entzieht sich bisher unserer Kenntnis, doch dürfen wir auch hier wohl mit vereinzelten Lößablagerungen rechnen. Am besten bekannt ist die Verbreitung des Lößes im NO des Yang-tse-Beckens, da hier von Hsian-yang über Yü-hsien die große Straße nach Norden zieht. Von hier aus bis Han-kou haben die Forscher ihre Reisen immer zu Schiff zurückgelegt, so daß nur die Ufer genauer bekannt sind. Wunderbarerweise sind Veröffentlichungen über den Gebirgsbau längs der Bahn Han-kou—Hsin-yang m. W. noch nicht erschienen. Was die Kartierung des Yang-tse-Beckens anbelangt, so kommen hierfür besonders die Blätter Ho-nan und Han-kiang des Atlas v. Richthofens in betracht.

Wie ist nun der Löß in das Yang-ste-Becken gelangt? Es gibt zweierlei Möglichkeiten: entweder die Flüsse oder der Wind haben ihn dorthin verfrachtet. Im Quellgebiet des Yang-tse sind Lößnester vorhanden, die möglicherweise früher ausgedehnter als heute waren. Es müssen aber die geringen Massen von Löß, die der Fluß von hier mit sich hinabgeführt hat, völlig unter den anderen Flußsedimenten verschwunden sein, ehe sie im Yang-tse-Becken haben zur Ablagerung gelangen können.

In das Hsiang-yang-Becken könnte der Löß durch den Han und seine Nebenflüsse gebracht worden sein. Es müßte sich dann auf dem Tsin-ling-schan während eines trockenen Klimas Wüstenstaub gebildet haben und südlich des Gebirges Löß in größerer Menge abgelagert und auch heute noch zu finden sein. Das ist aber nicht der Fall. Obendrein entsteht nach Ansicht mancher Forscher, z. B. Passarges, in der Wüste aus festen Steinen an der Luft kein abschwemmbarer oder abblasbarer Staub in größerer Menge und derart, daß Lößbecken entstehen könnten. Nirgends in der Sahara z. B. kommt Löß vor. Der Löß entsteht wahrscheinlich nur aus Ablagerungen von Seen und aus Moränen. Erinnern wir uns noch, daß die Anschauungen einer Wasserablagerung des Lößes nach Bailey Willis durch die obigen Ausführungen erschüttert worden sind, so kommen wir zu dem Schluß, daß nur Winde den Staub in das Yang-tse—Han-Becken gebracht haben, können und zwar müssen es in diesem Falle nördliche bis nordöstliche Winde gewesen sein.

Die heutigen klimatischen Verhältnisse im Yang-tse-Becken sind eng verknüpft mit dem Klima und den Winden des heutigen Zentral-Asiens. Im Nord-Sommer lagert über Zentralasien ein Tief, nach dem feuchte Winde hineinströmen, die besonders von dem über dem trocknen Australien liegenden Hoch als SO-Monsune Feuchtigkeit über Asien bis nach Tibet hineinbringen. Im Nord-Winter kehrt sich der Vorgang um: es liegt ein Hoch über dem kalten Zentralasien und ein Tief über dem erhitzten Australien. Über NO—N dreht der Wind nach NW und strömt als NW-Monsun nach dem extrem trockenen Australien hin. Im Frühjahr dreht er dann über NO zurück, so daß im September und Oktober, sowie im März und April, im wesentlichen nordöstliche Winde herrschen. Nordwestliche und nördliche Winde, welche aus Zentralasien, der Heimat des Lößes, herwehen, halten der Tsin-ling-schan—Fu-nin-schan und der nördliche Hwai-jang-schan ab. Durchtritt gewährt in das Yang-tse-Becken nördlichen bis nordöstlichen Winden nur die Furche zwischen den beiden letzteren und dann können diese Winde noch den Hwai-jang-schan in seinem südöstlichen Teile überschreiten, wo er sinisches Streichen und tief eingeschnittene Täler besitzt. Drei bis vier Monate im Jahr wehen zwar nordöstliche Winde, es ist aber eine Frage, ob sie, da ihnen als Übergangswinden zwischen NW- und SO-Monsun Kraft und Stetigkeit mangelt, fähig gewesen sind, den Löß in das Yang-tse-Becken hinüberzuschaffen.

Anders als heute lagen die Verhältnisse gegen Ende der Tertiärzeit. Aus geologischen Beobachtungen wissen wir, daß sich damals in Zentralasien große Süßwasserseen ausdehnten (s. o.) und daß in ähnlicher Weise das Innere Australiens von großen Seen eingenommen war, die von wasserreichen Strömen gespeist wurden. Wie lassen sich diese Tatsachen erklären?

Nehmen wir an, daß die Lage der Pole und Erdachse damals der heutigen völlig entsprach, dann muß auf der ganzen Erde gleichzeitig ein nasses und kühles Klima geherrscht haben unter Einengung, ja selbst bis zum Verschwinden der subtropischen Trockengebiete. Infolge der kühlen Temperatur bildeten sich die Eismassen, deren Spuren noch heute in allen Erdteilen gefunden werden. In einer solchen Zeit war eine Lößbildung (s. o.) unmöglich, nur in den Interglazialzeiten konnte sich unter Umständen Löß bilden unter gleichzeitiger Ausbildung schwacher Monsune. Die Beibehaltung der Erdachse und eine gleichzeitige Eiszeit auf der Nord- und Süd-Halbkugel entspricht völlig den Anschauungen, die Klute in seiner Abhandlung „Über die Ursachen der letzten Eiszeit" (Hettner, Geogr. Zeitschrift 1921) entwickelt, die er aus dem Verhältnis der Lage der eiszeitlichen zur rezenten Schneegrenze abzuleiten sucht. Gegen seine Ansichten spricht allerdings scharf die Eisfreiheit Sibiriens und Alaskas, sowie das diluviale Klima Japans.

War nun in jener Zeit die Erdachse verlagert oder hat seither eine allgemeine Verschiebung der Festlandsmassen nach den Anschauungen Wegeners stattgefunden, so hat damals der Pol im Atlantischen Ozean bzw., wenn Grönland nach Westen fortgewandert ist, im Gebiete von Grönland gelegen. Der Äquator verlief dann etwa von Sumatra nach dem Süden der Hawaiischen Inseln und Nordchina lag dann unter dem Gebiete des NO-Passates, dem die heutige N-Richtung entsprochen hätte. So wäre dann eine Verfrachtung des Lößes ins Yang-tse-Becken erklärlich gewesen. Überhaupt möglich war eine Lößbildung nur im Bereiche des sich verschiebenden Trockengürtels.

Wenn auch sichere Grundlagen noch völlig fehlen, so kommen wir doch zu dem Schluß, daß bei einer gleichzeitigen Eiszeit auf der Nord- und Südhalbkugel wegen der Feuchtigkeit und den abgeschwächten Winden eine Lößbildung kaum möglich war. Bei einer Verschiebung der Erdachse dagegen ist es denkbar, daß der NO-Passat, der dann in der Richtung heutigen Nord-Winden entsprach, den Lößstaub nach dem Yang-tse-Becken brachte. Jedenfalls muß man von der Vorstellung, daß der Löß sich bei Winden, die den heutigen Monsunen entsprechen, gebildet habe, absehen. Es stößt bei der Annahme einer Verlegung der Erdachse v. Richthofens Ansicht einer großen Trockenheit in Nord- und Mittelchina kaum auf Schwierigkeiten. Sichere Vorstellungen werden aber erst eine genaue Kartierung Chinas, eine genauere Kenntnis der einzelnen Lößinseln, der Art ihrer Lagerung und Mächtigkeit, ihrer Beziehung zu Flüssen, Windstraßen usw. geben.

Literatur.

Pumpelly, Geological Researches in China, Mongolia and Japan. Smithonian Contributions to Knowledge, vol. XV. 1867.
— Relations of Secular Rock Disintigration to Loess, Glacial Drift, and Rock Basins. American Journal Science and Arts vol. XVII. Febr. 1879.
v. Richthofen, China, Bd. I—III. (1877—1905).
— Führer für Forschungsreisende. (1886).
— On the origin of the Loess. Geolog. Mag. IX. 1882.
Howorth, The Loess, ebenda.
Béla Sézchenyi, Reise in Ostasien 1877/80. (1893).
Sven Hedin, Wissenschaftl. Ergebnisse meiner Reisen 1894/1897. Pet. Mitt. Erg. Heft 131 (1900).
Futterer, Durch Asien I. (1901).
Tiessen, China. (1902).
Gregory, The dead hearth of Australia. (1906).
Huntington, Pulse of Asia. (1907).
Bailey Willis, Research in China I[1] u. II. Carnegie Institution to Washington (1907).
Merzbacher, Die Frage der Entstehung des Loeßes. (1911, Obrutschew.) Pet. Mitt. 1913, I.
Tafel, Meine Tibetreise. (1914).
Solger, Geologische Beobachtungen an der Schansibahn. Branca Festschrift. 1914.
— Die Geschichte der chinesischen Gebirge. Zeitschr. d. deutsch. geolog. Gesellschaft, Bd. 72. 1920.
Keilhack, Das Rätsel der Lößbildung, ebenda.

Neumayer, Anleitung zu wissenschaftl. Beobachtungen auf Reisen. (1906).
Supan, Grundzüge der physischen Erdkunde. (1911).
Passarge, Landschaftskunde III. (1920).

Sitzungen und Veranstaltungen der Gesellschaft.[1])

A. Allgemeine Sitzungen.

419. Sitzung: Donnerstag den 2. Dezember 1920, Prof. Dr. S. Passarge, Hamburg, „Charakterbilder aus Algerien" (mit Lichtbildern).
420. Sitzung: Donnerstag, den 6. Januar 1921, Prof. P. Schlee, Hamburg, „Geographische Reisebilder aus Britisch-Indien" (mit Lichtbildern).
421. Sitzung: (außerordentliche) Sonnabend den 29. Januar 1921, Dr. v. Faber, Direktor der Botanischen Staatsinstitute des Botanischen Gartens in Buitenzorg, Java, „Landschaftsbilder von der Insel Java" (mit Lichtbildern). (Die Sitzung wurde in Verbindung mit der Abteilung Hamburg der Deutschen Kolonialgesellschaft und dem Naturwissenschaftlichen Verein in Hamburg veranstaltet).
422. Sitzung: Donnerstag den 3. Februar 1921, Prof. Dr. K. Meinhof, Hamburg, „Die Ausgrabungen von Meroe (ägypt. Sudan)" (mit Lichtbildern).
423. Sitzung: Donnerstag den 10. März 1921, Prof. Dr. E. v. Drygalski, München, „Ostpreußen" (mit Lichtbildern).
424. Sitzung: Donnerstag den 7. April 1921, Prof. Dr. C. Skottsberg, Direktor des Botanischen Gartens, Göteborg-Schweden, „Die Juan Fernandez-Inseln vor der Westküste Südamerikas, die Robinson-Inseln" (mit Lichtbildern).
425. Sitzung: Freitag den 6. Mai 1921, Dr. W. A. Burchard, Hamburg, „Reiseeindrücke über wirtschaftliche und soziale Verhältnisse in Südamerika" (mit Lichtbildern).
426 Sitzung: Donnerstag den 2. Juni 1921, Dr. H. Beuck, Hamburg, „Reisestudien in Persien" (mit Lichtbildern).
427 Sitzung: Donnerstag den 6. Oktober 1921, Prof. Dr. E. Kaiser, München, „Das Leben der Wüste, Deutsch-Südwest-Afrika" (mit Lichtbildern).
428 Sitzung: Donnerstag den 3. November 1921, Dr. R. Lütgens, Hamburg, „Bulgarien, Land und Leute" (mit Lichtbildern).
429 Sitzung: Donnerstag den 1. Dezember 1921, Prof. Dr. G. Schott, Hamburg, „Meereskundliche Arbeiten in der Nordsee 1921 auf dem Reichsforschungsdampfer Poseidon" (mit Lichtbildern).
430. Sitzung.: Freitag den 6. Januar 1922, Prof. Dr. W. Volz, Breslau „Die Oberschlesische Frage."
Der Vortrag gestaltete sich zu einer eindrucksvollen Kundgebung gegen die Vergewaltigung Oberschlesiens.
431. Sitzung: Donnerstag den 2. Februar 1922, Dr. W. Pessler, Leiter des Vaterländischen Museums der Stadt Hannover, „Volkstrachten, Bauernhäuser und Dorfformen unserer nordwestdeutschen Heimat" (mit Lichtbildern).

[1]) Fortsetzung der Berichte aus Band XXXIII (1921), S. 155—174. Wegen Raumersparnis mußte an dieser Stelle auf die Veröffentlichung aller Sitzungsberichte verzichtet werden.

432. Sitzung: Donnerstag den 2. März 1922, Prof. Dr. F. Klute, Gießen, „In Schnee und Eis des Kilimandscharo" (mit Lichtbildern).
433. Sitzung: Donnerstag den 6. April 1922, Dr. Karl Snell, Berlin-Dahlem, „Ägypten und die ägyptische Wirtschaft" (mit Lichtbildern).
434. Sitzung: Donnerstag den 4. Mai 1922, Prof. Dr. S. Passarge, Hamburg, „Die Buschmänner der Kalahari" (mit Lichtbildern).

B. Fachsitzungen.

17. Fachsitzung: Donnerstag den 16. Dezember 1920, Dr. K. Rathjens, Hamburg, „Die Falaschen, die Juden Abessiniens, ihre Herkunft, Kultur und ihre geographische Umgebung" (mit Lichtbildern).
18. Fachsitzung: Donnerstag den 20. Januar 1921, Dr. P. Hambruch, Hamburg, „Der bildende Wert des völkerkundlichen Unterrichts".
19. Fachsitzung: Donnerstag den 17. Februar 1921, R. Erichson, Hamburg. „Die Mangrovevegetation, ihre Verbreitung und ihre Bedeutung für Schwemmlandbildungen" (mit Lichtbildern).
20. Fachsitzung: Donnerstag den 17. März 1921, Prof. Dr. O. Dempwolf, Hamburg, „Sprachkundliche Probleme aus der Südsee".
21. Fachsitzung: Donnerstag den 21. April 1921, Prof. Dr. P. Schlee, Hamburg, „Behandlung der Wetter- und Klimakunde im geographischen Unterricht".
22. Fachsitzung (außerordentliche): Donnerstag den 28. April 1921, Dr. C. Rathjens, Hamburg, „Die neuen Reliefs der Münchener Kartographischen Relief-Gesellschaft" (mit Demonstrationen).
23. Fachsitzung: Donnerstag den 26. Mai 1921, Berichte über den 20. Deutschen Geographentag in Leipzig vom 17.—19. Mai 1921 (wissenschaftliche Verhandlungen, Schulgeographie, geographische Ausstellung).
24. Fachsitzung: Montag, den 10. Oktober 1921, Erörterung des Problems „Die Abtragung in der Wüste"[1]).
    1. Prof. Dr. E. Kaiser, München, „Untersuchungen in der Namib (Deutsch-Südwest-Afrika)" (mit Lichtbildern).
    2. Geh. Rat Prof. Dr. J. Walther, Halle a. S., „Beobachtungen in Australien" (mit Lichtbildern).
    3. Prof. Dr. S. Passarge, Hamburg, „Verwitterung und Abtragung in der ägyptischen Wüste" (mit Lichtbildern).
    4. Diskussion.

    Öffentlicher Vortrag, Donnerstag den 20. Oktober 1921, Regierungsrat Major a. D. v. Rönne, Preußische Landesaufnahme, Berlin, „Die Zukunftsaufgaben der Landesaufnahme und die deutsche Stadt".

    (Zu diesem öffentlichen Vortrage, der für die Mitglieder an Stelle einer schulgeographischen Fachsitzung trat, war insbesondere die Lehrerschaft aller Hamburger Schulen eingeladen.)
25. Fachsitzung: Donnerstag den 17. November 1921, Dr. A. Schultz, Hamburg, „Kaschgar, Stadt und Landschaft" (mit Lichtbildern).
26. Fachsitzung: Donnerstag den 15. Dezember 1921, Schulgeographische Diskussion „Die Geologie in der Schule"; Einleitender Vortrag von Fräulein B. Dittmer im Anschluß an J. Ruschka, Methodik des mineralogisch-geologischen Unterrichts, Stuttgart 1920.
27. Fachsitzung: Donnerstag den 19. Januar 1922, Dr. K. Gripp, Hamburg, „Bau und Oberflächengestaltung der Berge um Üsküp".
28. Fachsitzung: Donnerstag den 16. Februar 1922, Rektor R. Barmm, Hamburg, „Die Darstellung wirtschaftlicher Verhältnisse auf Wand- und Atlaskarten, mit besonderer Berücksichtigung von Westermanns neuem Weltatlas".

---

[1]) s. Bericht S. 153.

29. Fachsitzung: Donnerstag den 23. März 1922, Prof. Dr. K. Sapper, Würzburg, „Die Indianer Mittelamerikas“ (mit Lichtbildern).
(Der Vortrag war nur aus äußeren Gründen in eine Fachsitzung gelegt.)
Im April fiel die Fachsitzung wegen der Osterwoche fort.
30. Fachsitzung: Donnerstag den 18. Mai 1922, Dr. K. Gripp, Hamburg, „Der Gips von Segeberg und seine Höhle“.
(Zugleich Einführung zum Ausflug am 21. Mai 1922.)

C. Ausflüge.

Sonnabend den 18. Juni 1921, Besichtigung der Hamburger Sternwarte, Bergedorf.

Sonnabend den 1. Oktober 1921, Ausflug nach Curslack, Neuengamme, Holtenklinke, Führung durch Herrn E. Koch.

Sonntag den 21. Mai 1922, Ausflug nach Segeberg und Umgebung, Führung durch die Herren Dr. K. Gripp und E. Koch.

Sonntag den 25. Juni 1922, Ausflug nach den Holmer Sandbergen und in die Haseldorfer Marsch, Führung durch Herrn E. Koch.

Bericht über die 24. wissenschaftliche Sitzung.

Montag, den 10. Oktober 1921 im Hörsaal C der Universität.
Vorsitzende: Prof. Passarge und Prof. Gürich.

Erörterung des Problems: — Die Abtragung in der Wüste. —
Vorhergehende Vorträge mit Lichtbildern:

1. Prof. Kaiser-München, „Untersuchungen in der Namib (Deutsch-Südwest-Afrika)“.
2. Prof. Walther-Halle, „Beobachtungen in Australien“.
3. Prof. Passarge-Hamburg, „Verwitterung und Abtragung in der ägyptischen Wüste“.

Eine große Anzahl auswärtiger Geographen und Geologen nahm an der Sitzung teil, wie die Herren Hermann Wagner, v. Drygalski, Meinardus, Ule, Klute, v. Niedermayer, Wüst, v. Seydlitz, Solger u. a.

1. Prof. Kaiser erklärte zunächst den geologischen Bau der Namib und seinen Einfluß auf die Oberflächenformen, an deren Ausgestaltung weiter das Wasser, die chemische Verwitterung, die Insolation und der Wind tätig sind. Die Härteunterschiede der Gesteine und die Windwirkungen bestimmen vor allem das Relief. Dabei besteht die Tätigkeit des Windes einerseits in Deflation, andererseits in Korrasion. Die Deflation ist weniger eine Abblasung als eine Abhebung des gelockerten Materials. Die Korrasion, d. i. der Sandschliff, ist in der Namib besonders tätig, da ihr als Küstenwüste in den Küstendünen das nötige Sandmaterial reichlich zur Verfügung steht. Es entstehen charakteristische Deflations- und Korrasionsformen, deren Vorherrschen in ausgedehnten Gebieten der Namib Deflations- bezw. Korrasionswüsten schafft. Es sind folgende aufeinanderfolgende Landschaften in der Namib zu unterscheiden: 1. Die Küstenebene, 2. die Zone der Erosionsrisse, 3. die wellige „Wannen-Namib“, 4. die ebene „Flächen-Namib“. Ältere und jüngere Erosionsrinnen und verschiedene Formen der Sandaufschüttungen schaffen dem Relief weiter Abwechslung. Lichtbilder und Spezialkarten liessen die Vorgänge und Formen gut erkennen.

2. Prof. Walther schilderte an der Hand von Lichtbildern die flachen Lateritwüsten Australiens mit ihren oft eigenartig ausgewitterten Brauneisensteinkrusten.

3. Prof. Passarges Beispiel über Verwitterung und Abtragung in der ägyptischen Wüste, speziell in der Gegend von Heluan, bot durchaus Gegensätzliches zu den von Prof. Kaiser geschilderten Deflations- und Korrasionswüsten. Die Wirkung des Windes auf die Formgestaltung wird hier in der sandlosen Wüste eine geringe, die des Wassers dagegen eine bedeutende. Nirgends werden die Formen der Wassertätigkeit von denen der Windtätigkeit verwischt. Die Schuttkegel an den Böschungen und die Gehängenischen lassen

stets, wie aus den vorgeführten Lichtbildern hervorging, nur eine dünne Schuttdecke, unter der das anstehende Gestein liegt, erkennen. Die Erniedrigung der Schuttkegel geschieht durch fließendes Wasser. Dreiecksnischen, Pilzfelsen, Wadis zeigen deutlich die Wirkung der Regenfluten. Salzschlammspuren weisen ebenfalls auf die Wirkung des Wassers hin. Erhaltene Schilfstengel aus der Ptolemäerzeit offenbaren vielleicht am besten, wie gering hier die Wirkung des Windes ist. Erst wo Sand vorhanden ist, wie auf dem anderen Nilufer, tritt ein Formenschatz auf, der dem der Namib ähnlich wird. Zur Erklärung der geringen Angriffsfähigkeit des Windes wurden Landschaftsbilder von der Küste von Oran vorgeführt. Die Steilwände sind durch verkrusteten kalkhaltigen Sand mit einer Schutzrinde überzogen. Auch in Algerien sind die Hänge unzerschnitten, wenn sie durch eine Kalkkruste geschützt werden. Die ägyptische Wüste war ursprünglich eine Kalkkrustensteppe. Die Zersetzung der Kruste im Wüstenklima schwächte die Schutzhülle und das Wasser begann sie zu zerschneiden, an den diluvialen Terrassen entstanden insbesondere die charakteristischen Dreiecksnischen.

Die Diskussion der Vortragenden hob noch einmal den Unterschied der sandreichen und sandarmen Wüsten hervor und betonte, daß der Wind nur mit Hilfe des Sandes in bedeutenderem Maße formgestaltend wirksam sein kann. Prof. Walther erklärte, daß er durchaus nicht die von Prof. Passarge so betonte Tätigkeit des Wassers in der Wüste leugne.

Abrechnung der Geographischen Gesellschaft für 1920.

Einnahmen:

Bestand am 1. Januar 1920			ℳ	101.—
Staatssubvention		ℳ 5 000.—		
Von der Handelskammer f. d. Bibl.		„ 20 000.—		
3½% Zinsen a. ℳ 11 000.— Hbg. Staatsrente		„ 365.75		
Rückprämie		„ 47.80		
5% Zinsen a. ℳ 10 000.— Deutsche Reichsanl.		„ 450.—		
Bankzinsen		„ 146.25		
Spende für allgemeine Zwecke:				
1 Betrag	ℳ 3 000.—			
1 „	„ 1 000.—			
1 „	„ 400.—			
2 „ zu ℳ 300.—	„ 600.—			
1 „	„ 250.—			
4 „ zu ℳ 200.—	„ 800.—			
1 „	„ 150.—			
1 „	„ 125.—			
11 „ zu ℳ 100.—	„ 1 100.—			
1 „	„ 86.—			
6 „ zu ℳ 50.—	„ 300.—			
1 „	„ 45.—			
1 „	„ 40.—			
1 „	„ 25.—			
2 „ zu ℳ 20.—	„ 40.—	ℳ 7 961.—		
Beitrag zu den Kosten der Herausgabe der Arbeit von Dr. Rathjens		„ 3 000.—		
Mitgliedsbeiträge				
588 Beiträge zu ℳ 18.—	ℳ 10 584.—			
1 „ zu „ 100.—	„ 100.—			
1 „ zu „ 24.—	„ 24.—			
2 „ zu „ 12.—	„ 24.—			
2 „ zu „ 20.—	„ 40.—			
46 „ zu „ 9.—	„ 414.—			
		„ 11 186.—		
				ℳ 48 156.80
				ℳ 48 257.80

Ausgaben:

I. Für die Monatssitzungen:				
Honorare für die Vorträge	*M*	1 000.—		
Saalmiete	„	1 092.—		
Drucksachen und Porti	„	2 991.55		
Lichtbilderapparate für die Sitzungen	„	300.—		
Anfertigen und Zeichnen von Karten	„	71.—		
Sonstige Ausgaben für die Vorträge	„	962.40		
			M	6 416.95
II. Bibliothek:				
Abonnements	*M*	606.20		
Nenanschaffungen	„	6 826.35		
Verschiedenes	„	2 347.50	*M*	9 780.05
III. Verwaltung:			„	6 193.58
IV. Außerordentliches			„	3 551.40
			M	25 941.98
1920 zurückgezahlte Bankschuld			„	3 215.63
			M	29 157.61
Bank- u. Kassenbestand a. 31. 12. 20			„	19 100.19
			M	48 257.80

Vermögensstand ult. 1920.

9 Stück 3½% Hbg Staatsrente *M* 11 000.— zu 67	*M*	7 370.—		
Stückzinsen 5 Monate; 10% Kapitalertragssteuer	„	144.38		
5% Deutsche Reichsanl. II *M* 5 000.— zu 77½ .	„	3 875.—		
5% Deutsche Reichsanl. VI „ 5 000.—	„	3 875.—		
			M	15 264.38
Bank- u. Kassenbestand			„	19 100.19
			M	34 364.57
abzügl. Fonds der Henry Lange Stiftung			„	733.—
			M	33 631.57

Abrechnung der Geographischen Gesellschaft für 1921.

Einnahmen:

Bestand am 1. Januar 1921					*M*	19.100.19
Staatssubvention			*M*	5 000.—		
3½% Zinsen a. *M* 11 000.— Hbg. Staatsrente			„	346.50		
5% Zinsen a. *M* 10 000.— D. Reichsanleihe			„	450.—		
Zinsen auf Depot-Einzahlung			„	213.75		
Rückprämie			„	43.80		
Kostenanteile, Band 33			„	4 984.10		
Kostenanteile, L. Friederichsen & Co.			„	455.52		
Kostenanteile, L. Friederichsen & Co.			„	800.—		
Verkaufte Sonderdrucke, Band 33			„	52.—		
Rückgabe der Georg. Ges. in Leipzig			„	193.25		
Mitgliedsbeiträge:						
1 Beitrag zu *M* 5 000.—	*M*	5 000.—				
2 „ zu „ 250.—	„	500.—				
3 „ zu „ 50.—	„	150.—				
1 „ zu „ 36.—	„	36.—				
1 „ zu „ 30.—	„	30.—				
3 „ zu „ 27.—	„	81.—				
3 „ zu „ 20.—	„	60.—				
683 „ zu „ 18.—	„	12 294.—				
1 „ zu „ 16.—	„	16.—				
34 „ zu „ 9.—	„	306.—				
			„	18 473.—	„	31 011.92
					M	50 112.11

Ausgaben:

I.	Drucksachen, Mitteilungen Bd. XXXIII:		
	Klischees, Karten etc.	ℳ 4 955.—	
	Druckkosten	„ 12 704.51	
	Porti u. versch. andere Auslagen	„ 1 290.20	
	Honorare	„ 550.—	
			ℳ 19 499.71
II.	Monatssitzungen:		
	Honorare für die Vorträge	ℳ 2 050.—	
	Saalmiete	„ 2 072.45	
	Drucksachen u. Porti	„ 5 140.75	
	Lichtbilder-Apparate f. die Sitzungen	„ 730.95	
	Sonstige Ausgaben für die Vorträge	„ 1 114.15	
			„ 11 108.30
III.	Bibliothek:		
	Abonnements	ℳ 305.80	
	Neuanschaffungen	„ 6 507.65	
	Verschiedenes	„ 2 940.—	„ 9 753.45
			ℳ 40 361.46
IV.	Verwaltung		„ 6 125.72
V.	Außerordentliches		„ 1 785.45
			ℳ 48 272.63
	Bank- u. Kassenbestand a. 31. Dez. 1921		„ 1 839.48
			ℳ 50 112.11

Vermögensstand ult. 1921.

9 St. $3^1/_2$% Hbg. Staatsrente ℳ 11 000.— zu 77.50	ℳ 8 525.—	
Stückzinsen 5 Mon. —10% Kapitalertragssteuer	„ 144.38	
5% Deutsche Reichsanl. II ℳ 5 000.— zu 73.50 ℳ	„ 3 675.—	
5% Deutsche Reichsanl. VI ℳ 5 000.— zu ℳ 73.50	„ 3 675.—	
		ℳ 16 019.38
Bank- u. Kassenbestand		„ 1 839.48
		ℳ 17 858.86
abzügl. Fonds der Henry Lange-Stiftung	ℳ 733.—	
abzügl. Guthaben Bibliothek	„ 6 665.60	„ 7 398.60
		ℳ 10 460.26

Vorstand.

Vorsitzender: Prof. Dr. **S. Passarge.**
Stellvertretender Vorsitzender: Senator Dr. **M. Schramm.**
Erster Schriftführer: Prof. Dr. **P. Schlee.**
Zweiter Schriftführer: Prof. Dr. **G. Schott.**
Schatzmeister: Senator **Justus Strandes.**
Prof. Dr. **G. Gürich.**
Kommerzienrat **Hermann Stoltz.**

Beirat.

Dr. **Max Albrecht.**
Dr. **W. Brennecke.**
Hans Crasemann.
Richard Friederichsen.
Prof. Dr. **Fr. Fülleborn.**
Prof. Dr. **H. Lohmann.**
Direktor **O. Riedel.**
Roderich Schlubach.
Dr. **Kurt Siemers.**
Geheimrat Prof. Dr. **F. Stuhlmann.**
Prof. Dr. **G. Thilenius.**
Landesschulrat Prof. Dr. **K. Umlauf.**
Heinrich A. Westphal.

Inhaber der Kirchenpauer-Medaille.

a) Goldene Medaille:

Bürgermeister Dr. **G. Kirchenpauer** (Hamburg), gestorben 3. März 1887.
Dr. med. **G. Adolf Fischer** (Barmen), gestorben 11. Nov. 1886.
Wirkl. Geheimer Rat Prof. Dr. **G. von Neumayer,** Exzellenz (Neustadt a. d. Haardt), gestorben 25. Mai 1909.
Dr. phil. **L. Friederichsen** (Hamburg), gestorben 20. April 1915.
Dr. phil. **Sven von Hedin** (Stockholm), seit 12. Februar 1903.
Prof. Dr. **Georg Schweinfurth** (Berlin), seit 29. Dezember 1916; die Medaille wurde aus Kriegsrücksicht in Silber ausgeführt.

b) Silberne Medaille:

Geh. Regierungsrat Dr. **Franz Stuhlmann** (Hamburg), seit 7. März 1895.
Prof. Dr. **Wilhelm Sievers** (Gießen), gestorben 11. Juni 1921.
Prof. Dr. **Fr. Fülleborn** (Hamburg), seit 5. März 1908.

Mitglieder-Verzeichnis am 31. Dezember 1921.

Ehrenmitglieder.

Amundsen, Roald, Kapitän, Kristiania	seit	5. März	1908.
Beseler von, Hans, Dr. jur. u. Dr. ing. h. c., Generaloberst	„	6. März	1918.
Drygalski, Erich von, Prof. Dr., München	„	5. März	1908.
Hellmann, Gustav, Geh. Regierungsrat, Prof. Dr., Berlin	„	5. März	1908.
Hettner, Geh. Hofrat, Prof. Dr., Heidelberg	„	6. März	1918.
Meyer, Hans, Geh. Hofrat, Prof. Dr., Leipzig	„	11. April	1901.
Nansen, Fridtjof, Prof. Dr., Kristiania	„	3. Dez.	1896.
Penck, A., Geh. Regierungsrat, Prof. Dr., Berlin	„	5. März	1908.
Schweinfurth, G., Prof. Dr., Berlin	„	4. Febr.	1875.
Wagner, Hermann, Geh. Regierungsrat, Prof. Dr., Göttingen	„	6. März	1898.
von **Wilczek, Hans,** Graf, Exz. K. K. Wirkl. Geheimrat, Wien	„	4. März	1875.

Korrespondierende Mitglieder.

Basedow, Herbert, Dr., Adelaide	„	3. März	1910.
Consten, Hermann, Bad Blankenburg i. Thür.	„	15. Dez.	1920.
Debes E., Prof. Dr., Leipzig	„	1. Mai	1886.
Friederichsen, Max, Prof. Dr., Königsberg	„	5. März	1908.
Krebs, Norbert, Prof. Dr., Freiburg i. Br.	„	6. März	1918.
Philippson, Alfred, Prof. Dr.. Geh. Regierungsrat, Bonn	„	5. März	1908.
Sapper, Karl, Prof. Dr., Würzburg	„	5. März	1908.
Tippenhauer, L. G., Ingenieur, Port au Prince (Haiti)	„	2. Okt.	1913.
Wegener, Georg, Prof. Dr., Berlin	„	5. März	1908.

Ordentliche Mitglieder.

Abegg, Fr.
Abt, Leopold.
Adam, Julius, Dr. med.
Ahrndsen, Fräulein Auguste.
Albrecht, Ernst, Dr.
Albrecht, Max, Dr.
Alsberg, A., Dr. med., Oberarzt.
Aly, G. J., Pastor.
Aly, Paul, Dr. med.
Amsinck, M. G.
Antze, Gustav, Dr.
Appel, Julius, Dr., Sanitätsrat.
Arndt, Fräulein Olga.
Arning, E., Prof. Dr. med.
Arnold, Fräulein Charlotte.
Aufschläger, C. A. M., Dr.
Augustin, Karl.
Aust, Albert.
Ballauf, Kaufmann.
Barckhan, John.
Bargebuhr, Arnold, Dr. med.
Barkow, Dr. med.
Barmm, Rudolf, Schulleiter.
Bartels, A.
Bartels, Eduard, Dr. jur., Oberlandesgerichtsrat.
Bartels, Walter.
Barthmann, Robert.
Bassermann, R., Direktor.
Bauer, Max.
Beckmann, John.
Behre, Max.
Beneke, Hermann.
Bennholdt-Thomsen, C. G.
Benzian, R., Dr.
Berblinger, Fräulein Elsa.

Berckemeyer, Oswald.
Berendt, Hermann, Diplom-Ingenieur
Berendt, M., Ingenieur.
Berghaus, Friedrich.
Bethge, Fritz, Lehrer.
Beuck, Hans, Dr.
Beuck, J. H. F.
Beumer, Fr.
Bieber, Arthur, Dr.
Biehl, Theodor, Dr., Bremen.
Bielenberg, Eduard.
Bielenberg, Paul, Dr., Rechtsanwalt.
von Biema, Dr. med.
Biermann, Carl.
Bierschenk, Wilh.
Bing, Ernst.
von Binzer, A., Freiherr, Oberstleutnant.
Birtner, F. W.
Bitter, Wilhelm, Dr.
Blohm, G., Dr., Rechtsanwalt.
Blohm, Hermann.
Blum, Adolf.
Blümel, W.
Boas, Richard.
Bobzin, Ernst, Dr.
Bodenburg, Fräulein, Oberlehrerin.
Böcker, Georg.
Bödiker, Carl, Kommerzienrat.
Börner, H.
Börner, Karl Otto.
Böttiger, Theodor, Konsul.
Bohlmann, A., Dr.
Bohne, Albert, Dr. med.
Boldemann, Franz.
Bolte, Friedrich, Dr. Direktor.
Boltz, Bernh. H.
Borchardt, Sigmund.
von Bose, C.
Botsch, Ernst.
Botsch, G. L.
Brach, Rudolf, Dr., Direktor.
Bramslöw, F. C., Direktor.
Brandt, Dr. med., Belzig.
Brandt, Ernst, Dr., Oberlehrer.
Breckling, Th., Dr.
Bremer, Erwin, Lehramtskandidat.
Brennecke, W., Dr.
Brettschneider, Hans, Peter, Eduard.
Breyer, Johannes, Eduard.
Breymann, Wm. H.
Brockmeyer, Felix.
Brütt, H.
von Brunn, M., Prof. Dr.
Bultmann, Louis.
Bunz, Dr.
Burath, K., Dr.
Burchard, Heinrich, Dr.
Burchard, W. A., Dr., Rechtsanwalt.
Burdet, A., Rittmeister.
Burgtorf, Fräulein Marie.
Byhan, A., Dr.

Calmon, Alfred.
Calvary, Dr.
Capelle, H., Wirkl. Admiralitätsrat, Direktor der Deutschen Seewarte.
Carstensen, Max.
Castens, Gerhard, Dr., Regierungsrat
Clausen, Hans, cand. rer. nat.
Clesle, Fräulein Frieda, Oberlehrerin.
Cohen, Alfred.
Cohen, Arthur.
Cohn, Carl, Senator, Förderer d. G. G.
Colpe, Fräulein Erika.
Conradi, Joh. N. W.
Crasemann, Alfred, Otto.
Crasemann, Frau Emmi.
Crasemann, Hans, Förderer d. G. G.
Crasemann, Rudolf.
Cuno, Wilh., Geh. Oberregierungsrat a. D., Dr., Generaldirektor der Hamburg-Amerika-Linie.

Dehn, Otto, Dr. jur., Rechtsanwalt.
Dello, jr., Ernst, Kaufmann.
Dello, Oswald, Kaufmann, Tientsien.
Dellschaft, Herm.
Dempwolff, Otto, Prof. Dr.
Deneke, Th., Prof. Dr. med., Direktor.
Deppe, Bruno, stud. iur. et. rer. pol.
Dethleffsen, Johannes.
Deurer, Wilhelm, Konsul.
Dickhaut, C., Oberlehrer.
Diederichsen, Gustav.
Diercke, Paul, Braunschweig.
Diersche, Max, Prof. Dr.
Diersen, Adolf.
Dietrich, Julius.
Dittmer, Fräulein Bertha, Oberlehrerin.
Döbler, E. W.
Doerbrandt, L., Dr.
Doermer, L., Prof. Dr., Oberlehrer.
Doll, Fräulein Ida, Oberlehrerin, Ihland b. Bergstedt.
Doll, Fräulein Martha, Lehrerin, Ihland b. Bergstedt.
Dorn, P.
Drazdierk, Fräulein Annemarie.
Dreyer, Alfred, Dr., Vorsteher der Dr. Wahnschaffschen Realschule.
von Duhn, C. Chr., Dr. jur.
Duncker, Arthur, Direktor.
Duncker, Fräulein Elisabeth.
Duncker, F. W.
Dykes, Geo.

Ebeling, K. J. F., Lehrer.

von Eberstein, Frau G.
Eckmann, Hugo.
Edelmann, Johann.
Eichenberg, Paul.
Eichholz, Gustav.
Eichler, Wilhelm.
Elkan, Herbert C.
Engelbrecht, Adolph.
Engelbrecht, Th., Dr.
Erbe, Max,
Erichson, Rolf.
Ernst, Otto, Aug.
Eversmann, Dr. med.
Ewers, Karl, Oberlehrer.
Ey, Fräulein Louise.

Falkenstein, Gustav.
Fellmer, Eduard, Wentorf b. Reinbek.
Fick, Wilhelm.
Fischer, Reinhard.
Fleischer, Fr., Dr.
Flemming, Paul, Dr.
Flemming, Carl, & C. T. Wiskott A.-G., Glogau.
Florenz, Karl, Prof. Dr.
Förster, K., Prof. Dr., Oberlehrer.
Fontheim, Iwan.
Foppes, Alfred, Ingenieur.
Fränckel, Siegfr.
Frahm, W., Lyzeallehrer, Reinbek.
Frese, Emil.
Friederichsen, Fräulein Gertrud.
Friederichsen, Frau, Dr. L.
Friederichsen, Richard.
Friedländer, Max.
Fritze, H. C.
Fülleborn, Fr., Prof. Dr.
Füßlein, W., Prof. Dr., Schmalenbeck b. Ahrensburg.

Galles, Gerrit.
Gebers, Adolf.
Gechter, John.
Gehrckens, H. M.
Gehrckens, Heinz.
Gentzen, Kurt, Dr.
Geographisches Institut der Reichsuniversität Utrecht.
Geographisches Institut der Universität Würzburg.
Gerdes, R., Dr., Oberlehrer.
Gerson, Georg.
Gevenich, Hubert.
Gibsone, Thomas, Oberregierungsrat.
Giebert, Adolph, Dr.
Giemsa, G., Prof. Dr.
Giese, E. A.
Gnandt, Dr. med.
Goepner, C., Direktor.
Göttsche, Albert.
Goldschmidt, Martin.
Goldschmidt, Max.
Goldschmidt, Otto.
Goldstein, Michael.
Goos, Max, Prof. Dr., Oberlehrer.
Gossler, Rudolph, G.
Grabner, A., Dr., Oberlehrer.
Graff, Chr.
Grallert, Emil, Konsul.
Grau, Ottmar.
Grelck, Heinrich, Postsekretär.
Gripp, Karl, Dr.
Gröber, Paul, Dr., Buenos - Aires, Maipu.
Gromnica-Dinheim, Maximilian, Dr. Zoppot.
Grote, C. G., Wohldorf b. Hamburg.
Gruner, Siegfried.
Gürich, G., Prof. Dr.
Gulda, F.
Gumprecht, Arnold.
Güssefeld, Georg Wilhelm.

Haas, Heinrich.
Hacker, Baurat.
Hagen, K., Prof. Dr.
Hagenbeck, Heinrich.
Hagenbeck, Lorenz.
Hahn, R., Dr. med.
Hahn, K., Dr., Oberlehrer.
Hailbronner, Paul, Kaufmann.
Hallier, Eduard, Dr. jur.
Hambruch, Paul, Dr.
Hammer, Prof. Dr., Oberlehrer.
Hansen, Fräulein Antonie, Oberlehrerin.
Hansen, Lehrer, Bergedorf.
Hansing, L. F., Escheburg i. Lbg.
Hansing, Otto, H.
Hansing, Prof. Dr.
Harke, L. F. C., Dr. jur., Landgerichtsdirektor.
Harling, Alwin.
Harms, Alida, Oberschwester.
Harms, Wirkl. Geheimer Rat, Exzellenz.
Hartung, O.
Harseim, F., Prof. Dr.
Hasche, Max.
Hasselmann, Friedrich, Dr., Syndikus der Hamburg-Amerika-Linie.
Hauer, Albert.
Hauer, Richard.
Hauschild, Fräulein Anna, Oberlehrerin.
Hauthal, R., Prof. Dr., Hildesheim.
Hedde, Joh., Dr.
Heidke, Paul, Dr.
Heidmann, Fräulein A.
Heilbut, J.

Heinemann, C. F. K., Lehrer.
Hein, Fräulein Christiane, Lehrerin.
Heitmann, H. W.
Held, H. A.
Helfferich, Emil, Direktor des Straits und Sunda-Syndikats m. b. H.
Heller, Isidore.
Henckell, P., Dr., Oberlehrer.
Hendel, J., Dr.
Hennings, Paul, Dr. med., Sanitätsrat.
Hentschel, Ernst, Prof. Dr.
Herbig, Fritz, Dr. med.
Hering, Cuno.
Hermsen, Diedrich.
Hermsen, Theodor.
Herrmann, Paul, Dr.
Herrmann, P. Julius.
Hertz, Richard.
Hertz, Rudolf, Dr. jur.
Herz, Albert, Dr. med.
Hesse, Alfred, P.
Hesse, F. H. W.
Hesslein, Siegm., Dr.
Heuer, Kuno.
Heuser, Otto, Oberingenieur.
Heye, F. C. H., Förderer d. G. G.
Hildesheim, Fräulein Martha.
Hinrichsen, Max, Dr., Landgerichtsdirektor.
Höffler, Paul, Apotheker.
Holtzapfel, Ed. G.
Holtzapfel, Richard, Dr.
Hoppe, Hugo.
Holzmann, M., Prof. Dr.
Hübener, Wilhelm, stud.
Hüttenhein, Paul, Rob.
Hupfeld, Hans.

Iselstöger, Georg.

Jacobi, Alban.
Jacobi, C., Direktor.
Jacobs, Cornelius.
Jacobsen, Vizeadmiral a. D., Exzellenz.
Jacobstal, E., Dr.
Jerosch, Carl.
Jösting, Wilh.
Johns, H. E.
Jowien, W. E. F.
Junker, Heinrich, Prof. Dr., Direktor des Seminars für vergleichende Sprachwissenschaft in Hamburg.
Jürgens, R., Garteningenieur.

Kaehne, K. F. L., Dr. jur., Regierungsrat.
Kaemmerer A., Dr. jur.
Kaftal, Herbert, Kaufmann.
Kaftal, Sewczyn.
Kallmes, Siegfried.
Kannengießer, E., Oberlandesgerichtsrat.
Kanzow, Rudolf.
Kaphengst, Dr.
Karlewski, Fräulein Martha.
Kastens, Adolph, Apotheker.
Kastens, Fräulein Emma, Lehrerin.
Kautz, Dr. med.
Kayser, R., Dr.
Kayser, Richard, Dr. med.
Keidel, Hans, Dr., Buenos-Aires, Maipu.
Kelling, Carl, Bankdirektor.
Kellner, Ernst.
Kellner, Fräulein Martha, Lehrerin.
Kern, E. G., stud. phil.
Kersten, Fräulein Vera, Lehrerin.
Kiesselbach, Wilh., Dr., Rechtsanwalt.
Kleinwort, Georg.
Klinge, Fritz.
Knoth, M., Dr. med.
Knoth, Rolf.
Knoth, Werner.
Knüfermann, Dr., Studienrat.
Koch, Emil, Oberlehrer.
Koch, Heinrich, A.
Kochen, Albrecht.
Kochen, Max.
Köllisch, Erich.
Königsberger, J.
Körner, Walter.
Konietzko, J., Forschungsreisender.
Kopperschmidt, Hermann, Dr.
Korn K., Bankdirektor.
Krafft, Johannes.
Kraft, Ernst.
Kraft, Philipp, Prof. Dr., Oberlehrer.
Krause, August, Dr.
Krauss, Alfred.
Krille, F., Zahnarzt.
Krossing, Franz, Diplom-Handelslehrer.
Krüger, Alb. H. W., Architekt.
Kruse, Heinrich.
Kubel, W.
Kühl, E.
Kühl, H., Schulleiter.
Kümmell, Herm., Prof. Dr., Geh. Sanitätsrat.
Künne, G., Dr., Pastor, Laaske-Putlitz i. d. Mark.
Kuhlbrodt, E., Dr.
Kuhlmann, Richard, Telegraphendirektor.
Kunkel, Christian, Dr. med.

Lampert, Carl.
Lampert, Christian.
Lampert, Frau Eva.
Lampert, Frau Wanda.

Lange, Rudolf, stud.
Langschmidt, Carl.
Langloff, F, Dr.
Larsen, Oskar.
Lau, Hans.
Laudi, A, Kaufmann.
Laudi, Walter, wiss. Hilfslehrer.
Lauer, Carl Ludwig.
Lay, G., Dr.
Lazarus, Rudolf.
Lehmann, Wilhelm.
Lehmkuhl, Fräulein, Lehrerin.
Leichhardt, Paul, Förderer d. G. G.
Leinau, R.
Leinau, Walter.
Leisewitz, Wilh.
Lentz, Henry.
Leppien, August.
Lerdau, Rudolph.
Leuchtenberger, Rudolf, Dr.
Leupold, Louis, Redakteur „La Prensa", Buenos-Aires.
Lewels, Maximilian, Dr., Oberlehrer.
Liebermann, Franz.
Lieckfeld, Frau Alice.
Liez, C.
Linde, Richard, Prof. Dr., Oberlehrer.
Lindenmeyer, Fritz, Dr., Landrichter.
Lindener, Arthur.
Lindwedel, Ernst, F.
Linsdorf, Dr.
Lipschütz, G.
Löhmann, Aug.
Loewenthal, Richard.
Lohmann, H., Prof. Dr., Direktor.
Lorenz, Dr., Oberlehrer.
Lubcke, August.
Lubcke, Aug. Chr. A.
Lüdemann, H., Dr.
Lütgens, Ernst.
Lütgens, Jacob.
Lütgens, Otto.
Lütgens, Peter.
Lütgens, Rudolph, Dr.
Luttrop, E.
Luyken, Frau Emma.

Maassen, Friedrich, Kaufmann.
Mangels, Adolf.
March, M.
Markiel, J., Dr. med.
Marquard, Fräulein Anna.
Martens, C. Walter, Architekt.
Martin, Carl, Kaufmann.
von Massow, W., Berlin-Halensee.
Matthiessen, U., Dr.
Maul, Karl, Oberingenieur.
Mauritz, Adolf.
Mayer, Heinrich.
Mayer, Martin, Dr. med.
Meinhof, K., Prof. Dr.
von Melle, W., Dr. jur., Senator und Bürgermeister.
Mengers, Adolf.
Menk, Walther, Dr.
du Mesmil de Rochemont, Th., Dr. med., Sanitätsrat.
Mestern, Otto, Hauptmann a. D.
Metzger, Paul.
Mey, A., Dr.
Meyer, Ernst A., Baumeister.
Meyer, H. C. Eduard, Konsul.
Meyer, Fräulein H. E.
Meyer, Joh. Fr. Dr.,
Meyer, Fräulein Martha.
Meyer, Siegmund, Dr. med.
Meyer-Ulex, Franz, B.
Michaelsen, H.
Michaelsen, W., Prof. Dr.
Mielck, Wilhelm, Dr., Apothekenbesitzer.
Möhler, Hermann, Oberstleutnant a. D.
Möller, J. F.
Mohr, Albert, Kaufmann.
Mohr, Carl.
Moll, Eduard, G.
Moller, Ullrich Philipp, Dr., Präses der Vormundschaftsbehörde.
Moltzahn, Albert.
Mosengel, Fräulein Helene, Schulvorsteherin.
Mouths, F., Dr., Direktor.
Müller, Fräulein Anna, Lehrerin.
Müller, Eduard.
Müller, Ernst L.
Müller, Friedrich.
Müller, Joh., Dr., Oberlehrer.
Müller, Otto.
Münchmeyer, Herm.
Münster, Chr.
Mumme, Fritz, Ingenieur, Oruro, Bolivia.
Munkel, Kaufmann.
Murken, Erich, Dr.
Mutzenbecher, H. F. M., Förderer d. G. G.

Nagel, Carl.
Nagel, G., Dr., Oberlehr.
Nathasius, Anthon.
Nebler, Paul, Dr., Assistent.
Neubauer, A.
Neubauer, Alfred.
Neumann, Dr., Direktor.
Niemeyer, C. F.
Niemeyer, Fräulein Gertrud.
Niemeyer, Gotthardt.
Nissen, Sönke, Oberingenieur.
Nissen, Walter, Dr.

Nissen, Wilhelm.
Nocht, B., Prof. Dr. med., Ober.-Med.-Rat.
Nölle, C., Oberlehrer.
Nordheim, Edmund.
Nordheim, Robert.
Nuernberg, E., stud. rer. nat.

Oberländer, Carl.
Ockert, E. H.
Oehlmann, Karl, Lehrer.
Oettinger, Ernst.
Olff, Hans.
Ollerich, Adolf.
Opitz, Paul, Kapitän.
Opper, Paul, Dr., Marinestabsarzt a. D.
Ostermann, Hermann, Lehrer.
O'Swald, William, Bürgermeister.
Otten, Georg.
Ottens, F.
Otto, Erich.

Paetau, Max.
Pape, Carl, Dr.
Passarge, S., Prof. Dr.
Patow, Otto.
Paul, J. Ed.
Peitzner, Fräulein Frieda.
Perlewitz, Paul, Dr. Regierungsrat, Cuxhaven.
Peters, Chr. Hugo.
Petersen, J., Dr.
Petzet, Theodor, Oberapotheker.
Pflaumbaum, G., Prof. Dr., Direktor.
Philippi, W. A.
Pieper, Gustav, R., Seminarlehrer.
Plambeck, Dr., Landrichter.
Plate, Georg A.
Plüschau, Hermann.
Poelchau, Harald, Dr. jur.
Polack, Oscar.
Poliza, Max.
Ponath, W., Zollamtmann.
Poppe, W., Dr.
Poppenhusen, Friedr. Ad.
Pontoppidan, Hendrik.
Predöhl, Max, Dr., Bürgermeister.
Prencke, Fräulein Adele.
Prencke, Theodor.
Prochownik, L., Dr. med.
Pulfrich, Frau Auguste.
Pulfrich, Ernst.
Puls, Ernst, Dr.
Pust, Walter, Kaufmann.

Quelle, Otto, Prof. Dr., Bonn a. Rh.

Rapp, Gottfried, Dr. jur., Landgerichtsdirektor.
Raspe, Fräulein Margarete, Lehrerin.
Rassmuss, Hans, Dr., Buenos-Aires, Maipu.
Rathgen, Fräulein Anna.
Rathjens, Carl, Dr.
Rauschelbach, H., Dr.
Rautenkranz, kgl. spanischer Konsul, Celle.
Raydt, Th.
Reche, Otto, Prof. Dr.
von Rechenberg, Bernhard, Freiherr, Major.
Redlich, C., Pastor.
Reimers, Dr., Oberlehrer, Bergedorf.
Reinecke, Aug.
Reinhardt, A.
Renck, Walter.
Rettberg, Paul.
Retzlaff, Max, Direktor.
Retzlaff, Robert, i. Fa. Barber & Co.
Richter, Bruno.
Richter, Rudolf.
Richter, W., Dr. jur.
von Richthofen, Heinrich, Freiherr.
Riecke, C., Dr., Oberlehrer.
Riedel, F., Baurat.
Riedel, O., Direktor der Deutschen Handels- u. Plantagen-Gesellschaft.
Riedel, Fräulein Olga, Oberlehrerin.
Riepenhausen, Fräulein Else, Oberlehrerin.
Rigler, Fr., Dr.
Ringel, Tom., Dr. med.
Ritter, H., Prof. Dr.
Robertson, H.
Robinow, Fräulein Clara.
Robinow, Paul M.
Robinow, Walter.
Rodatz, Wilh., Dr.
Röltgen, E., Dr., Rechtsanwalt.
Roeper, Conrad, E.
Röpke, H.
Roscher, H., Senator.
Rosenberg, Felix.
Rosenfeld, Hermann.
Rosenkranz, Fräulein Joh., Dr.
Rothfuchs, Rud., Dr., Oberarzt.
Rothstein, Oscar.
Ruhkopf, E., Mittelschullehrer.
Runge, Paul, Dr., Apothekenbesitzer.
Ruperti, Oscar.
Rupprecht, G., Dr.
Ruths, Prof. Dr.

Sachse, Paul, Senator.
Salzmann, Henry.
Satz, Joh.
Saucke, Albert, Direktor an der Hypothekenbank.
Saucke, Kurt, Prokurist.

Schaade, Arthur, Prof. Dr.
Schadow, Ewald, Bankbeamter.
Scharpff, Th., Dr. med.
Schauche, Herm., Dr., Generalkonsul.
Schede, Kurt.
Scheiding, Fräulein Hedwig.
von Schinkel, Max, Direktor.
Schläger, Max, Dr., Staatsanwalt.
Schlee, Fräulein Else.
Schlee, P., Prof. Dr., Oberlehrer.
Schlienz, W., stud.
Schliemann, E.
Schlikker, Dr.
Schlinck, Julius, Dr.
Schlubach, Eric.
Schlubach, Roderich.
Schlubach, Thiemer & Co., Förderer d. G. G.
Schmid, Henry.
Schmidt, Friedrich, Dr.
Schmidt, Johann.
Schmidt, Richard, stud. phil.
Schmitz, H., Dr., Regierungsdirektor
Schnars-Alquist, Prof. Dr.
Schön, Richard, Kaufmann.
Schönfeld, Gustav.
Schorr, Richard, Prof. Dr., Direktor, Bergedorf.
Schott, Gerhard, Prof. Dr. Oberregierungsrat.
Schottelius, Alfred, Dr., prakt. Arzt.
von Schrader, O., Dr.
Schramm, Fräulein Olga.
Schramm, Max, Dr., Senator.
Schroeder, Georg.
Schroeder, Frau Hedwig.
von Schröder, Helene.
Schröder, Martin H.
Schröder, Franz.
Schröder, Frau Valerie, Lehrerin.
Schubotz, H., Prof. Dr., Stockholm.
Schütt, Richard, Prof. Dr.
Schultz, A., Prof. Dr.
Schultz, Albert, Dipl.-Ing.
Schultz, Arved, Dr.
Schultze, Edgar, Pastor.
Schulz, Bruno, Dr.
Schulz, Otto.
Schumacher, A., Dr.
Schwabe, Josef, Dr.
Schwanntes, G.
Schwarz, F. A., Bankdirektor.
Schwaßmann, A., Prof. Dr., Hauptobservator.
Schweer, W., Dr.
Segalla, Julius, Dr., Rechtsanwalt.
Semmelhack, Fräulein Gertrud.
Semmelhack, Wilhelm, Dr.
Semper, Prof. Dr.
Siemers, Alfred, Dr.
Siemers, Kurt, Dr.
Sieveking, Herm., Dr., Physikus.
Sievers, Max, Dr.
Simon, George.
Sokolowsky, Alexander, Dr.
Sommer, A., Dr. med.
Sommer, Christian, Generalkonsul der Argentinischen Republik.
von Sydow, Gustav.
von Sydow, Kurt, Direktor.
Stauch, Carl.
Steffen, W.
Steffens, Franz S.
Steffens, Max.
Stegemann, Ad.
Steidtmann, P. O.
Steinpfordt, Otto.
Steinworth, R., Oberlehrer.
Stemann, Frau Emilie.
Stender, August, New-York.
Stender, Carl.
Stocks, Theodor, Dr.
Stohp, Hugo.
Stoldt, Prof. Dr., Studienrat.
Stoltenberg-Lerche, Axel, Dr. med.
Stoltz, Hermann, Kommerzienrat, Förderer d. G. G.
Stooss, Paul.
Storch, John, Dr. med.
Stoss, Fräulein Irma, Oberlehrerin.
Strandes, Justus, Senator, Förderer d. G. G.
Stratmann, W. Th.
Straube, Willi, H. E.
Streich, Richard, Dr.
Strokarck, Oscar.
Strumberg, Paul, Bankdirektor.
Stucken, Fr.
Stümpel, Hermann.
Stürken, Alfred.
Stuhlmann, Prof. Dr., Geh. Rat.

Tack, Friedrich, Landrichter.
Tams, E., Prof. Dr.
Tams, Hermann.
Taubert, Dietrich, Dr.
Techentin, Ernest, Juristischer Sekretär.
Tegeler, Richard, Kaufmann, Berlin.
Temme, Heinr.
Terfloth, Albert.
Thiel, Max, Direktor.
Thilenius, G., Prof. Dr.
Thomsen, Carlo.
Thorade, H., Dr., Oberlehrer.
Tietgens, G., Alfred.
Tietgens, Herm.
Tillmann, Ludwig.
Tillmann, M., Dr.
Tödten, H., Dr. med.

Todtmann, Frau E.
Toedtmann, W., Dr.
Tollens, L. F.
Traetow, Carl.
Trautmann, Oskar, Dr., Veterinärrat.
Trillich, Fräulein Ida, Oberlehrerin.
Trommel, A.

Ullner, Karl.
Umlauf, Karl, Prof. Dr.
Umlauff, H.
Universitätsbibliothek Berlin.
Universitätsbibliothek Göttingen.
Universitätsbibliothek Kiel.
Utermann, Max, Kaufmann.

Vathje, Hermann.
Venzmer, B., Prof. Dr., Oberlehrer, Bergedorf.
Versmann, Arnold.
Vielhaben, A.
de Vivanzo, Frau Bertha.
Voeckler, Walter.
Voigt, Prof. Dr., Direktor.
Voss, Heinrich W. F., Weltreisebureau „Union".
de Voss, Herbert.
Vosseler, Julius, Prof. Dr.

Waldow, Erich, Dr., Landrichter.
Wallberg, E., Dr.
Wallberg, Fräulein M.
Warburg, Max, M.
Weber, Ed.
Weber, J. Henry.
Wedeles, Heinrich.
Wegener, Alfred, Prof. Dr., Groß-Borstel.
Wegener, Kurt, Prof. Dr.
Weil, Isidoro.
Weiss, Bernhard, Dr.
Wentzel, Ernst.
Wentzel, Fritz.
Wentzler, Ad.
Werner, Max.
Westendarp, Max, Kommerzienrat.
Westphal, Alfred.
Westphal, Hans, Dr., Rechtsanwalt
Westphal, Heinrich A., Förderer d. G. G.
Westphal, Frau Ida.
Westphalen, Th. L.
Wiener, Edm. L.
Wiessner, K., Dr., Oberlehrer.
Wietig, H., Dr.
Windmüller, P., Dr. med.
Winkelmann, Fräulein Hilda.
Winkler, H., Prof. Dr.
Winter, Heinrich, Kaufmann.
Winter, Richard, stud.
Wintzelberg, Fräulein Helene, Lehrerin.
Woegens, Fräulein Cornelia.
Wölfert, G., Dr.
Wohlert, Johannes.
Wüstendörfer, Hans, Prof. Dr.
Wunderlich, O., Hauptmann.
Wysogorsky, Prof. Dr.

Zander, Albert.
Zeitz, Fräulein E., Lehrerin.
Ziegler, Gustav, Direktor.

In dem Zeitraum vom 1. Januar 1921 bis zum 1. Juni 1922 hat die Gesellschaft folgende 21 Mitglieder durch den Tod verloren:

1. Bieber, Franz Vognell.
2. Bielefeldt, H.
3. Bluhm, Eduard.
4. Hasselmann, Carl.
5. Jacobsen, Max, Direktor.
6. Kein, Waldemar, Realschullehrer.
7. Klingender, Generalmajor a. D.
8. Klussmann, Max, Prof. Dr.
9. Marx, Jacob.
10. Mayr-Bertheau, Juls.
11. Nordheim, Louis.
12. Rathgen, C., Prof. Dr.
13. Ruder, Walter, Dr. med.
14. Sievers, W., Prof. Dr., Giessen
15. Sieverts, R. C.
16. Treplin, A. O., Rechtsanwalt.
17. Ullmann, Martin, Dr.
18. Voigtländer, Felix, Prof. Dr.
19. Vorwerk, Friedrich.
20. Wegener, Cäsar, Berlin.
21. v. Wilczek, Hans, Prof. Exc., Wirkl. Geh. Rat, Wien; Ehrenmitglied der Ges.

Mitgliederbestand am 31. Dezember 1921:

Ehrenmitglieder	11
Korrespondierende Mitglieder	9
Ordentliche Mitglieder	732
	752
	Förderer (28)

W. Sievers †.

Am 21. Juni 1921 verschied plötzlich im 61. Lebensjahre das o. Mitglied der Gesellschaft und Inhaber der Kirchenpauer-Medaille Universitätsprofessor Dr. Wilhelm Sievers in Gießen. S. war ein bekannter Südamerikaforscher und Herausgeber und Verfasser mehrerer Bände der nach ihm benannten an Fülle des Stoffes und Art der Darstellung immer noch an erster Stelle stehenden großen „Länderkunde". Hamburg war S.'s Vaterstadt, so daß er früh Anregung zu seinen wissenschaftlichen Reisen erhielt, an denen sich die Geograph. Gesellschaft mehrfach beteiligte. Sie unterstützte die Reise nach Venezuela in den Jahren 1884—86, über die in den Bd. 6 und 7 der „Mitteilungen" berichtet ist, ebenso die Reise in den Jahren 1892—93 nach dem S. bis dahin noch unbekannten nördlichen Teilen Venezuelas, die in Bd. 12 der „Mitteilungen" geschildert wurden. 1898 wurde S. durch Verleihung der silbernen Kirchenpauermedaille geehrt. Noch im Jahre 1909 war S., der seit 1890 den Lehrstuhl für Geographie an der Universität Gießen innehatte, in Peru und Ecuador tätig, wo ihm der Nachweis von Eiszeitspuren in tropischen Hochgebirgen gelang. Die Entbehrungen und Anstrengungen dieser Reise legten wohl den Keim zu einem Leiden, das infolge schwerer Schicksalsschläge während des Kriegs, zu dem raschen, tragischen Ende führte.

H. Graf Wilczek †.

Am 27. Januar 1922 starb in Wien im Alter von 84 Jahren das Ehrenmitglied der Geograph. Gesellschaft Hans Graf Wilczek, Ehrenpräsident der Wiener Geographischen Gesellschaft. W. kann als Begründer der zielbewußten wissenschaftlichen Polarforschung bezeichnet werden. Er förderte insbesondere die Tegetthoffexpedition unter Payer und Weyprecht (1872—74) und nahm selbst an deren Vorexpedition im Jahre 1871 teil. Die 1879 in Hamburg abgehaltene Internationale Polarkonferenz beschäftigte sich besonders mit dem von W. angeregten Plane der Schaffung von Observatorien rund um den Pol herum. Am 1882/83 stattgefundenen Internationalen Polarjahre war W. beteiligt und wirkte endlich am Zustandekommen der Österreichischen Südpolarexpedition unter König, die der Weltkrieg verhinderte, mit.

Förderer der Geographischen Gesellschaft:

Aktiengesellschaft Hugo Stinnes.
L. Behrens & Söhne.
Bock, H. C.
Carlowitz & Co.
Cohn, Carl, Senator, i. Fa. Arndt & Cohn.
Commerz- & Privatbank A.-G.
Crasemann, Hans, i. Fa. Crasemann & Stavenhagen.
Deutsch-Australische Dampfschiff-fahrtsgesellschaft.
Deutsche Bank, Filiale Hamburg.
Deutsche Dampfschiffahrtsgesellsch. „Kosmos".
Dresdner Bank, Hamburg.
Getreideheber-Gesellschaft m. b. H.
Hamburg-Amerika-Linie.
Heye, F. C. H.
Illies, C., & Co.
Kochen, F., i. Fa. C. A. Kochen.
Laeisz, F.
Leichhardt, Paul.
Mineralölwerke Albrecht & Co.
Mutzenbecher, H. F. M.
Norddeutsche Bank, Hamburg.
Ringel, Ed., & Co.
Schlubach, Thiemer & Co.
Stoltz, Hermann, Kommerzienrat.
Strandes, Justus, Senator.
Vereinsbank, Hamburg.
Westphal, Heinrich A.
Woermann, Brock & Co

Druck von J. J. Augustin in Glückstadt und Hamburg.

MIX
Papier | Fördert gute Waldnutzung
FSC® C083411

Zeitfracht Medien GmbH
Ferdinand-Jühlke-Straße 7
99095 Erfurt, Deutschland
produktsicherheit@kolibri360.de